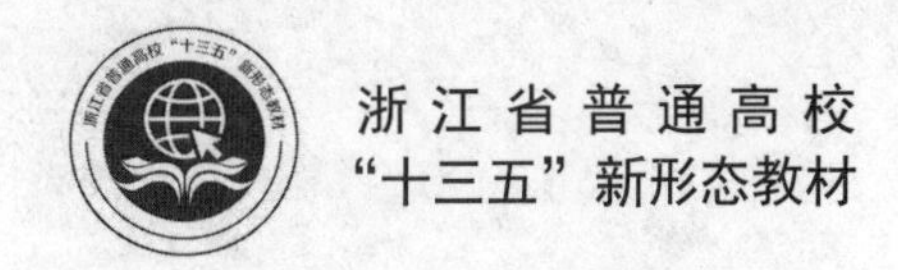

浙江省普通高校
“十三五”新形态教材

21世纪高等学校计算机专业
核心课程规划教材

Web程序设计
——ASP.NET实用网站开发
（第3版）微课版

◎ 沈士根 叶晓彤 编著

清華大學出版社
北京

内 容 简 介

ASP.NET 是 Web 应用程序开发的主流技术之一。本书以 Visual Studio Community 2017 为开发平台，以技术应用能力培养为主线，介绍网站配置、开发环境、jQuery、Bootstrap、与 ASP.NET 结合的 C#基础、ASP.NET 页面调试、ASP.NET 常用服务器控件、验证控件、状态管理、LINQ 数据访问、数据绑定、ASP.NET 三层架构、主题、母版、用户控件、网站导航、ASP.NET Ajax、Web 服务、WCF 服务、文件处理等，最后的 MyPetShop 应用程序综合了开发全过程，提供了基于 ASP.NET 三层架构开发 Web 应用程序的学习模板。书中包含的实例来自作者多年的教学积累和项目开发经验，颇具实用性。

为方便教师教学和读者自学，本书通过嵌入二维码形式提供了书中重点内容的讲解视频，还有配套的实验指导书《Web 程序设计——ASP.NET 上机实验指导（第 3 版）》，以及配套的免费课件、教学大纲、实验大纲、实例源代码等。

本书概念清晰、逻辑性强，内容由浅入深、循序渐进，适合作为高等院校计算机相关专业的 Web 程序设计、网络程序设计、Web 数据库应用等课程的教材，也适合对 Web 应用程序开发有兴趣的人员自学使用。

图书在版编目（CIP）数据

Web 程序设计——ASP.NET 实用网站开发—微课版 / 沈士根，叶晓彤编著. —3 版. —北京：清华大学出版社，2018（2020.7重印）
（21 世纪高等学校计算机专业核心课程规划教材）
ISBN 978-7-302-50679-9

Ⅰ. ①W…　Ⅱ. ①沈…　②叶…　Ⅲ. ①网页制作工具-程序设计-高等学校-教材　Ⅳ. ①TP393.092.2

中国版本图书馆 CIP 数据核字（2018）第 161076 号

责任编辑： 闫红梅
封面设计： 刘　健
责任校对： 徐俊伟
责任印制： 丛怀宇

出版发行： 清华大学出版社
　　网　　址： http://www.tup.com.cn, http://www.wqbook.com
　　地　　址： 北京清华大学学研大厦 A 座　　**邮　　编：** 100084
　　社 总 机： 010-62770175　　**邮　　购：** 010-62786544
　　投稿与读者服务： 010-62776969，c-service@tup.tsinghua.edu.cn
　　质量反馈： 010-62772015，zhiliang@tup.tsinghua.edu.cn
印 装 者： 三河市铭诚印务有限公司
经　　销： 全国新华书店
开　　本： 185mm×260mm　　**印　　张：** 20.25　　**字　　数：** 504 千字
版　　次： 2009 年 5 月第 1 版　2018 年 9 月第 3 版　　**印　　次：** 2020 年 7 月第 7 次印刷
印　　数： 89501～92500
定　　价： 49.00 元

产品编号：079361-01

前言

目前，ASP.NET 是进行 Web 应用程序开发的主流技术之一。该技术易学易用、开发效率高，可配合任何一种.NET 语言进行开发。

基于 Visual Studio Community 2017 开发平台的 ASP.NET 建立在.NET Framework 4.6 基础上，强调开发人员的工作效率，着力提升系统运行性能和可扩展性。通过使用 LINQ 技术，可提供跨各种数据源和数据格式查询数据的一致模型。它包含的 ASP.NET Ajax 极大地简化了在 ASP.NET 网站中对页面局部刷新效果的实现。使用 Visual Studio Community 2017，能很好地支持 XHTML5、CSS3、jQuery、Bootstrap 等，实现 JavaScript 的智能编程提示，还支持开发适合物联网应用和智能手机应用等连接到互联网的基于云的现代应用程序，能实现 Windows、Mac 和 Linux 等操作系统上的跨平台开发和部署。

本书紧扣基于 Visual Studio Community 2017 的 ASP.NET 进行 Web 应用程序开发所需要的知识、技能和素质要求，以技术应用能力培养为主线构建教材内容。强调以学生为主体，覆盖基础知识和理论体系，突出实用性和可操作性，强化实例教学，通过实际训练加强对理论知识的理解。注重知识和技能结合，把知识点融入实际项目的开发中。在这种思想指导下，本书内容组织如下：

第 1 章介绍基于 Visual Studio Community 2017 的 ASP.NET 的运行、开发环境和网站配置等。

第 2 章以知识够用为原则，介绍采用 ASP.NET 技术进行 Web 应用程序开发的准备知识，主要包括核心的 XHTML5 元素、页面模型、实现布局的 CSS3、提升用户体验的 JavaScript、广受欢迎的 jQuery、标准的数据交换格式语言 XML、配置文件、全局应用程序类文件、主流的前端框架 Bootstrap 等。

第 3 章给出了 C#的浓缩版，并且在介绍时直接与 ASP.NET 技术结合，还介绍了 ASP.NET 页面调试技术。

第 4 章和第 5 章介绍 ASP.NET 标准控件和验证控件的运用。

第 6 章介绍 ASP.NET 页面运行时的 HTTP 请求、响应、状态管理机制。

第 7 章介绍利用数据源控件和 LINQ 技术访问数据库的方法，还介绍利用 LINQ 技术访问 XML 数据的方法。其实，熟练掌握 LINQ 技术可实现任何数据访问要求。

第 8 章介绍利用数据绑定控件呈现数据库中数据的技术。

第 9 章以 MyPetShop 应用程序中的用户管理为例，介绍当前普遍使用的 ASP.NET 三层架构，以及利用 ASP.NET 三层架构进行 Web 应用程序开发的方法。

第 10 章从网站整体风格统一角度介绍主题、母版和用户控件的运用。

第 11 章介绍网站导航技术。

第 12 章介绍能提升用户体验的 ASP.NET Ajax 技术。

第 13 章介绍 Internet 上广泛调用的 Web 服务和 Microsoft 公司推出的 WCF 服务。

第 14 章介绍 Web 服务器上的文件处理。

第 15 章纵览全局，通过 MyPetShop 应用程序综合实例，说明了基于 ASP.NET 三层架构进行 Web 应用程序开发的全过程，给出了一个很好的学习模板。

本书以 Visual Studio Community 2017 为开发平台，使用 C#开发语言，提供大量来源于作者多年教学积累和项目开发经验的实例。

为方便教师教学和读者自学，本书通过嵌入二维码形式提供了书中重点内容的讲解视频，还有配套的实验指导书《Web 程序设计——ASP.NET 上机实验指导（第 3 版）》，以及配套的免费课件、教学大纲、实验大纲、实例源代码等。有关课件、实例源代码等可到清华大学出版社网站 http://www.tup.com.cn 下载。

本书概念清晰、逻辑性强，内容由浅入深、循序渐进，适合作为高等院校计算机相关专业的 Web 程序设计、网络程序设计、Web 数据库应用等课程的教材，也适合对 Web 应用程序开发有兴趣的人员自学使用。

本书由沈士根负责统稿，其中，沈士根编写第 1～9 章，叶晓彤编写第 10～15 章。

本书第 1 版、第 2 版，以及配套的《Web 程序设计——ASP.NET 上机实验指导》第 1 版、第 2 版分别在 2009 年和 2014 年出版，主教材累计印刷 21 次，配套的上机指导教材累计印刷 14 次，受到了众多高校和广大读者的欢迎，很多不相识的读者来邮件与我们交流并给出了宝贵意见。在此，表示衷心感谢。

希望本书能成为初学者从入门到精通的阶梯。对于书中存在的疏漏及不足之处，欢迎读者发邮件与我们交流，以便再版时改进。我们的邮箱是 ssgwcyxxd@126.com。

作　者

2018 年 3 月

目 录

第1章

ASP.NET 运行及开发环境

本章要点：

- 理解 ASP.NET 网站的页面构成，了解 ASP.NET 的基础.NET Framework。
- 了解 ASP.NET 的开发模式。
- 熟悉 ASP.NET 运行环境及 IIS 网站、Web 应用程序、虚拟目录设置。
- 熟悉 Visual Studio Community 2017 开发环境。
- 掌握通过解决方案管理网站的方法、Web 应用程序的发布和网站的复制。

1.1 ASP.NET 概述

ASP.NET 基于.NET Framework，使用.NET 语言调用.NET Framework 类库，实现 Web 应用程序开发。实际工程中的 ASP.NET 网站通常包含静态页面和动态页面。

1.1.1 静态页面和动态页面

静态页面不包含需要在服务器端运行的代码，只包含 HTML 元素和 CSS 样式，一般以扩展名 htm 或 html 存储。静态页面的内容一经制成，就不会再变化，不管何时何人访问，显示的都是相同的内容。虽然静态页面存储在 Web 服务器上，但解释执行静态页面完全由浏览器下载后完成。因此，查看静态页面设计的效果不需要 Web 服务器，只需要浏览器。

动态页面不仅可以包含 HTML 元素和 CSS 样式，还可以包含 JavaScript 代码和需要在 Web 服务器端编译执行的代码。动态页面的开发技术除本书采用的 ASP.NET 外，还有 ASP、JSP、PHP 等。动态页面的内容存储于数据库中，Web 服务器可以根据不同用户发出的不同请求，为其提供个性化的页面内容。实际执行时，所有动态页面都需要由 Web 服务器转换成静态页面后，才能在用户浏览器中显示最终效果。

在同一个 ASP.NET 网站中，同时存在静态页面和动态页面是很正常的。当页面内容可以直接通过页面设计而不需要通过改变数据库中的数据进行更新时，常使用静态页面，反之，则使用动态页面。由于静态页面不需要 Web 服务器的编译执行，所以静态页面的访问速度要快于动态页面。因此，门户网站通常将动态页面转换成静态页面，以提高用户的浏览访问速度。同时，这种转换还可以让搜索引擎更加容易地检索到网站的关键词。

1.1.2 .NET Framework

.NET Framework 是一套 Microsoft 应用程序开发的框架，主要目的是要提供一个一致的开发模型。作为 Windows 的一种组件，它为下一代应用程序和 XML Web 服务提供支持。.NET Framework 旨在实现以下目标：提供一个一致的面向对象的编程环境；提供一个实现软件部署和版本冲突最小化的执行环境；提供一个可提高代码执行安全性的环境；使开发人员在面对 Windows 应用程序和 Web 应用程序时保持一致的开发流程。

.NET Framework 具有两个主要组件：公共语言运行库（Common Language Runtime，CLR）和.NET Framework 类库。CLR 是.NET Framework 的基础，提供内存管理、线程管理和远程处理等核心服务，并且强制实施严格的类型安全来提高代码执行的安全性和可靠性。通常把以 CLR 为基础运行的代码称为托管代码，而不以 CLR 为基础运行的代码称为非托管代码。.NET Framework 类库完全面向对象，与 CLR 紧密集成，可以使用它开发多种应用程序，如传统的 Windows 应用程序、Web 服务和 ASP.NET 网站等。

1.1.3 ASP.NET 特性

很多人把 ASP.NET 当作一种编程语言，但它实际上是.NET Framework 提供的一个组件。任何.NET 语言均可以引用该组件来生成企业级 ASP.NET 网站所必需的各种页面。概括起来，ASP.NET 具有以下特性。

1. 与.NET Framework 完美整合

ASP.NET 作为.NET Framework 的一部分，可以像开发其他.NET 应用程序一样地使用类库，也就是说，在 Microsoft 提供的 Visual Studio（VS）开发环境中，ASP.NET 网站和 Windows 应用程序的开发原理是一致的。并且，ASP.NET 网站的开发可使用任何一种.NET 语言，本书的所有实例均采用 C#。

2. ASP.NET 属于编译型而非解释型

ASP.NET 网站编译有两个阶段。第一阶段，当 ASP.NET 页面被首次访问或 ASP.NET 网站被预编译时，包含的语言代码将被编译成微软中间语言 MSIL 代码。第二阶段，当 ASP.NET 页面实际执行前，MSIL 代码将以即时编译形式被编译成机器语言。图 1-1 给出了基于 C#的 ASP.NET 页面编译流程。

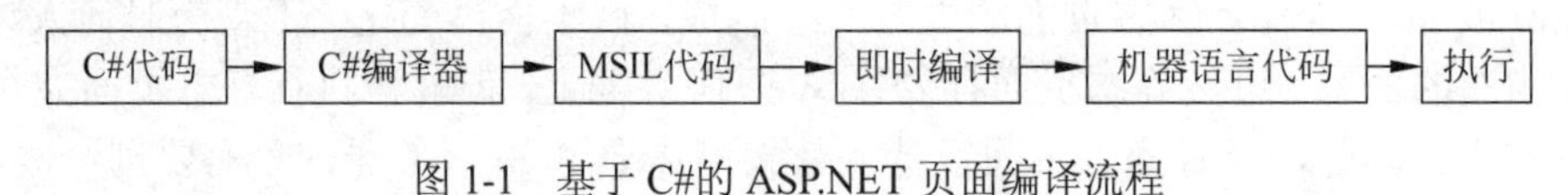

图 1-1 基于 C#的 ASP.NET 页面编译流程

1.1.4 ASP.NET 的开发模式

ASP.NET 的开发模式包括 ASP.NET Web 窗体、ASP.NET MVC、ASP.NET Core 等，实际开发时选择何种开发模式要根据具体需求和公司开发人员的背景来确定，本书采用 ASP.NET Web 窗体开发模式。

1. ASP.NET Web 窗体

自 Microsoft 公司提出.NET 至今，ASP.NET Web 窗体一直是普遍使用的开发模式。实际开发时，一个 ASP.NET Web 窗体包含 XHTML、ASP.NET 控件等用于页面呈现的标记，以及采用.NET 语言（如 C#）处理页面和控件事件的代码。

2. ASP.NET MVC

与 ASP.NET Web 窗体包含标记和代码不同的是，ASP.NET MVC 包含模型、视图和控制器。其中，模型用于实现数据逻辑操作；视图用于显示应用程序的用户界面；控制器作为模型和视图的中间组件，处理用户交互，使用模型获取数据并生成视图，再显示到用户界面上。这种模式使 Web 应用程序开发中的输入逻辑、业务逻辑和界面逻辑相互分离，方便实现并行开发流程。

3. ASP.NET Core

ASP.NET Core 是 ASP.NET 的重构版本，运行于.NET Core 和.NET Framework 上，能用于构建如 Web 应用、物联网应用和智能手机应用等连接到互联网的基于云的现代应用程序。它具有典型的模块化特点，允许开发者通过 NuGet 程序包管理器以插件的形式添加应用所需要的模块，这样可以在不影响其他模块的基础上升级应用中的任意一个模块。它支持在 Windows、Mac 和 Linux 等操作系统上实现跨平台开发和部署，并且可以部署在云上或者本地服务器上。

1.2　IIS

IIS（Internet 信息服务）提供了集成、可靠的 Web 服务器功能，常用于部署实际运行的 ASP.NET 网站。IIS 的版本与操作系统有关，如 Windows 7 旗舰版对应 IIS 7.5。伴随 VS 2017 安装的 IIS Express 提供了轻量的 Web 服务器功能，常用于 ASP.NET 网站开发阶段的测试。

注意：在 VS 2017 中进行网站设计与开发时，可以仅使用 IIS Express 运行网站，不需要额外安装操作系统中的 IIS。

1.2.1　IIS 7.5 的安装

IIS 7.5 的安装

下面以在 Windows 7 旗舰版上安装 IIS 7.5 为例说明。

选择“开始”→“控制面板”→“程序和功能”→“打开或关闭 Windows 功能”命令，在呈现的对话框中选中“Internet 信息服务”复选框。展开“Internet 信息服务”→“万维网服务”选项，在“安全性”选项下选中“Windows 身份验证”和“请求筛选”复选框；在“应用程序开发功能”选项下分别选中“.NET 扩展性”、ASP.NET、“ISAPI 扩展”“ISAPI 筛选器”等复选框，选择后的界面如图 1-2 所示。最后单击“确定”按钮完成安装。

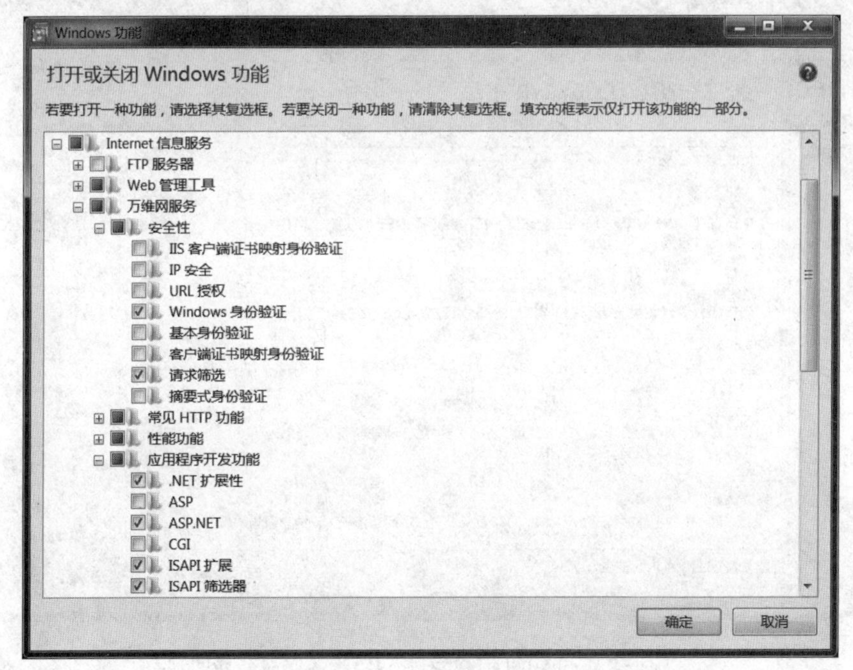

图 1-2　选择安装“Internet 信息服务”界面

注意：若 IIS 7.5 在 VS 2017 安装后再安装，为使 IIS 能运行基于 VS 2017 开发的 ASP.NET 页面，需要注册 ASP.NET。其步骤是先以管理员身份运行 cmd.exe 文件，再在其后出现的窗口中输入命令%windir%\Microsoft.NET\Framework\v4.0.30319\aspnet_regiis -i，完成注册。

1.2.2 IIS 7.5 中的网站、Web 应用程序和虚拟目录

在 IIS 7.5 中，网站是 Web 应用程序的容器，可以通过绑定 IP 地址、端口和可选的主机名来访问网站。Web 应用程序是一种在应用程序池中运行并通过 HTTP 协议向用户提供 Web 内容的程序。其中，应用程序池用于工作进程的运行配置，并保证各工作进程的独立运行，即使有 Web 应用程序出现故障也不会影响到其他 Web 应用程序的运行。虚拟目录是映射到本地或远程 Web 服务器上的物理文件夹的别名。

网站、Web 应用程序和虚拟目录在组织结构上呈现出一种层次关系。一个网站必须包含一个或多个 Web 应用程序，一个 Web 应用程序必须包含一个或多个虚拟目录。可通过"Internet 信息服务（IIS）管理器"配置 IIS 7.5 中的网站、Web 应用程序和虚拟目录，配置后的组织结构关系存储在%windir%\System32\inetsrv\config\applicationHost.config 文件的<sites>元素中。

注意：IIS 7.5 中的网站与 VS 2017 中的网站不是同一个概念。实际上，IIS 7.5 中的 Web 应用程序与 VS 2017 中的网站相对应。

1. 在 IIS 7.5 中添加网站

在 IIS 7.5 中添加网站

下面以在 IIS 7.5 中建立 Book 网站为例进行说明，其中对应的物理路径为 D:\IIS\Book，IP 地址为 10.1.1.2，端口号为 8080。

（1）选择"开始"→"控制面板"→"系统和安全"→"管理工具"→"Internet 信息服务（IIS）管理器"命令，呈现如图 1-3 所示的界面。

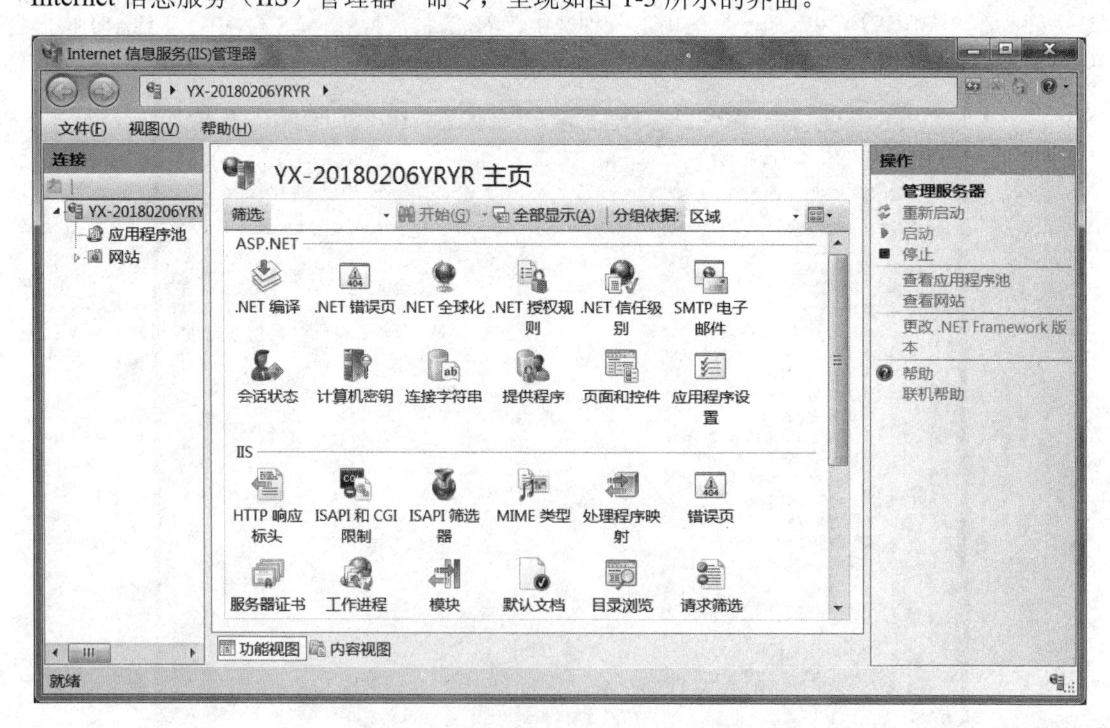

图 1-3 "Internet 信息服务（IIS）管理器"界面

（2）在图 1-3 中，右击“网站”选项，在弹出的快捷菜单中选择“添加网站”命令，然后在呈现的对话框中输入网站名称 Book、物理路径 D:\IIS\Book、端口 8080，如图 1-4 所示。最后单击“确定”按钮，建立 Book 网站。此后，若在浏览器中输入 http://10.1.1.2:8080/Default.aspx，则表示访问 D:\IIS\Book\Default.aspx。

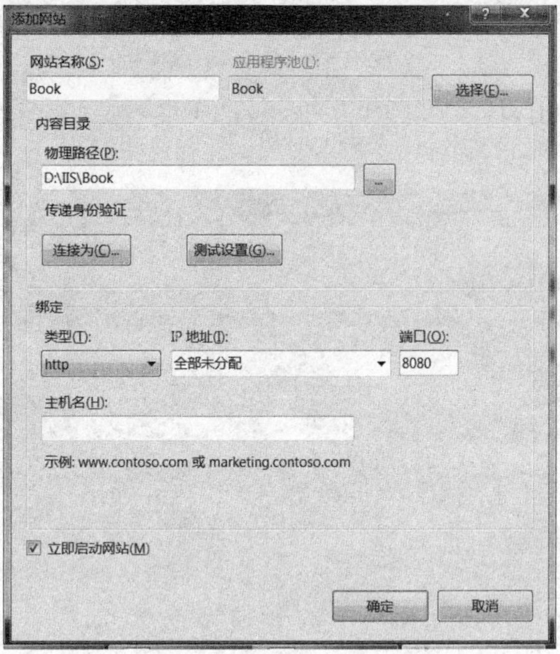

图 1-4 “添加网站”对话框

注意：通过改变端口号可以在一台主机上同时运行多个网站。另外，80 端口为 HTTP 协议的默认端口，也就是说，若一个网站的端口号为 80，则在浏览器中输入地址时不需要输入端口号。

2. 在 IIS 7.5 中添加应用程序池

下面以在 Book 网站中建立 Chap 应用程序池为例进行说明。在图 1-3 中，右击“应用程序池”选项，在弹出的快捷菜单中选择“添加应用程序池”命令，然后在呈现的对话框中输入名称 Chap，如图 1-5 所示。最后单击“确定”按钮，添加 Chap 应用程序池。

在 IIS 7.5 中添加应用程序池

图 1-5 “添加应用程序池”对话框

3. 在 IIS 7.5 中添加 Web 应用程序

下面以在 Book 网站中建立 Web 应用程序 ChapSite 为例进行说明，其中对应的物理路径为 D:\IIS\Book\ChapSite。在图 1-3 中，展开“网站”选项，右击 Book 选项，在弹出的快捷菜单中选择“添加应用程序”命令，然后在呈现的对话框中输入别名 ChapSite、物理路径 D:\IIS\Book\ChapSite，选择 Chap 应用程序池，如图 1-6 所示。最后单击“确定”按钮，建立 Web 应用程序 ChapSite。此后，若在浏览器中输入 http://10.1.1.2:8080/ChapSite/Default.aspx，则表示访问 D:\IIS\Book\ChapSite\Default.aspx。

在 IIS 7.5 中添加 Web 应用程序

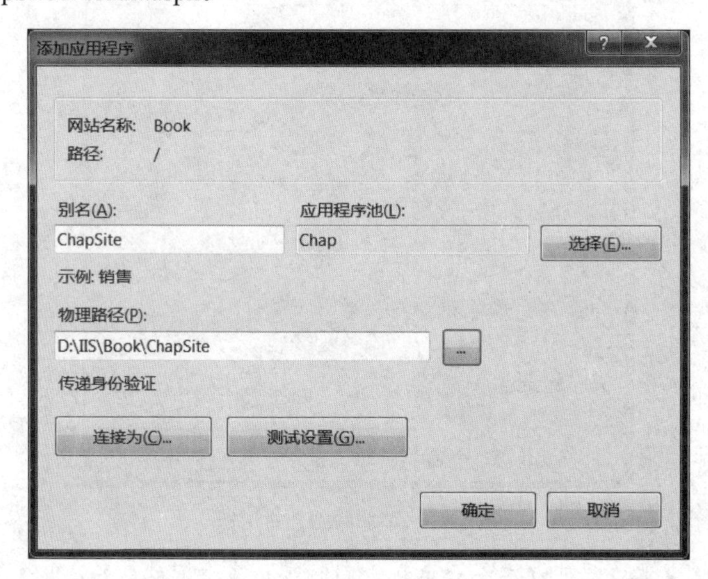

图 1-6 “添加应用程序”对话框

注意： 通过建立不同的 Web 应用程序，可以在同一个网站中同时运行多个 Web 站点（即 VS 2017 中的网站概念）。从 1.3 节开始，除特别说明外，网站和 Web 应用程序表示同一个概念。

4. 在 IIS 7.5 中添加虚拟目录

下面以在 ChapSite 应用程序中添加 C2 虚拟目录为例进行说明，对应的物理路径为 D:\IIS\Book\ChapSite\Chap2。在图 1-3 中，依次展开“网站”→Book 选项，右击 ChapSite 选项，在弹出的快捷菜单中选择“添加虚拟目录”命令，然后在呈现的对话框中输入别名 C2、物理路径 D:\IIS\Book\ChapSite\Chap2，如图 1-7 所示。最后单击“确定”按钮，添加 C2 虚拟目录。此后，若在浏览器中输入 http://10.1.1.2:8080/ChapSite/C2/Default.aspx，则表示访问 D:\IIS\Book\ChapSite\Chap2\Default.aspx。

在 IIS 7.5 中添加虚拟目录

虚拟目录也可以直接添加到一个 IIS 7.5 网站中，但该操作实际上仍然是在一个 Web 应用程序中添加虚拟目录。这是因为在添加一个 IIS 7.5 网站后，即使没有添加 Web 应用程序，IIS 7.5 也会在建立的网站中自动添加一个根 Web 应用程序。因此，向一个 IIS 7.5 网站中添加虚拟目录，实际上是将该虚拟目录添加到根 Web 应用程序中。例如，将上述的 C2 虚拟目录添加到 Book 网站，则地址 http://10.1.1.2:8080/C2/Default.aspx 和 http://10.1.1.2:8080/ChapSite/C2/Default.aspx 表示访问同一个页面。

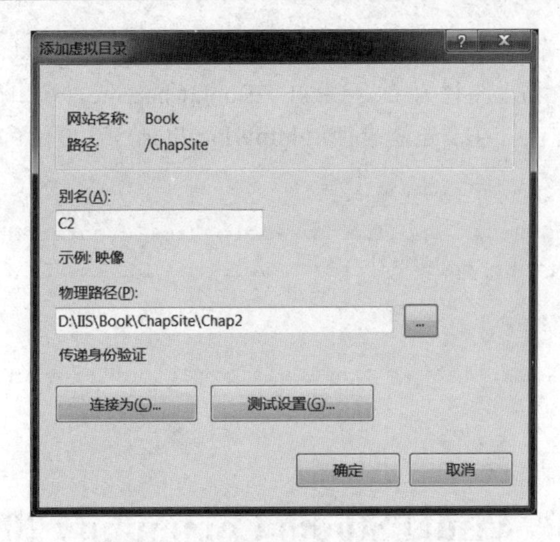

图 1-7 “添加虚拟目录”对话框

注意：在实际工程中，虚拟目录主要为本地或远程 Web 服务器上的物理文件夹提供别名。这样，就可以发布多个文件夹下的内容供用户访问，并能单独控制每个虚拟目录的访问权限。

5. 在 IIS 7.5 中设置网站、Web 应用程序和虚拟目录中的默认文档

设置默认文档可使用户在访问该默认文档对应的页面时即使不输入页面名也能访问该文档，如将 Default.aspx 设置为默认文档，则在浏览器中输入地址 http://10.1.1.2:8080 即可访问 D:\IIS\Book\Default.aspx。设置的方法有两种。一种是在如图 1-3 所示界面的“功能视图”中双击“默认文档”，再在呈现的对话框中输入默认文档的文件名。另一种是打开 Web 应用程序中的 Web.config 配置文件，添加配置代码如下：

```
<!--配置 IIS 7.5-->
<system.webServer>
  <!--设置网站的默认文档-->
  <defaultDocument>
    <files>
      <!--删除默认文档列表中的所有文件名-->
      <clear/>
      <!--添加 Default.aspx 到默认文档列表-->
      <add value="Default.aspx"/>
    </files>
  </defaultDocument>
</system.webServer>
```

注意：实际工程中为加快页面浏览速度，仅保留一个默认文档。

1.2.3　IIS Express

在 VS 2017 中进行网站设计与开发时，默认使用 IIS Express 运行网站，相关配置信息如应用程序池、网站定义等默认保存于.vs\config\applicationhost.config 文件中。

注意：.vs 文件夹具有隐藏属性并且与管理网站的解决方案文件（扩展名.sln）存放于同一个文件夹中。

下面给出了定义一个网站（以 ChapSite 网站名为例）的配置信息，其中，应用程序池为 Clr4IntegratedAppPool，物理路径为 D:\ASPNET\Book\ChapSite，端口号为 50320，这样一旦 IIS Express 处于运行状态时，在浏览器中使用 http://localhost:50320 就可以访问 ChapSite 网站。

```
<site name="ChapSite" id="2">
  <application path="/" applicationPool="Clr4IntegratedAppPool">
    <virtualDirectory path="/" physicalPath="D:\ASPNET\Book\ChapSite" />
  </application>
  <bindings>
    <binding protocol="http" bindingInformation="*:50320:localhost" />
  </bindings>
</site>
```

1.3 Visual Studio Community 2017

1.3.1 开发环境概览

Visual Studio Community 2017（VSC 2017）为 ASP.NET 网站开发提供了方便的开发环境。与 VS 2017 的商用版相比，VSC 2017 是免费的且包含了创建 Web 应用程序所需的所有功能和工具。另外，利用 VSC 2017 和 VS 2017 商用版创建的 Web 应用程序完全相互兼容。因此，VSC 2017 适用于学习及中小企业的网站开发。本书所有实例均使用 VSC 2017 设计与开发。图 1-8 为创建一个页面时呈现的主窗口。

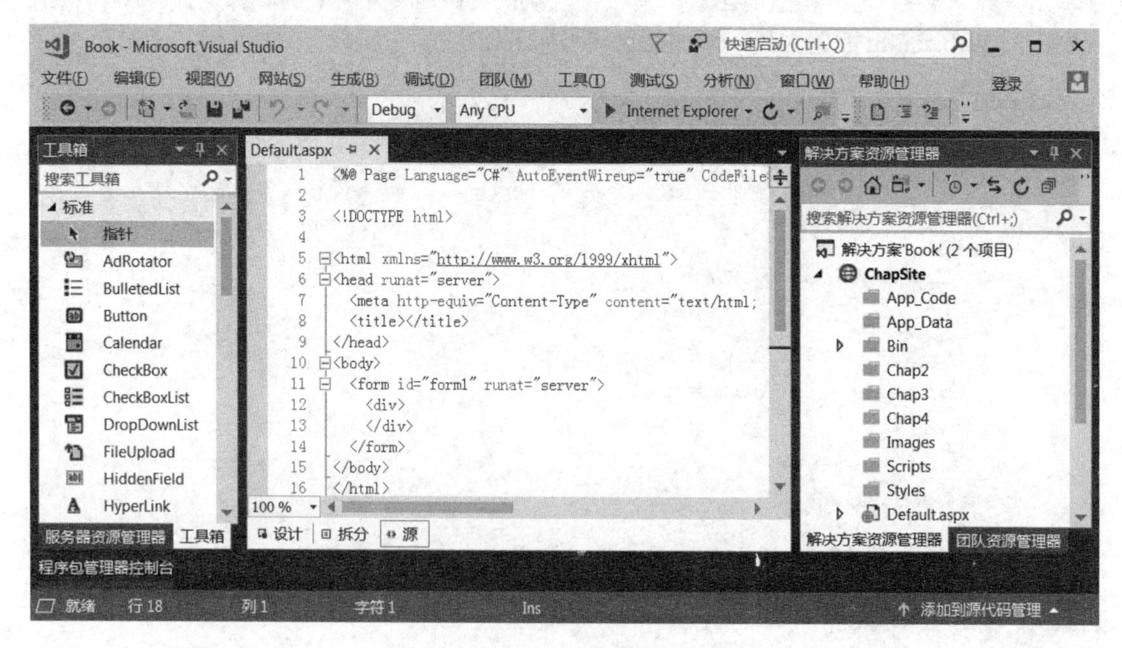

图 1-8　VSC 2017 主窗口界面

1. 工具栏

工具栏上提供了一些方便程序员编程工作的按钮。例如，“向后导航”按钮可以定位到文档先前访问过的位置。“调试运行”▶按钮能启动网站的调试运行过程。

注意：▶按钮启动的是整个网站的启动项，所以在启动调试之前需要设置网站的启动页面。若只要查看单个页面的浏览效果，可右击该页面选择“在浏览器中查看”命令进行浏览。

右击工具栏，在弹出的快捷菜单中选择“HTML 源编辑”命令可在工具栏中增加“HTML 源编辑”按钮，其中“编排整个文档的格式”按钮适用于当前窗口为“源”视图的窗口，单击该按钮可对 XHTML 元素、ASP.NET 元素、C#代码等自动编排格式。“注释选中行”按钮适用于在程序编程时对选中行集中注释，与此功能相反的是“取消对选中行的注释”按钮。

2. 常用窗口

为能在屏幕上尽可能多地呈现文档窗口，大部分其他窗口都有“自动隐藏”按钮，该按钮能使窗口自动隐藏。

“工具箱”窗口针对不同类型的页面，提供不同组合的控件列表。要在页面中添加相应的控件，只需拖放或双击控件图标。

在文档窗口中，页面有三种视图呈现方式：“设计”“拆分”和“源”。其中，“设计”视图呈现页面的设计界面；“拆分”视图同时呈现页面的设计和源代码界面；“源”视图呈现页面的源代码界面。当处于“源”视图时，支持代码智能感知功能，即输入代码时能智能地列出 ASP.NET 控件、XHTML 元素等对象的所有属性和事件。还可以在其中直接输入代码来添加 ASP.NET 控件。

在“解决方案资源管理器”窗口中可以组织、管理目前正在编辑的项目，可以创建、重命名、删除文件夹和文件。右击不同的项会弹出很实用的快捷菜单，如建立各种类型文件、浏览建立的页面和设置项目启动项等。

在“属性”窗口中可方便地设置 ASP.NET 控件、XHTML 元素等对象的属性。

注意：对初学者，建议通过“属性”窗口设置页面上 ASP.NET 控件和 XHTML 元素的属性，再由 VSC 2017 自动生成源代码。

在“服务器资源管理器”窗口中可以打开数据连接、显示数据库等。

在“SQL Server 对象资源管理器”窗口中可以方便地管理已安装的 SQL Server 实例（如伴随 VSC 2017 安装的 MSSQLLocalDB）中的数据库等对象。

在“错误列表”窗口中可以显示编辑和编译代码时产生的“错误”“警告”和“消息”。双击错误信息项，就可以打开包含错误信息的文件并定位到相应位置。

3. “工具”菜单中“选项”的常用设置

选择“工具”→“选项”命令，在呈现的“选项”对话框中可以进行 VSC 2017 的常用设置。

（1）在“选项”对话框中选择“环境”→“字体和颜色”命令，可以设置文档窗口中文本呈现的字体和颜色等，如可以将字号调大一些，以方便视力欠佳人员看清源代码。

（2）在“选项”对话框中选择“项目和解决方案”命令，在呈现的对话框中选中“总是显示解决方案”复选框，使得在“解决方案资源管理器”窗口中能以解决方案形式方便地管理所有 Web 应用程序。

（3）在“选项”对话框中选择“文本编辑器”→“所有语言”命令，在呈现的对话框中选中“行号”复选框，能方便开发人员根据行号快速定位指定行。

（4）在“选项”对话框中选择“文本编辑器”→“所有语言”→“制表符”命令，在呈现的对话框中设置“制表符大小”和“缩进大小”的值，可以改变一个 Tab 制表符代表的字符数和每行自动缩进的字符数。如本书所有代码的自动缩进字符数均设置为 2。

1.3.2 使用解决方案管理 VSC 2017 中新建的网站

使用解决方案可以有效地管理在 VSC 2017 中建立的网站，接下来以在 D:\ASPNET\Book 文件夹中建立 Book 解决方案为例说明解决方案的建立过程。选择“文件”→“新建”→“项目”命令，在呈现的对话框中展开“其他项目类型”选项，选择“Visual Studio 解决方案”模板，输入名称 Book、位置 D:\ASPNET，如图 1-9 所示。最后单击“确定”按钮，建立 Book 解决方案。

使用解决方案管理 VSC 2017 中新建的网站

注意：*用解决方案管理网站意味着后续的开发都应先打开解决方案，再在相应的网站中添加文件夹、页面等。*

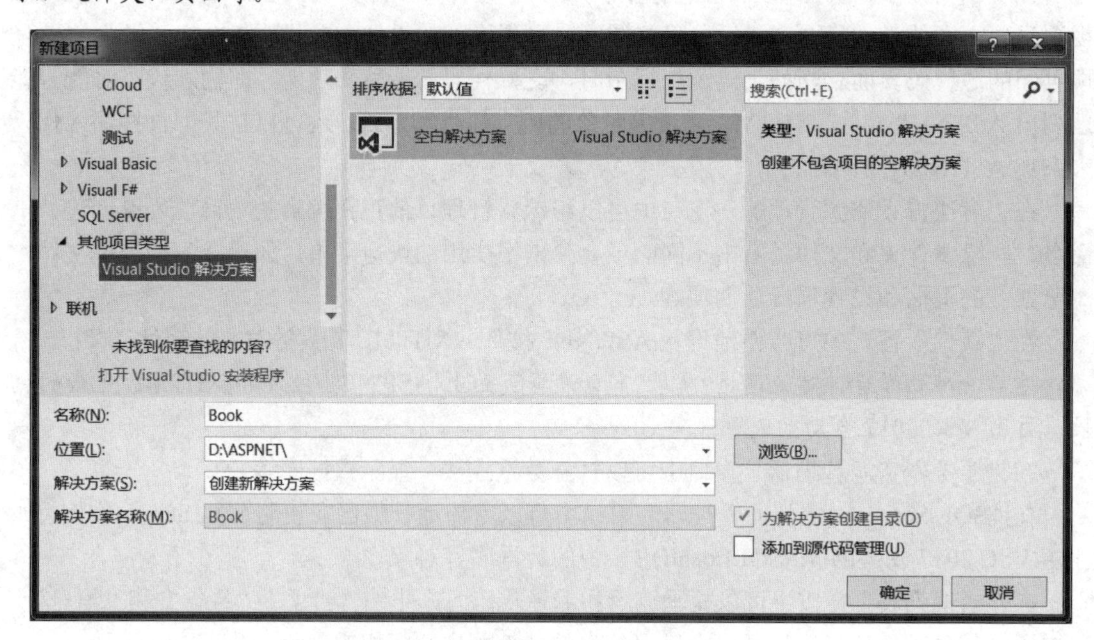

图 1-9 建立解决方案界面

建立 Book 解决方案后，即可在其中添加网站，本书除第 9 章和第 15 章外，其他所有网站均由该解决方案进行管理。接下来以在 Book 解决方案中新建文件系统网站 ChapSite 为例，说明如何在解决方案中新建网站的过程，其中 ChapSite 网站存储于 D:\ASPNET\Book\ChapSite 文件夹。操作步骤如下：

打开“解决方案资源管理器”窗口，右击“解决方案 Book”，在弹出的快捷菜单中选择“添加”→“新建项目”命令，然后在呈现的对话框中选择 Visual C#→Web→先前版本→“ASP.NET 空网站”模板，输入名称 ChapSite 和位置 D:\ASPNET\Book，如图 1-10 所示。最后单击“确定”按钮，添加 ChapSite 网站。

图 1-10　添加新网站

实际上，图 1-10 中建立的网站属于“文件系统”类型网站，该类型将网站的文件放在本地硬盘上的一个文件夹中，或放在局域网上的一个共享位置。对网站的开发、运行和调试都无须使用在操作系统中独立安装的 IIS，而使用随 VSC 2017 安装的 IIS Express。

由于“文件系统”网站是 ASP.NET 开发人员最常用的类型，因此本书新建的网站均采用该类型。图 1-11 给出了本书利用 Book 解决方案管理网站的部分结构图。其中，Chap10Site、Chap13Site 和 ChapSite 表示不同的网站，分别存储于 D:\ASPNET\Book\Chap10Site、D:\ASPNET\Book\Chap13Site 和 D:\ASPNET\Book\ChapSite 文件夹中。Chap2 等文件夹存放相应章节的源代码文件。另外，App_Code、App_Data 属于专用文件夹，用于存放特定类型文件。完整的 Book 解决方案可查看本书的源程序包，后续章节将以此为基础建立文件。

图 1-11　Book 解决方案部分结构

1.3.3 发布 Web 应用

发布 Web 应用

Web 应用程序开发完成后，需要将其从开发环境部署到 Microsoft Azure 或 IIS 等实际运行环境。Microsoft Azure 提供了数据库、云存储、人工智能、CDN 等云服务，其中，部署基于 ASP.NET 的 Web 应用程序涉及 App Service 和 SQL Database 服务。Microsoft Azure 服务属于有偿服务，但在完成用户注册后能提供 30 天的免费试用期，可用于 Web 应用程序部署测试。除 Microsoft Azure 发布方式外，Web 应用程序发布还包括“Web 部署”“Web Deploy 包”、FTP、“文件系统”等方式。其中，“文件系统”发布方式较常用。

Web 应用程序发布时，可以选择 ASP.NET 编译模式之一的预编译功能将网站中 App_Code 文件夹下包含的.cs 文件、代码隐藏页等编译为系统随机命名的.dll 程序集文件，并发现编译错误，使得页面的初始响应速度更快且在发布的网站中不再包含任何 C#程序代码。

注意：*ASP.NET 的另一种编译模式为动态编译，即如果一个页面第一次被访问或被修改保存后再被访问时，.NET 环境会自动调用编译器进行编译，并缓存编译输出。*

下面以“文件系统”方式发布 ChapSite 网站为例进行说明。右击 ChapSite 网站，在弹出的快捷菜单中选择“发布 Web 应用”命令，呈现如图 1-12 所示的对话框。

图 1-12 “发布”对话框（1）

注意：*必须以管理员身份启动 VSC 2017，才能通过“发布 Web 应用”命令正确地发布网站。*

在图 1-12 中，选择“自定义”命令，在呈现的对话框中输入配置文件名称 LocalToFile（名称可自定），单击“确定”按钮，呈现如图 1-13 所示的对话框。

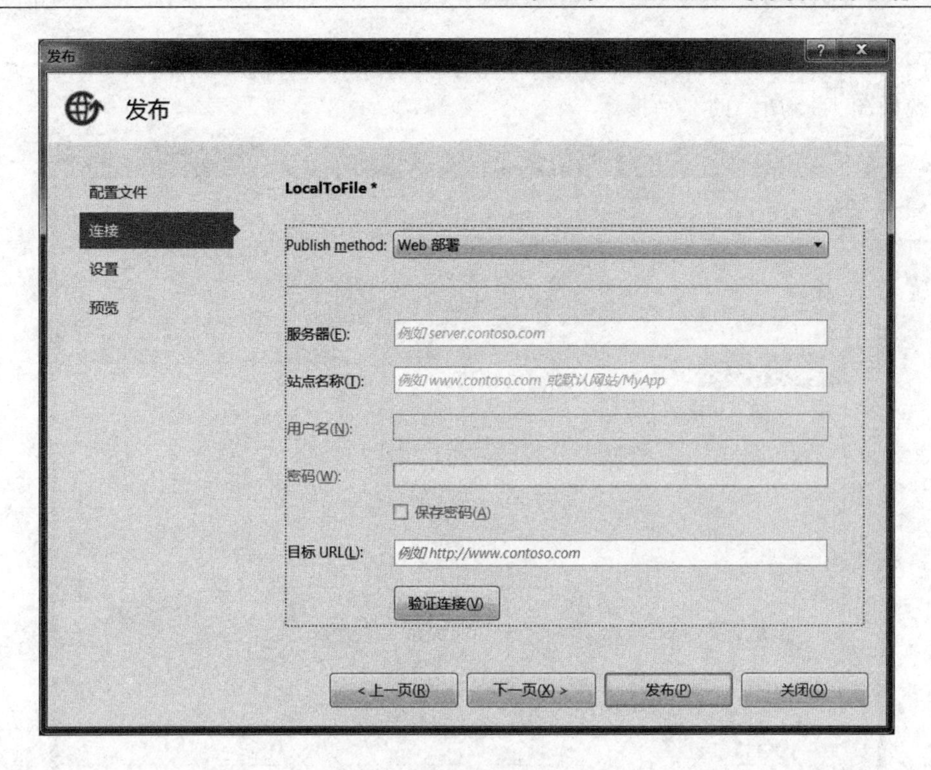

图 1-13 “发布”对话框（2）

在图 1-13 中，选择 Publish method 为“文件系统”，呈现如图 1-14 所示的对话框。

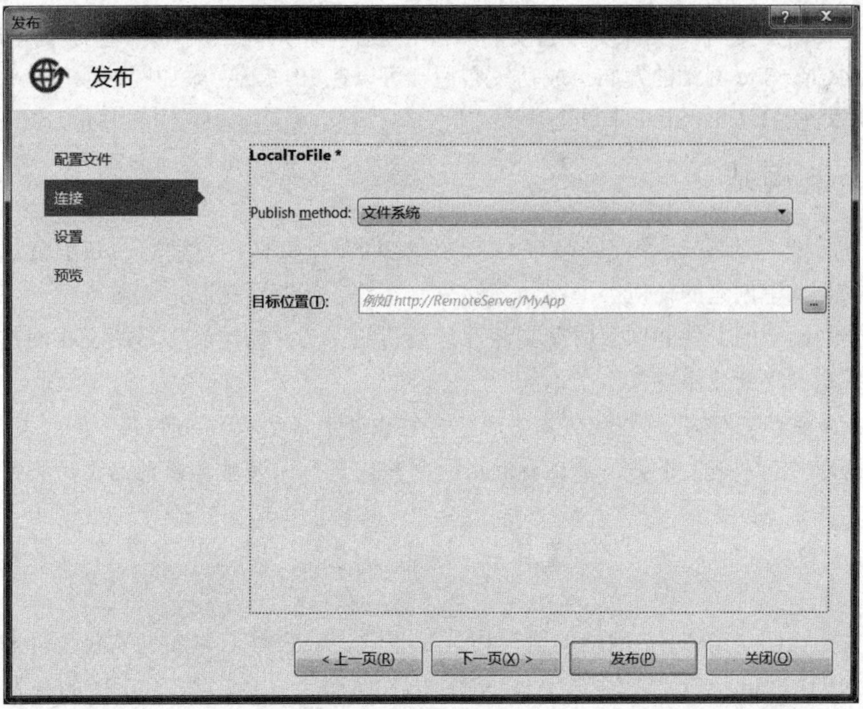

图 1-14 “发布”对话框（3）

在图 1-14 中，输入目标位置 D:\ChapSitePub（文件夹名可自定）后，单击“下一页”按钮，呈现如图 1-15 所示的对话框。

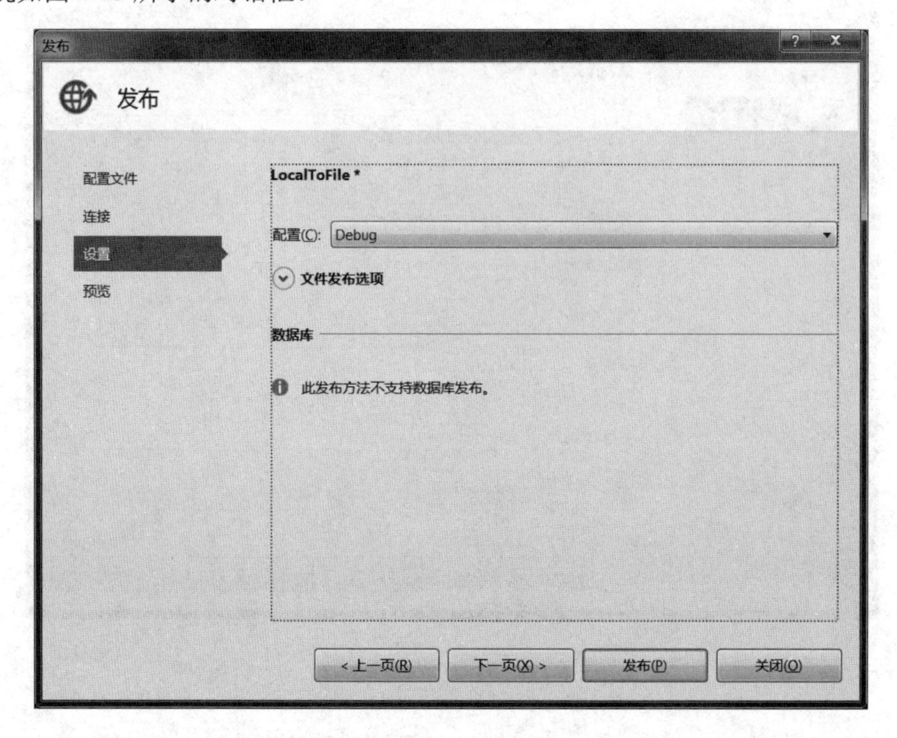

图 1-15 “发布”对话框（4）

在图 1-15 中，展开“文件发布选项”，选中“在发布期间预编译”选项，单击“发布”按钮，完成 ChapSite 网站的发布。成功发布后，可以在 IIS 7.5 中添加网站或 Web 应用程序，并对应物理路径 D:\ChapSitePub 进行测试。

1.3.4 复制网站

“复制网站”实质是在当前网站与另一网站之间复制文件，对当前网站不会预编译。可以在 VSC 2017 中创建的任何类型网站之间复制文件。复制网站时，同时支持同步功能，即能检查两个网站上的文件并确保所有文件都是最新的。“复制网站”常用于将网站从“测试服务器”复制到“商业服务器”。

注意： 为保护 C#源代码不被随意窃取，可组合使用“发布 Web 应用”和“复制网站”。即先将网站发布到本地某个文件夹，再利用“复制网站”同步服务器网站上的文件。

1.4 小　　结

本章主要介绍 ASP.NET 网站的运行和开发环境。ASP.NET 网站通常包含静态页面和动态页面。.NET Framework 为建立 ASP.NET 网站提供了基础。ASP.NET 的开发模式包括 ASP.NET Web 窗体、ASP.NET MVC、ASP.NET Core 等。IIS 为 ASP.NET 提供了运行环境，通过建立不同的网站或应用程序使得在同一台 Web 服务器上运行不同的站点成为可能。利用

VSC 2017，可以方便地实现 ASP.NET 网站开发。

1.5 习　　题

1. 填空题

（1）.NET Framework 主要包括_______和_______。

（2）ASP.NET 网站在编译时，首先将语言代码编译成_______。

（3）一台 IIS Web 服务器 IP 地址为 211.78.60.19，网站端口号为 8000，则要访问 Web 应用程序 User 中 Default.aspx 的 URL 为_______。

（4）可以通过_______同步网站上的一个文件。

（5）ASP.NET 的开发模式包括_______、_______和_______。

（6）ASP.NET 编译模式包括_______和_______。

2. 是非题

（1）托管代码是以 CLR 为基础运行的代码。（　　）

（2）若某页面上包含动画内容，则该页面肯定是动态页面。（　　）

（3）一个网站中可以同时包含静态页面和动态页面。（　　）

（4）ASP.NET 页面是边解释边执行的。（　　）

（5）在 VSC 2017 中开发网站必须安装独立的 IIS。（　　）

（6）IIS Express 具有与 IIS 类似的功能，但主要用于 VSC 2017 中的页面浏览。（　　）

（7）IIS 中的网站与 VSC 2017 中的网站是相同的概念。（　　）

（8）ASP.NET MVC 支持在 Windows、Mac 和 Linux 等操作系统上实现跨平台开发和部署。（　　）

（9）Web 应用程序开发完成后，可以将其从开发环境部署到 Microsoft Azure。（　　）

3. 选择题

（1）Web 应用程序发布不包括（　　）。

　A. HTTP　　B. Web 部署　　C. Web Deploy 包　　D. 文件系统

（2）下面说法错误的是（　　）。

　A.“复制网站”常用于将网站从“测试服务器”复制到“商业服务器”

　B.“复制网站”实质是在当前网站与另一网站之间复制文件

　C.“发布 Web 应用”能对当前网站预编译

　D.“复制网站”能对当前网站预编译

（3）以下选项不属于编程语言的是（　　）。

　A. ASP.NET　　B. Python　　C. Visual C#　　D. Java

4. 简答题

（1）一个学校有多个分院，每个分院有各自的网站，如果仅提供一台运行 IIS 7.5 的 Web 服务器，如何设置?

（2）如何设置在访问网站时只需要输入域名就可访问网站主页?

（3）查找资料，说明什么是虚拟主机。Internet 上提供的虚拟主机是如何运作的?

（4）如何在一台计算机上同时运行一个服务器和一个客户机环境来实现网站的测试?

（5）说明静态页面和动态页面的区别。

（6）查找资料，说明如何在阿里云的虚拟机上部署 ASP.NET 网站。

5. 上机操作题

（1）在学生个人计算机上，安装 IIS 7.5 和 VSC 2017，从而建立基于 VSC 2017 的 ASP.NET 网站开发平台。

（2）将 IIS 中某网站的端口号设置为 8001，从另一台联网的计算机访问该网站。

（3）设置 IIS 中某网站的默认文档，使得在另一台联网的计算机上仅输入 IP 地址即可访问主页。

（4）在 IIS 中某网站下建立 Web 应用程序和虚拟目录，再分别访问其中的页面。

（5）参考本书提供的 Book 解决方案，建立一个解决方案并在其中添加网站和文件夹。

（6）通过“发布 Web 应用”将 VSC 2017 中的网站以“文件系统”方式进行发布，再部署到 IIS。

（7）通过“复制网站”将 VSC 2017 中的网站部署到 IIS。

（8）在 Microsoft Azure 中注册用户，再通过“发布 Web 应用”将 VSC 2017 中的网站部署到 Microsoft Azure。

第 2 章

ASP.NET 网站文件、jQuery 和 Bootstrap

本章要点：

- 了解 ASP.NET 网站组成。
- 熟悉.html 文件及 XHTML5 常用元素。
- 理解 Web 窗体页的两种模型：单文件模型和代码隐藏页模型。
- 熟悉 CSS3 样式定义、存放位置。
- 了解 JavaScript 常识，熟悉代码存放位置。
- 了解 jQuery，熟悉 jQuery 的功能和使用方法。
- 了解 XML 常识，熟悉 XML 文件结构。
- 熟悉 Web.config 配置文件结构和 Global.asax 文件。
- 了解 Bootstrap，熟悉 Bootstrap 的使用方法。

2.1 .html 文件和 XHTML5

在 ASP.NET 网站中，.html 文件是一种静态页面文件，它不包含任何服务器控件，而是由 HTML 元素组成的。当客户端浏览器访问.html 文件时，IIS 不经过任何处理就直接送往浏览器，由浏览器解释执行。在 VSC 2017 中建立.html 文件，默认使用 XHTML5 文件类型。

XHTML5 与 HTML5 使用相同的元素，但 XHTML5 具有更严格的规则。例如，在 XHTML5 中，所有的元素名和属性名必须用小写字母表示，所有的元素必须包含结束标志，所有的属性值必须加引号。XHTML5 能被当前所有主流版本的浏览器识别，是页面生成的基础。所有包含 ASP.NET 元素的动态页面最终都要转化为包含相应 XHTML 元素的静态页面才能被浏览器识别。

2.1.1 .html 文件结构

在 VSC 2017 中建立的.html 文件基本结构如下：

```
<!DOCTYPE html>
<html>
<head>
  <meta charset="utf-8" />
  <title></title>
</head>
<body>
  ⋮
</body>
</html>
```

其中所有的 XHTML 元素由<、/、小写英文字母和>组成，如<html>、</html>。所有的元素都有开始和结束标记，如开始标记为<html>，则结束标记为</html>；有些开始和结束标记包含在同一个元素中，如
。在开始和结束标记之间的内容则受到 XHTML 元素的控制，如“<h1>第 1 章</h1>”在浏览器上将“第 1 章”以一级标题形式显示。若要进行更多的控制，可设置元素属性。

2.1.2　常用的 XHTML5 元素

常用的 XHTML5 元素主要包括以下内容：

- <!--……-->表示注释。
- <!DOCTYPE html>表示文档类型为 HTML5。
- <html>…</html>表示这是一个 HTML 文档，其他所有的 XHTML 元素都包含于这两个标记之间。
- <head>…</head>表示文档头部信息。
- <meta>表示文档的元信息，如文档的搜索关键词等，应包含于<head>…</head>中。
- <title>…</title>表示浏览器标题栏中显示的信息，应包含于<head>…</head>中。
- <style>…</style>表示 CSS 样式信息，应包含于<head>…</head>中。
- <body>…</body>表示文档主体部分。
- <header>…</header>表示整个显示页面的标题信息。
- <aside>…</aside>表示与旁边内容相关的标题信息，常用作内容的侧栏。
- <section>…</section>表示显示页面的内容区域。
- <article>…</article>表示显示页面中与上下文不相关的独立内容。
- <footer>…</footer>表示显示页面中的脚注信息。
- <nav>…</nav>表示显示页面中的导航链接区域。
- <h1>…</h1>表示一级标题，同理，<h2>表示二级标题…共六级标题。
- <div>…</div>表示显示页面中的一块内容，俗称“层”，常用 CSS 样式表统一其中的显示格式。
- <p>…</p>表示一个段落。
-
表示换行。
- <hr />表示水平线。
- <table>…</table>表示一个表格。
- <a href="Intro.html">我的简介</a>表示在浏览器上显示超链接“我的简介”，单击后链接到 Intro.html。
- <a href="mailto:ssgwcyxxd@126.com">我的邮箱</a>表示在浏览器上显示超链接“我的邮箱”，单击链接后给 ssgwcyxxd@126.com 发邮件。

一些常用的实体符号如表 2-1 所示。

表 2-1　常用的实体符号表

字符	表示方法	字符	表示方法	字符	表示方法
空格		<	<	>	>
"	"	'	'	&	&
©	©	®	®	¥	¥

学习 XHTML5 元素无须死记硬背，可在 Internet 上找一些以 htm 或 html 为扩展名的文件，先在浏览器中浏览该文件效果，再选择浏览器中的"查看"→"源文件"命令查看源代码，将浏览看到的效果与源代码中的 XHTML 元素对比，从而了解 XHTML 元素的作用。

实例 2-1

实例 2-1　认识常用的 XHTML5 元素

本实例说明常用 XHTML 5 元素的使用，浏览效果如图 2-1 所示。

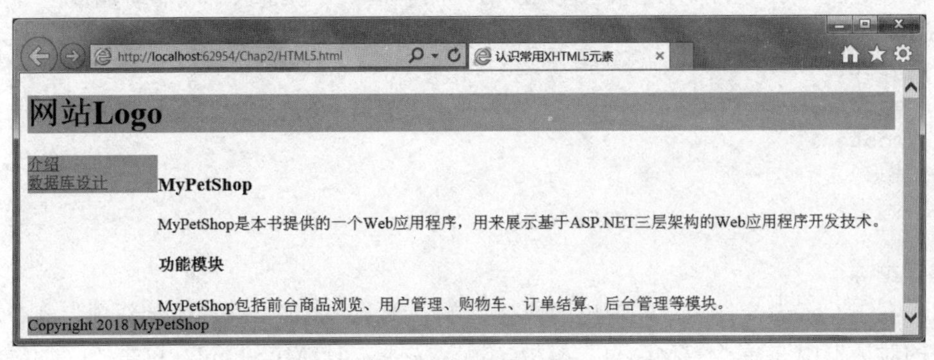

图 2-1　HTML5.html 浏览效果

源程序：HTML5.html

```
<!DOCTYPE html>
<html>
<head>
  <meta charset="utf-8" />
  <meta name="keywords" content="MyPetShop, XHTML5" />
  <meta name="description" content="XHTML5 页面示范" />
  <meta name="author" content="ssgwcyxxd@126.com, 阿毛" />
  <meta http-equiv="refresh" content="3" />
  <title>认识常用的 XHTML5 元素</title>
  <style type="text/css">
    aside { float: left; width: 15%; }
    section { float: right; width: 85%; }
    footer { clear: both; }
  </style>
</head>
<body>
  <header>
    <h1 style="background-color: #C0C0C0">网站 Logo</h1>
  </header>
  <aside>
    <nav style="background-color: #C0C0C0">
      <a href="Default.aspx">介绍</a><br />
      <a href="Database.aspx">数据库设计</a>
    </nav>
  </aside>
  <section>
```

```
    <h3>MyPetShop</h3>
    <article>
      MyPetShop 是本书提供的一个 Web 应用程序，用来展示基于 ASP.NET 三层架构的 Web 应用
      程序开发技术。
    </article>
    <article>
      <h4>功能模块</h4>
      MyPetShop 包括前台商品浏览、用户管理、购物车、订单结算、后台管理等模块。
    </article>
  </section>
  <footer style="background-color: #C0C0C0">Copyright 2018 MyPetShop
  </footer>
</body>
</html>
```

操作步骤：

（1）右击 Chap2 文件夹，在弹出的快捷菜单中选择“添加”→“添加新项”命令，然后在呈现的对话框中选择“HTML 页”模板，输入文件名 HTML5.html，单击“添加”按钮建立文件。

（2）在“源”视图中输入源代码。

（3）在“源”视图中右击，也可以在“解决方案资源管理器”窗口中右击 HTML5.html，然后在弹出的快捷菜单中选择“在浏览器中查看”命令，查看浏览效果。

程序说明：

- <meta charset="utf-8" />表示页面的语言编码字符集为 UTF-8。
- <meta name="keywords" content="MyPetShop, XHTML5" />表示能为搜索引擎提供页面关键词 MyPetShop 和 XHTML5。
- <meta name="description" content="XHTML5 页面示范" />表示页面的简要描述。
- <meta name="author" content="ssgwcyxxd@126.com, 阿毛" />表示页面作者信息。
- <meta http-equiv="refresh" content="3" />表示页面每隔 3 秒自动刷新一次。

2.2 .aspx 文件

.aspx 文件（Web 窗体）在 ASP.NET 网站中占据主体部分。作为一个对象，Web 窗体直接或间接地继承自 System.Web.UI.Page 类。因此，每个 Web 窗体具有 Page 类定义的属性、事件和方法等，如常用于判断页面是否第一次访问的 IsPostBack 属性、页面载入时触发的 Page.Load 事件等。

每个 Web 窗体中的代码包括两部分：一部分是处于<body>元素内的、用于界面显示的代码，包括必需的 XHTML 元素和 ASP.NET 控件的界面定义信息；另一部分是用于事件处理等的 C#代码。其中 C#代码存储时有两种模型：单文件页模型和代码隐藏页模型。

2.2.1 单文件页模型

在单文件页模型中，界面显示代码和逻辑处理代码（事件、方法等）都放在同一个.aspx

文件中。逻辑处理代码包含于<script>元素中。<script>元素位于<html>元素之上，且包含runat="server"属性。

实例 2-2

实例 2-2　熟悉单文件页模型

本实例包含 TextBox、Label、Button 控件各一个。当在文本框中输入内容后再单击“确定”按钮，则在标签中显示“不管您输入什么，我都喜欢ASP.NET!”。

源程序：SimplePage.aspx

```
<%@Page Language="C#"%>
<!DOCTYPE html>
<script runat="server">
  protected void BtnSubmit_Click(object sender, EventArgs e)
  {
    lblMessage.Text = "不管您输入什么，我都喜欢 ASP.NET!";
  }
</script>
<html xmlns="http://www.w3.org/1999/xhtml">
<head runat="server">
  <meta http-equiv="Content-Type" content="text/html; charset=utf-8"/>
  <title>熟悉单文件页模型</title>
</head>
<body>
  <form id="form1" runat="server">
    <div>
      <asp:TextBox ID="txtInput" runat="server">请输入内容</asp:TextBox>
      <asp:Label ID="lblMessage" runat="server"></asp:Label><br/>
      <asp:Button ID="btnSubmit" runat="server" OnClick="BtnSubmit_Click"
        Text="确定"/>
    </div>
  </form>
</body>
</html>
```

操作步骤：

（1）右击 Chap2 文件夹，在弹出的快捷菜单中选择“添加”→“添加新项”命令，然后在呈现的对话框中选择“Web 窗体”模板，输入文件名 SimplePage.aspx，不要选中“将代码放在单独的文件中”复选框，单击“添加”按钮建立文件。

（2）在“设计”视图中，从工具箱添加 TextBox、Label 和 Button 控件各一个到页面，通过“属性”窗口分别设置各控件的属性。此时，VSC 2017 会自动生成相应的界面代码。

（3）双击“确定”按钮，输入 SimplePage.aspx 源程序中阴影部分内容。

（4）浏览 SimplePage.aspx，查看效果。

程序说明：

单文件页模型在读代码时可先看<body>元素中内容，主要关注有哪些控件对象、各对象的 ID 属性值和各对象的事件名，再由各对象的事件名到<script>元素中找对应的执行方法。

OnClick="BtnSubmit_Click"表示单击“确定”按钮、触发 Click 事件后执行位于<script>元素中的 BtnSubmit_Click()方法。

注意：为了符合常用的 C#命名规则，本书将所有 VSC 2017 自动生成的方法名改成首字母大写的形式。

2.2.2 代码隐藏页模型

代码隐藏页模型适用于多个开发人员共同创建网站的情形，它可以清楚地区分显示界面和逻辑处理代码，从而可以让设计人员处理显示界面代码，再由程序员处理逻辑代码。除特别说明外，本书建立的 Web 窗体都采用代码隐藏页模型。

在代码隐藏页模型中，显示界面的代码包含于.aspx 文件，而逻辑处理代码包含于对应的.aspx.cs 文件。与单文件页模型不同，.aspx 文件不再包含<script>元素，但在@Page 指令中须包含引用的外部文件。

实例 2-3

实例 2-3　熟悉代码隐藏页模型

本实例实现的是与实例 2-2 相同的功能。

源程序：CodeBehind.aspx

```
<%@ Page Language="C#" AutoEventWireup="true" CodeFile="CodeBehind.aspx.cs"
 Inherits="Chap2_CodeBehind"%>
<!DOCTYPE html>
<html xmlns="http://www.w3.org/1999/xhtml">
<head runat="server">
   <meta http-equiv="Content-Type" content="text/html; charset=utf-8"/>
   <title>熟悉代码隐藏页模型</title>
</head>
<body>
   <form id="form1" runat="server">
    <div>
      <asp:TextBox ID="txtInput" runat="server">请输入内容</asp:TextBox>
      <asp:Label ID="lblMessage" runat="server"></asp:Label><br/>
      <asp:Button ID="btnSubmit" runat="server" OnClick="BtnSubmit_Click"
       Text="确定"/>
    </div>
   </form>
</body>
</html>
```

源程序：CodeBehind.aspx.cs

```
using System;
public partial class Chap2_CodeBehind : System.Web.UI.Page
{
  protected void BtnSubmit_Click(object sender, EventArgs e)
  {
    lblMessage.Text = "不管您输入什么，我都喜欢 ASP.NET!";
  }
}
```

操作步骤：

（1）右击 Chap2 文件夹，在弹出的快捷菜单中选择“添加”→“添加新项”命令，然后在呈现的对话框中选择“Web 窗体”模板，输入文件名 CodeBehind.aspx，选中“将代码放在单独的文件中”复选框，单击“添加”按钮建立文件。

（2）在“设计”视图中，添加 TextBox、Label 和 Button 控件各一个，参考源程序分别设置各控件属性。例如，需要通过“属性”窗口将 TextBox 控件的 ID 和 Text 属性值分别设置为 txtInput 和“请输入内容”。此时，VSC 2017 会自动生成相应的界面代码。

（3）双击“确定”按钮，输入 CodeBehind.aspx.cs 源程序中阴影部分内容。在文档窗口空白处右击，然后在弹出的快捷菜单中选择“对 Using 进行删除和排序”命令，从而删除不必导入的命名空间。最后，浏览 CodeBehind.aspx 查看效果。

注意：在.aspx 文件的“设计”视图中双击某个控件，可以在.aspx.cs 文件中自动生成用于处理默认事件的方法名及参数。例如，在实例 2-3 中，双击 Button 控件后 VSC 2017 自动生成用于处理 Click 事件的方法名 btnSubmit_Click 及参数 sender 和 e。若需要生成不是默认事件对应的方法名，可以通过先单击“属性”窗口中的“事件”按钮⚡，再双击相应的事件名，生成处理该事件的方法名及参数。

程序说明：

代码隐藏页模型在读代码时可先看.aspx 文件中的内容，主要关注有哪些控件对象、各对象的 ID 属性值和各对象的事件名，再由各对象的事件名到相应的.aspx.cs 文件中查找对应的执行方法。

在 CodeBehind.aspx 的开始处，增加了@Page 指令，其中 AutoEventWireup="true"指定页面事件自动绑定到指定的方法，如 Page.Load 事件自动绑定到 Page_Load()方法，这样，当 Page.Load 事件被触发后，将执行 Page_Load()方法代码；CodeFile="CodeBehind.aspx.cs"指定后台编码文件，使得显示界面和后台编码文件相互关联；Inherits="Chap2_CodeBehind"指定继承的类名，该类的定义存储于相应的后台编码文件中。

在 CodeBehind.aspx.cs 开始处的“using System;”语句表示导入 System 命名空间。

2.3　.css 文件和 CSS 常识

XHTML 能限定浏览器中页面元素的显示格式，但可控性不强，例如，当统一网站风格时需要逐个页面去修改。在 XHTML 基础上，现已被各类浏览器所接受的级联样式表 CSS 给出了应用于页面中元素的样式规则，提供了精确定位和重新定义 XHTML 元素属性的功能。一个 CSS 样式文件可以作用于多个 XHTML 文件，这样，当要同时改变多个 XHTML 页面风格时，只要修改 CSS 样式文件即可。CSS 的版本有 CSS1、CSS2 和 CSS3。

2.3.1　定义 CSS3 样式

每个 CSS3 样式有两个部分：选择器（如 p）和声明（如 color: blue）。声明由一个属性（如 color）及其值（如 blue）组成。根据样式的不同用途，有不同类型的 CSS3 选择器。这些选择器可以单独使用，也可以组合使用。

1. *选择器

*选择器适用于页面中的所有元素，常用于全局设置，如将页面中所有元素的字体设为

Arial 的 CSS3 样式为：

```
* { font-family: Arial; }
```

2. 元素选择器

元素选择器的取名即为 XHTML 元素名，用于重新定义指定的 XHTML 元素的属性，如对所有<p>和</p>之间的段落设置文本对齐格式为居中的 CSS3 样式为：

```
p { text-align: center; }
```

3. 属性选择器

如表 2-2 所示，属性选择器根据元素的属性或属性值来选择元素。

表 2-2 CSS3 属性选择器

CSS3 样式	说 明
[attr]{…}	选择 attr 属性的元素
[attr=val]{…}	选择 attr 属性值为 val 的元素
[attr~=val]{…}	选择 attr 属性值中包含 val 值（必须以空格间隔）的元素
[attr|=val]{…}	选择 attr 属性值中以 val 值（必须以下画线间隔）开始的元素
[attr^=val]{…}	选择 attr 属性值中以 val 值开始的元素
[attr$=val]{…}	选择 attr 属性值中以 val 结尾的元素
[attr*=val]{…}	选择 attr 属性值中包含 val 值的元素

4. 类选择器

类选择器可以应用于不同的 XHTML 元素或某个 XHTML 元素的子集（如应用于部分段落而不是全部段落）。定义时，要在选择器名前加“.”，如通过类选择器设置颜色为红色的 CSS3 样式为：

```
.intro { color: #FF0000; }
```

在页面中，用 class="类名"的方式调用，如：

```
<p class="intro">
```

5. id 选择器

id 选择器应用于由 id 值确定的 XHTML 元素的属性，且常用于单个 XHTML 元素的属性设置。定义时，需要在选择器（id 名）前加#，如要对<div id="menubar">…</div>层中包含的内容设置背景色为绿色的 CSS3 样式为：

```
#menubar { background-color: #008000; }
```

2.3.2 CSS3 样式位置

CSS3 样式可以放在不同的位置，包括与 XHTML 元素的内联、位于页面的<style>元素中和外部样式表（.css 文件）中。

注意：不同位置 CSS3 样式的优先级是内联样式最高，其次是页面样式，最后是外部样式表。

1. 内联样式

当要为单个 XHTML 元素定义属性而不想重用该样式时，可以使用内联样式。内联样式在 XHTML 元素的 style 属性中定义，如：

```
<p style="text-align: center; color: #FFFF00;">
```

操作时，可直接在 XHTML 元素对应的“属性”窗口中选择 style 属性进行设置，设置完成后会自动生成样式。

2. 页面样式

当要为特定页中的元素设置样式时，可以在<head>元素中的<style>元素内定义。定义时可根据需要采用不同的选择器。

实例 2-4

实例 2-4　运用页面样式

源程序：Interior.aspx

```
<%@ Page Language="C#" AutoEventWireup="true" CodeFile="Interior.aspx.cs"
 Inherits="Chap2_Interior"%>
<!DOCTYPE html>
<html xmlns="http://www.w3.org/1999/xhtml">
<head runat="server">
  <meta http-equiv="Content-Type" content="text/html; charset=utf-8"/>
  <title>运用页面样式</title>
  <style type="text/css">
    * {font-family: 隶书;}
    [title~=attr] {color: #000080;}
    [title*=attribute] {color: #800080;}
    p {color: #008000;}
    .classTest {color: #800000;}
    #divTest {color: #808000;}
  </style>
</head>
<body>
  <form id="form1" runat="server">
    <p>基于元素选择器的样式</p>
    <p title="attr Test">基于[attr~=val]属性选择器的样式</p>
    <p title="attributeTest">基于[attr*=val]属性选择器的样式</p>
    <p class="classTest">基于类选择器的样式</p>
    <div id="divTest">基于 id 选择器的样式</div>
  </form>
</body>
</html>
```

操作步骤：

（1）在 Chap2 文件夹中建立 Interior.aspx 文件。

（2）在“设计”视图以段落方式分别输入“基于元素选择器的样式”“基于[attr~=val]属性选择器的样式”“基于[attr*=val]属性选择器的样式”“基于类选择器的样式”；在“工具箱”的 HTML 选项卡中双击 Div 后建立的 div 层中输入“基于 id 选择器的样式”，参考源程序设置各元素的属性。

（3）选择“视图”→“管理样式”命令，在呈现的窗口中单击“新建样式”按钮，再在呈现的对话框中输入选择器名*，设置字体属性，单击“确定”按钮建立*选择器。类似地建立其他选择器。最后浏览 Interior.aspx 查看效果。

3. 外部样式表

实例 2-5

外部样式表常应用于整个网站，并存储于独立的.css 文件中。在调用时，使用<link>元素可以将样式表链接到页面。一个外部样式表可以链接到多个页面，这样就可以很方便地管理整个网站的显示风格。

实例 2-5　运用外部样式表

源程序：Exterior.css

```
* { font-family: 隶书; }
[title~=attr] { color: #000080; }
[title*=attribute] { color: #800080; }
p { color: #008000; }
.classTest { color: #800000; }
#divTest { color: #808000; }
```

操作步骤：

（1）右击 Styles 文件夹，在弹出的快捷菜单中选择“添加”→“添加新项”命令，然后在呈现的对话框中选择“样式表”模板，输入文件名 Exterior.css，单击“添加”按钮建立文件。

（2）在 Exterior.css 文档窗口中输入阴影部分代码。

源程序：Exterior.aspx

```
<%@ Page Language="C#" AutoEventWireup="true" CodeFile="Exterior.aspx.cs"
 Inherits="Chap2_Exterior"%>
<!DOCTYPE html>
<html xmlns="http://www.w3.org/1999/xhtml">
<head runat="server">
  <meta http-equiv="Content-Type" content="text/html; charset=utf-8"/>
  <title>运用外部样式表</title>
  <link href="../Styles/Exterior.css" rel="stylesheet" type="text/css"/>
</head>
<body>
  <form id="form1" runat="server">
    <p>调用 Exterior.css 中基于元素选择器的样式</p>
    <p title="attr Test">调用 Exterior.css 中基于[attr~=val]属性选择器的样式</p>
    <p title="attributeTest">调用 Exterior.css 中基于[attr*=val]属性选择器的样式
    </p>
    <p class="classTest">调用 Exterior.css 中基于类选择器的样式</p>
    <div id="divTest">调用 Exterior.css 中基于 id 选择器的样式</div>
  </form>
</body>
</html>
```

操作步骤：

（1）在 Chap2 文件夹中新建 Exterior.aspx。

（2）在“设计”视图中参考源程序输入内容并设置各元素属性。

（3）选择“格式”→“附加样式表”命令，在呈现的对话框中选择 Styles 文件夹中的 Exterior.css 文件。此时，在 Exterior.aspx 中会自动添加<link href="../Styles/Exterior.css" rel="stylesheet" type="text/css" />，其中，“..”表示当前文件夹的上一级文件夹。最后浏览 Exterior.aspx 查看效果。

2.4　.js 文件和 JavaScript 常识

JavaScript 是一种面向对象和事件驱动的客户端脚本语言，可以直接嵌入页面中，不需要 Web 服务器端的解释执行而是由浏览器解释执行。目前，所有的浏览器均支持 JavaScript。典型的 JavaScript 用途主要包括：在 XHTML 中创建动态文本；响应客户端事件；读取并改变 XHTML 元素的内容；验证客户端数据；检测客户端浏览器，并根据检测到的浏览器类型载入不同的页面；创建 Cookies；关闭浏览器窗口；在页面上显示时间；等等。

2.4.1　JavaScript 代码位置

JavaScript 的代码存放位置形式通常有三种：在<head>元素中、在<body>元素中和独立的.js 文件中。

1. 在<head>元素中

<head>元素中的 JavaScript 代码包含于<script>和</script>两个标记之间，通常存放 JavaScript 函数，这些函数只有在被调用时才会执行。

实例 2-6

实例 2-6　熟悉<head>元素中的 JavaScript 代码

源程序：HeadJS.aspx

```
<%@ Page Language="C#" AutoEventWireup="true" CodeFile="HeadJS.aspx.cs"
 Inherits="Chap2_HeadJS" %>
<!DOCTYPE html>
<html xmlns="http://www.w3.org/1999/xhtml">
<head runat="server">
  <meta http-equiv="Content-Type" content="text/html; charset=utf-8" />
  <title>熟悉&lt;head&gt;元素中的 JavaScript 代码</title>
  <script>
    function message() {
      alert("在\<head\>元素中");
    }
  </script>
</head>
<body onload="message()">
  <form id="form1" runat="server">
  </form>
```

```
</body>
</html>
```

操作步骤：

（1）在 Chap2 文件夹中建立 HeadJS.aspx。

（2）在“源”视图中输入阴影部分内容。最后浏览 HeadJS.aspx 查看效果。

程序说明：

当页面执行到<body>元素时，触发 load 事件后调用 message()函数，最后在浏览器中显示“在<head>元素中”信息。

注意：JavaScript 中采用首字符为小写字母的方式命名对象、函数等。

实例 2-7

2. 在<body>元素中

与<head>元素类似，<body>元素中的 JavaScript 代码也要包含于<script>元素中，但通常存放页面载入时就需要执行的 JavaScript 代码。

实例 2-7 熟悉<body>元素中的 JavaScript 代码

源程序：BodyJS.aspx

```
<%@ Page Language="C#" AutoEventWireup="true" CodeFile="BodyJS.aspx.cs"
 Inherits="Chap2_BodyJS" %>
<!DOCTYPE html>
<html xmlns="http://www.w3.org/1999/xhtml">
<head runat="server">
  <meta http-equiv="Content-Type" content="text/html; charset=utf-8" />
  <title>熟悉&lt;body&gt;元素中的 JavaScript 代码</title>
</head>
<body>
  <form id="form1" runat="server">
    <div>
      <script>
        document.write("在&lt;body&gt;元素中");
      </script>
    </div>
  </form>
</body>
</html>
```

程序说明：

在页面载入时执行 document.write()函数，输出 XHTML 文本“在<body>元素中”，浏览器上显示效果是“在<body>元素中”。

注意：在 XHTML 中，“<”用“<”表示，“>”用“>”表示。

3. 在独立的.js 文件中

独立的.js 文件常用于多个页面需要调用相同 JavaScript 代码的情形。通常把所有.js 文件放在同一个脚本文件夹中，这样容易管理。在调用外部 JavaScript 文件时，需要在<script>元素中加入 src 属性值。

实例 2-8

实例 2-8　运用独立的.js 文件

源程序：FileJS.aspx

```
<%@ Page Language="C#" AutoEventWireup="true" CodeFile="FileJS.aspx.cs"
 Inherits="Chap2_FileJS" %>
<!DOCTYPE html>
<html xmlns="http://www.w3.org/1999/xhtml">
<head runat="server">
  <meta http-equiv="Content-Type" content="text/html; charset=utf-8" />
  <title>运用独立的.js 文件</title>
  <script src="../Scripts/FileJS.js"></script>
</head>
<body onload="message()">
  <form id="form1" runat="server">
  </form>
</body>
</html>
```

源程序：FileJS.js

```
function message() {
  alert("JavaScript 代码在 FileJS.js 文件中!");
}
```

操作步骤：

（1）右击 Scripts 文件夹，在弹出的快捷菜单中选择“添加”→“添加新项”命令，然后在呈现的对话框中选择“JavaScript 文件”模板，输入文件名 FileJS.js，单击“添加”按钮建立文件，再在文档窗口中输入源程序内容。

（2）在 Chap2 文件夹中建立 FileJS.aspx，输入阴影部分内容。最后浏览 FileJS.aspx 查看效果。

程序说明：

在 FileJS.aspx 文件中，阴影部分中的 src 属性值表示独立的.js 文件存放位置。当页面执行到<body>元素时，触发 load 事件后调用 FileJS.js 文件中的 message()函数。

2.4.2　JavaScript 运用实例

实例 2-9

实例 2-9　实现图片动态变化效果

本实例首先在页面上显示一张鼠标图片，当鼠标指标指向该图片时显示另一张鼠标图片，移开鼠标指针后重新显示原来的鼠标图片，从而实现变换图片的效果。

源程序：ChangeImg.aspx

```
<%@ Page Language="C#" AutoEventWireup="true" CodeFile="ChangeImg.aspx.cs"
```

```
 Inherits="Chap2_ChangeImg"%>
<!DOCTYPE html>
<html xmlns="http://www.w3.org/1999/xhtml">
<head runat="server">
  <meta http-equiv="Content-Type" content="text/html; charset=utf-8"/>
  <title>实现图片动态变化效果</title>
  <script>
    function mouseOver() {
      document.getElementById("mouse").src = "../Images/mouseOver.jpg";
    }
    function mouseOut() {
      document.getElementById("mouse").src = "../Images/mouseOut.jpg";
    }
  </script>
</head>
<body>
  <form id="form1" runat="server">
    <div>
      <a href="http://www.sina.com" target="_blank">
        <img id="mouse" border="0" alt="访问 sina!"
         src="../Images/mouseOut.jpg"
         onmouseover="mouseOver()" onmouseout="mouseOut()"/>
      </a>
    </div>
  </form>
</body>
</html>
```

程序说明：

页面载入后显示 mouseOut.jpg。getElementById()返回指定 id 的 XHTML 元素。当鼠标指针指向图片时，触发 mouseover 事件后调用 mouseOver()函数，显示 mouseOver.jpg，移开时触发 mouseout 事件后调用 mouseOut()函数，显示 mouseOut.jpg。单击后链接到 www.sina.com。

实例 2-10

实例 2-10　实现一个简易时钟

本实例在页面上显示一个数字时钟，其中时间数据来源于客户端。

源程序：Timer.aspx

```
<%@ Page Language="C#" AutoEventWireup="true" CodeFile="Timer.aspx.cs"
 Inherits="Chap2_Timer"%>
<!DOCTYPE html>
<html xmlns="http://www.w3.org/1999/xhtml">
<head runat="server">
  <meta http-equiv="Content-Type" content="text/html; charset=utf-8"/>
  <title>实现一个简易时钟</title>
  <script>
```

```
      function startTimer() {
        var today = new Date();  //获取客户端当前系统日期
        var h = today.getHours();
        var m = today.getMinutes();
        var s = today.getSeconds();
        m = checkTime(m);  //调用自定义的 checkTime()函数，在小于 10 的数字前加 0
        s = checkTime(s);
        //设置 divTimer 层显示内容
        document.getElementById("divTimer").innerHTML = h + ":" + m + ":" + s;
        setTimeout("startTimer()",1000);//过 1 秒后重复调用自定义的 startTimer()函数
      }
      //checkTime(i)检查 i 参数值。如果 i<10，就在数字前加 0
      function checkTime(i) {
        if (i < 10) {
          i = "0" + i;
        }
        return i;
      }
    </script>
  </head>
  <body onload="startTimer()">
    <form id="form1" runat="server">
      <div id="divTimer"></div>
    </form>
  </body>
  </html>
```

程序说明：

当页面载入时，触发<body>元素的 load 事件，执行自定义的 startTimer()函数，该函数过 1 秒后重复调用自身，连续地在 div 层 divTimer 上显示当前系统时间。其中，时间数据来源于客户端。

2.5　jQuery

jQuery 由 John Resig 于 2006 年初创建，至今已吸引了来自世界各地的众多 JavaScript 高手加入。作为一个优秀的 JavaScript 框架，它通过提供 JavaScript 库的形式，使用户能非常方便地访问和管理（包括插入、修改、删除等操作）XHTML 元素，设置 XHTML 元素的 CSS 样式，处理 XHTML 元素的事件，实现 XHTML 元素的动画特效，为网站提供 Ajax 交互。它支持 XHTML5 和 CSS3，提供的 jQuery Mobile 可以方便地用于智能手机和平板电脑的 Web 应用程序开发。目前，绝大多数浏览器均支持 jQuery。

在 VSC 2017 中，通过 NuGet 程序包管理器可方便地安装 jQuery。具体操作时，选择“网站”→“管理 NuGet 程序包”命令，在呈现的窗口中选择“浏览”标签，搜索 jQuery 再安装就可以了。安装完成后，在网站根文件夹下的 Scripts 文件夹中会自动添加最新的、由 jQuery 提供的 JavaScript 库。

在 VSC 2017 中，要使用 jQuery 提供的 JavaScript 库，需要在页面的<head>元素中添加相应的引用，示例代码如下：

```
<script src="../Scripts/jquery-3.2.1.min.js"></script>
```

其中，jquery-3.2.1.min.js 需要根据实际安装的 jQuery 版本号进行相应的改变，引用的路径需要由引用页面的存储位置来确定。

2.5.1 jQuery 基础语法

jQuery 的基础语法格式为：$(selector).action()。其中，selector 用于选择浏览器对象（如表示浏览器窗口的 window 对象，表示 XHTML 文档的 document 对象等），也可以用于选择 XHTML 元素；action()通过调用 jQuery 已定义的方法或编写自定义方法，对选择的对象执行具体的操作。

常用的用于选择 XHTML 元素的 jQuery 选择器如表 2-3 所示。

表 2-3 常用的 jQuery 选择器

选择器	示例	示例含义
*选择器	$("*")	选择所有元素
元素选择器	$("p")	选择所有<p>元素
属性选择器	$("[attr]")	选择所有包含 attr 属性的元素
	$("[attr ='val']")	选择所有 attr 属性的值等于 val 的元素
	$("[attr!='val']")	选择所有 attr 属性的值不等于 val 的元素
类选择器	$(".intro")	选择所有 class="intro"的元素
id 选择器	$("#menubar")	选择 id="menubar"的元素
first 选择器	$("p:first")	选择第一个<p>元素
contains 选择器	$(":contains('W3C')")	选择包含指定字符串 W3C 的所有元素

常用的 jQuery 方法如表 2-4 所示。

表 2-4 常用的 jQuery 方法

方法	含义
attr()	设置或返回被选择元素的属性和值
bind()	向被选择的元素添加事件处理代码
click()	触发或将函数绑定到被选择元素的 click 事件
css()	设置或返回被选择元素的样式属性
fadeIn()	从隐藏到可见，逐渐地改变被选择元素的不透明度
fadeOut()	从可见到隐藏，逐渐地改变被选择元素的不透明度
fadeToggle()	对被选择元素进行隐藏和显示的切换
hide()	隐藏被选择的元素
jQuery.ajax()	执行异步 HTTP（Ajax）请求，常用于实现页面的局部刷新
load()	触发或将函数绑定到被选择元素的 load 事件
mouseout()	触发或将函数绑定到被选择元素的 mouseout 事件
mouseover()	触发或将函数绑定到被选择元素的 mouseover 事件
ready()	在 HTML 文档就绪时触发 ready 事件，然后执行定义的函数
text()	设置或返回被选择元素的内容

2.5.2 jQuery 运用实例

实例 2-11 利用 jQuery 管理 XHTML 元素

实例 2-11

在图 2-2 中，单击“隐藏”区域，将隐藏阴影部分内容；单击“显示”区域，将显示阴影部分内容；单击“淡入或淡出”区域，将淡入或淡出阴影部分内容；单击“更改内容”区域，将阴影部分内容改为“我的内容被更改了！”；单击“更改样式”区域，将页面中所有元素的背景色改为黄色，字体改为隶书。

图 2-2 ManageXhtml.aspx 浏览效果

源程序：ManageXhtml.aspx

```
<%@ Page Language="C#" AutoEventWireup="true" CodeFile="ManageXhtml.aspx.cs"
 Inherits="Chap2_ManageXhtml" %>
<!DOCTYPE html>
<html xmlns="http://www.w3.org/1999/xhtml">
<head runat="server">
  <meta http-equiv="Content-Type" content="text/html; charset=utf-8" />
  <title>利用 jQuery 管理 XHTML 元素</title>
  <script src="../Scripts/jquery-3.2.1.min.js"></script>
  <script type="text/javascript">
    $(document).ready(function () {
      $("#hide").click(function () {
        $("#effect").hide();
      });
      $("#show").click(function () {
        $("#effect").show();
      });
      $(".flip").click(function () {
        $("#effect").fadeToggle();
      });
      $("#chgText").click(function () {
        $("#effect").text("我的内容被更改了！");
      });
      $("#chgCss").click(function () {
        $("*").css({ "background-color": "yellow", "font-family": "隶书" });
      });
    });
  </script>
</head>
<body>
```

```
  <form id="form1" runat="server">
    <div style="text-align: center">
      <span id="hide">隐藏</span>
      <span id="show" style="color: #008080">显示</span>
      <span class="flip">淡入或淡出</span>
      <span id="chgText" style="color: #008080">更改内容</span>
      <span id="chgCss">更改样式</span>
    </div>
    <div id="effect" style="background-color: #DCDCDC">单击“隐藏”我就消失；单
     击“显示”我就回来，单击“淡入或淡出”我就淡入或淡出。</div>
  </form>
</body>
</html>
```

操作步骤：

（1）在 ChapSite 网站中利用 NuGet 程序包管理器安装 jQuery。

（2）在 Chap2 文件夹中新建 ManageXhtml.aspx。在“源”视图中输入阴影部分内容，其中 style 属性值也可以通过“属性”窗口进行设置。

（3）浏览 ManageXhtml.aspx 进行测试。

程序说明：

当页面文档就绪时，触发 ready 事件，执行自定义的函数代码，包括：

（1）设置 id 属性值为 hide 的元素的 click 事件处理代码，该代码将隐藏 id 属性值为 effect 的元素。

（2）设置 id 属性值为 show 的元素的 click 事件处理代码，该代码将显示 id 属性值为 effect 的元素。

（3）设置 class 属性值为 flip 的元素的 click 事件处理代码，该代码将淡入或淡出 id 属性值为 effect 的元素。

（4）设置 id 属性值为 chgText 的元素的 click 事件处理代码，该代码将 id 属性值为 effect 的元素的呈现内容改为“我的内容被更改了！”。

（5）设置 id 属性值为 chgCss 的元素的 click 事件处理代码，该代码将所有元素的背景色改为黄色，字体改为隶书。

实例 2-12

实例 2-12　利用 jQuery 实现一个时间数据来源于服务器端的时钟

本实例利用 jQuery 和 JavaScript 实现一个时钟，其中时间数据来源于服务器端。

源程序：Ajax.aspx

```
<%@ Page Language="C#" AutoEventWireup="true" CodeFile="Ajax.aspx.cs"
 Inherits="Ajax" %>
```

源程序：Ajax.aspx.cs

```
using System;
public partial class Ajax : System.Web.UI.Page
{
```

```
    protected void Page_Load(object sender, EventArgs e)
    {
        //输出当前服务器端的系统时间，该值将传递给 TimerJQuery.aspx 中的 datetime 变量
        Response.Write(DateTime.Now);
    }
}
```

源程序：TimerJQuery.aspx

```
<%@ Page Language="C#" AutoEventWireup="true" CodeFile="TimerJQuery.aspx.cs"
 Inherits="Chap2_TimerJQuery" %>
<!DOCTYPE html>
<html xmlns="http://www.w3.org/1999/xhtml">
<head runat="server">
  <meta http-equiv="Content-Type" content="text/html; charset=utf-8" />
  <title>利用 jQuery 实现一个时间数据来源于服务器端的时钟</title>
  <script src="../Scripts/jquery-3.2.1.min.js"></script>
  <%-- refresh()函数以 500 毫秒为间隔，局部刷新 div 层 divMsg。其中$.ajax()调用 jQuery
    的 ajax()方法，用于执行异步请求 --%>
  <script type="text/javascript">
    function refresh() {
      $.ajax({
        url: "Ajax.aspx",    //发送异步请求的页面地址
        cache: false,        //不缓存异步请求的页面
        success: function (datetime) {
          //设置 div 层 divMsg 的呈现内容为服务器端输出的系统时间
          $("#divMsg").text(datetime);
              }
      });
      setTimeout("refresh()", 500);  //过 500 毫秒后重复调用自定义的 refresh()函数
    }
  </script>
</head>
<body onload="refresh()">
  <form id="form1" runat="server">
    <div id="divMsg"></div>
  </form>
</body>
</html>
```

操作步骤：

（1）在 Chap2 文件夹中新建 Ajax.aspx，在“源”视图中保留@ Page 指令行，删除其他的内容。

（2）在 Chap2 文件夹中建立 Ajax.aspx.cs，输入阴影部分内容。

（3）在 Chap2 文件夹中新建 TimerJQuery.aspx，在“源”视图中输入阴影部分内容。

（4）浏览 TimerJQuery.aspx 查看效果。

程序说明：

当页面载入时，触发<body>元素的 load 事件，执行自定义的 refresh()函数。该函数通过 Ajax.aspx 发送异步请求，当成功执行 Ajax.aspx 后，输出当前服务器端的系统时间，该值将传递给 TimerJQuery.aspx 中的 datetime 变量，再呈现在 div 层 divMsg 中。refresh()函数过 500 毫秒后重复调用自身，实现 div 层 divMsg 的局部刷新，呈现不断变化的服务器端的系统时间。

2.6 .xml 文件和 XML 常识

在 ASP.NET 网站中，.xml 文件常用于解决跨平台交换数据的问题，这种文件实际上已成为 Internet 数据交换的标准文件。

XML 是一种可以扩展的标记语言，可以根据实际需要，定义相应的语义标记。与 XHTML 相比，XHTML 用来显示数据，而 XML 旨在传输和存储数据。

实例 2-13 表达一个 XML 格式的早餐菜单

本实例用 XML 格式描述一个早餐菜单，其中包括食物名称、价格、描述、热量等。

实例 2-13

源程序：Breakfast.xml

```
<?xml version="1.0" encoding="utf-8" ?>
<!-- 早餐菜单 -->
<breakfast_menu>
  <food>
    <name>豆浆</name>
    <price>¥2.0</price>
    <description>营养丰富,热量较低</description>
    <calories>40</calories>
  </food>
  <food>
    <name>油条</name>
    <price>¥3.0</price>
    <description>非常好吃,油脂较多</description>
    <calories>300</calories>
  </food>
</breakfast_menu>
```

操作步骤：

（1）右击 Chap2 文件夹，在弹出的快捷菜单中选择“添加”→“添加新项”命令，然后在呈现的对话框中选择“XML 文件”模板，输入文件名 Breakfast.xml，单击“添加”按钮建立文件，再输入全部内容。

（2）在“解决方案资源管理器”窗口中右击 Breakfast.xml，在弹出的快捷菜单中选择“在浏览器中查看”命令浏览效果。

程序说明：

<?xml…?>表示 XML 声明。其中，version 属性指定.xml 文件遵循哪个版本的 XML 规范；

encoding 属性指定使用的编码字符集。

<breakfast_menu>表示根元素。在一个.xml 文件中必须包含且只能包含一个根元素。

<food>…</food>使用子元素描述一种早餐。各个<food>子元素形成兄弟关系。

2.7　Web.config

网站的配置文件是一个 XML 格式文件，用来存储配置信息。它们可以出现在网站的多个文件夹中，并形成一定的层次关系。一个网站中最高层的配置文件是位于网站根文件夹中的 Web.config，下一层是位于根文件夹下子文件夹中的 Web.config。这些配置文件形成继承关系，子文件夹中的 Web.config 继承根文件夹中的 Web.config。不同的 Web.config 分别作用于各自所在的文件夹和下一级文件夹。其中，网站根文件夹下的 Web.config 作用于整个网站，而子文件夹中的 Web.config 常用于存储该子文件夹的授权信息。

Web.config 文件的基本结构如下：

```
<?xml version="1.0" encoding="utf-8"?>
<configuration>
  <configSections>
    ⋮
  </configSections>
  ⋮
</configuration>
```

其中<configuration>表示 Web.config 文件的根元素。根据配置要求的不同，可形成多个包含于<configuration>中的下一级元素。实际工程中常需要配置的元素主要有：

- <appSettings>——用于自定义应用程序的配置。
- <authentication>——用于身份验证的配置。
- <connectionStrings>——用于数据库连接字符串的配置。
- <pages>——用于页面的特定配置。例如，当需要在页面中使用包含于 AjaxControlToolkit 程序包中的控件时，可通过子元素<controls>进行设置。
- <sessionState>——用于会话状态的配置。

2.8　Global.asax

Global.asax 文件（全局应用程序类文件）是一个可选文件，用于包含响应应用程序级别和会话级别事件的代码。若一个网站中包含 Global.asax，则必须存储于网站的根文件夹，且每个网站只能包含一个 Global.asax 文件。当用户向一个.aspx 文件首次发出访问请求时，Web 服务器都会执行 Global.asax 文件。因此，包含在 Global.asax 文件中的代码将首先被执行。Global.asax 文件中处理典型事件的方法包括：

- Application_Start()——Web 应用程序启动时运行的代码。
- Application_End()——Web 应用程序关闭时运行的代码。
- Application_Error()——Web 应用程序出现未处理的错误时运行的代码。

- Session_Start()——用户访问 Web 应用程序启动新会话时运行的代码。
- Session_End()——用户结束会话时运行的代码。

2.9 Bootstrap

Bootstrap 由 Twitter 的设计师 Mark Otto 和 Jacob Thornton 合作开发，于 2011 年 8 月在 GitHub 上以开源项目形式进行发布，目前已成为主流的 Web 前端设计与开发框架并得到所有主流浏览器的支持。它基于 HTML5、CSS3、JavaScript 和 jQuery 技术，提供一个带有网格系统、链接样式、背景的基本结构，已预设置 HTML 元素样式、全局 CSS 以及可扩展的类选择器，包含下拉菜单、按钮组、按钮下拉菜单、导航、导航条、路径导航、分页、排版、缩略图、警告对话框、进度条、媒体对象等可重用组件，以及模式对话框、标签页、滚动条、弹出框等自定义的 jQuery 插件，从而实现 Web 应用程序前端的快速设计与开发。

面对迅猛发展的移动互联网，Bootstrap 以移动设备优先为设计理念，完全体现响应式设计思想。也就是说，使用 Bootstrap 设计的页面能根据用户终端设备尺寸或浏览器窗口尺寸来自动进行布局调整，这样，软件开发人员只要为用户提供一套解决方案，而不必分别开发适合 PC 机、智能手机和平板电脑等不同终端设备的网站。具体操作时，通过设置<meta>元素的 name 属性值为 viewport 来实现响应式设计，示例代码如下：

```
<meta name="viewport" content="width=device-width, initial-scale=1.0" />
```

其中，device-width 表示终端设备的宽度，initial-scale 表示初始缩放比例，1.0 表示初始缩放比例为 100%。

在 VSC 2017 中，通过 NuGet 程序包管理器可方便地安装 Bootstrap。具体操作时，选择“网站”→“管理 NuGet 程序包”命令，在呈现的窗口中选择“浏览”标签，搜索 Bootstrap 再安装就可以了。安装完成后，在网站根文件夹下的 Content 和 Scripts 文件夹中分别会自动添加最新的（本书使用 Bootstrap v3.3.7 版本）、由 Bootstrap 提供的 CSS 样式和 JavaScript 库。

在 VSC 2017 中，要使用 Bootstrap 提供的 CSS 样式和 JavaScript 库，需要在页面的<head>元素中链接 CSS 样式表和添加相应的.js 文件引用，示例代码如下：

```
<link href="../Content/bootstrap.min.css" rel="stylesheet"
 type="text/css" />
<script src="../Scripts/bootstrap.min.js"></script>
```

注意：由于 Bootstrap 提供的 bootstrap.min.js 中包含使用 jQuery 技术开发的插件，所以，在引用 bootstrap.min.js 文件的同时还需要引用 jQuery 提供的例如 jquery-3.2.1.min.js 的 JavaScript 库。

实例 2-14 利用 Bootstrap 设计表单

实例 2-14

在图 2-3 中，“邮箱：”和“密码：”使用了<label>元素，“邮箱”文本框、“密码”文本框和“记住我”复选框使用了<input>元素，“提交”按钮使用了 ASP.NET 中的 Button 控件。其中，“邮箱”和“密码”文本框的宽度会随着浏览器窗口宽度的改变而改变，体现响应式设计效果。

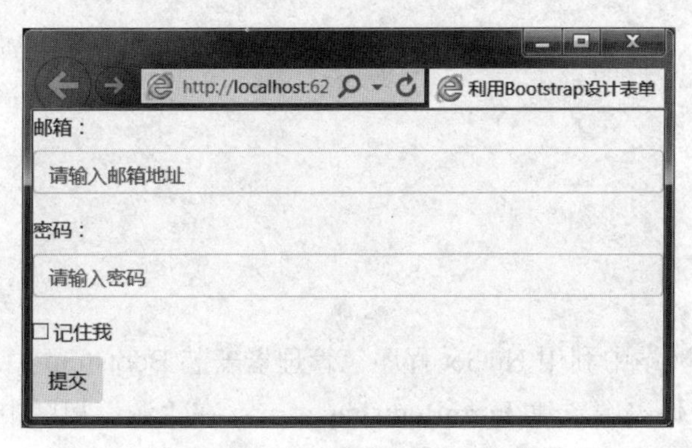

图 2-3　FormBootstrap.aspx 浏览效果

源程序：FormBootstrap.aspx

```
<%@ Page Language="C#" AutoEventWireup="true"
 CodeFile="FormBootstrap.aspx.cs" Inherits="Chap2_FormBootstrap" %>
<!DOCTYPE html>
<html xmlns="http://www.w3.org/1999/xhtml">
<head runat="server">
  <meta http-equiv="Content-Type" content="text/html; charset=utf-8" />
  <meta name="viewport" content="width=device-width, initial-scale=1.0" />
  <title>利用 Bootstrap 设计表单</title>
  <link href="../Content/bootstrap.min.css" rel="stylesheet"
   type="text/css" />
  <script src="../Scripts/jquery-3.2.1.min.js"></script>
  <script src="../Scripts/bootstrap.min.js"></script>
</head>
<body>
  <form id="form1" runat="server">
    <div class="form-group">
      <label for="inputEmail">邮箱：</label>
      <input type="email" class="form-control" id="inputEmail"
       placeholder="请输入邮箱地址" />
    </div>
    <div class="form-group">
      <label for="inputPassword">密码：</label>
      <input type="password" class="form-control" id="inputPassword"
       placeholder="请输入密码" />
    </div>
    <div class="checkbox">
      <label>
        <input type="checkbox" />
        记住我
      </label>
    </div>
```

```
        <asp:Button ID="btnSubmit" CssClass="btn btn-default" runat="server"
         Text="提交" />
      </form>
    </body>
    </html>
```

操作步骤：

（1）在 ChapSite 网站中利用 NuGet 程序包管理器安装 Bootstrap。

（2）在 Chap2 文件夹中新建 FormBootstrap.aspx。在“源”视图中输入除自动生成的代码以外的源程序，其中各个 XHTML 元素的属性值也可以通过“属性”窗口进行设置。

（3）浏览 FormBootstrap.aspx，改变浏览器窗口的宽度，体会响应式设计效果。

程序说明：

form-group、form-control、checkbox、“btn btn-default”等 CSS 类选择器的定义包含在 bootstrap.min.css 文件中。

注意：XHTML 元素通过 class 属性而 ASP.NET 控件通过 CssClass 属性调用 CSS 类选择器。

2.10 小　　结

本章主要介绍 ASP.NET 网站的组成，主要包含.html 文件、.aspx 文件、.aspx.cs 文件、.css 文件、.js 文件、jQuery、.xml 文件、Web.config 文件、Global.asax 文件、Bootstrap 等。.html 文件由浏览器解释执行，任何一个.aspx 文件的内容都要转化为 XHTML 才能在浏览器中查看。页面的 C#代码存储时有单文件页模型和代码隐藏页模型。代码隐藏页模型能将 C#代码编译成程序集，从而保护 C#代码不易被窃取。因此，软件公司在开发 Web 应用程序时大都采用该模型。CSS 样式能使网站保持统一风格。JavaScript 为静态页面提供动态功能，也是以后学习 ASP.NET Ajax 的基础。jQuery 能非常方便地控制和管理 XHTML 元素，实现 XHTML 元素的动画效果，还能实现表单编程和 Ajax 交互等。XML 已成为 Internet 数据交换的标准格式，了解 XML 文件为 ASP.NET 访问 XML 文件打下基础。Web.config 用于存储 Web 应用程序的配置信息。Global.asax 文件用于包含响应应用程序级别和会话级别事件的代码。Bootstrap 以移动设备优先为设计理念，完全体现响应式设计思想，是目前用于 Web 应用程序前端设计与开发的主流框架。

2.11 习　　题

1. 填空题

（1）VSC 2017 默认建立的 XHTML 文件类型是_______。

（2）利用 XHTML 建立一个链接到 jxst@126.com 邮箱的元素是_______。

（3）页面中的空格用_______表示。

（4）存放 Web 窗体页 C#代码的模型有单文件页模型和_______。

（5）实现页面 3 秒自动刷新一次的元素是_______。

（6）在单文件页模型中，C#代码必须包含于_______之间。

（7）代码隐藏页模型通过_______属性将.aspx 文件和对应的.aspx.cs 文件联系起来。

（8）外部样式表通过_______元素链接到页面。

（9）XML 主要用于_______数据。

（10）Global.asax 文件用于包含响应_______级别和_______级别事件的代码。

（11）Bootstrap 以_______为设计理念，完全体现_______思想，是目前用于_______的主流框架。

2. 是非题

（1）XHTML 是 HTML 的子集。（　　）

（2）XHTML 中每个元素都有结束标记。（　　）

（3）在<meta>元素中可设置能被搜索引擎检索到的关键词。（　　）

（4）[attr~=val]{…}选择 attr 属性值中包含 val 值的元素。（　　）

（5）.html 文件不需要编译，直接从 Web 服务器下载到浏览器执行即可。（　　）

（6）类选择器在定义时要加前缀#。（　　）

（7）JavaScript 代码必须包含在<script>元素中。（　　）

（8）所谓响应式设计，就是使设计的页面能根据用户终端设备尺寸或浏览器窗口尺寸来自动进行布局调整。（　　）

3. 选择题

（1）CSS 选择器不包括（　　）。

A．元素选择器　　B．属性选择器　　C．id 选择器　　D．文件选择器

（2）下面（　　）是静态页面文件的扩展名。

A．.asp　　B．.html　　C．.aspx　　D．.jsp

（3）App_Code 文件夹用来存储（　　）。

A．数据库文件　　B．共享文件　　C．代码文件　　D．主题文件

（4）Web.config 文件不能用于（　　）。

A．Application 事件处理代码的定义　　B．数据库连接字符串的定义

C．对文件夹的访问授权　　D．自定义应用程序的配置

（5）响应式设计通过设置<meta>元素的 name 属性值为（　　）来实现。

A．viewport　　B．keywords　　C．description　　D．generator

4. 简答题

（1）简要说明 CSS3 的用途。

（2）为何可以把.html 文件的扩展名改为.aspx，而不能把.aspx 文件的扩展名改为.html?

（3）ASP.NET 网站开发中为何需要 JavaScript?

（4）举例说明 jQuery 的功能。

（5）简述 Web.config 文件特点及作用。

（6）简述 Global.asax 文件特点及作用。

5. 上机操作题

（1）建立并调试本章的所有实例。

（2）浏览本书提供的 MyPetShop 应用程序，实现首页布局。

（3）建立一个外部样式表，控制多个页面。

（4）查找资料，实现利用 JavaScript 关闭当前窗口的功能。

（5）利用 jQuery 实现一个时间数据来源于客户端的时钟。

（6）建立一个能表达学生信息的 XML 文件。

（7）查找资料，利用 Bootstrap 建立一个网站的导航栏。

第 3 章

C#和 ASP.NET 的结合

本章要点：

- 了解 C#语言特点和编程规范。
- 了解常用.NET Framework 命名空间。
- 结合 ASP.NET 页面熟悉 C#语言的运用。
- 结合 ASP.NET 页面创建简单的类。
- 掌握 ASP.NET 页面调试的方法。

3.1 C#概述

C#是 Microsoft 公司专门为.NET 量身打造的一种全新的编程语言。目前，C#已经分别被 ECMA 和 ISO/IEC 组织接受并形成 ECMA-334 标准和 ISO/IEC 23270 标准。它与.NET Framework 有密不可分的关系，C#的类型即为.NET Framework 所提供的类型，并直接使用.NET Framework 所提供的类库。另外，C#的类型安全检查、结构化异常处理等都交给 CLR 处理。实际上，ASP.NET 本身就采用 C#语言开发，所以 C#不仅适用于 Web 应用程序的开发，也适用于开发强大的系统程序。总体来说，它具有以下典型特点：

（1）C#代码在.NET Framework 提供的环境下运行，不允许直接操作内存，增强了程序的安全性。C#不推荐使用指针，若要使用指针，就必须添加 unsafe 修饰符，且在编译时使用/unsafe 参数。

（2）使用 C#能构建健壮的应用程序。C#中的垃圾回收将自动回收不再使用的对象所占用的内存；异常处理提供了结构化和可扩展的错误检测和恢复方法；类型安全的设计则避免了读取未初始化的变量、数组索引超出边界等情形。

（3）统一的类型系统。所有 C#类型都继承于一个唯一的根类型 object。因此，所有类型都共享一组通用操作。

（4）完全支持组件编程。现代软件设计日益依赖自包含和自描述功能包形式的软件组件，通过属性、方法和事件来提供编程模型。C#可以容易地创建和使用这些软件组件。

3.2 .NET Framework 命名空间

.NET Framework 提供了几千个类用于对系统功能的访问，这些类是建立应用程序、组件和控件的基础。在.NET Framework 中，组织这些类的方式即是命名空间。

要在 ASP.NET 网站中使用这些命名空间，需要使用 using 语句，如“using System;”表示导入 System 命名空间。导入命名空间后使得要访问包含的类时可省略命名空间。例如，若没有使用“using System;”语句，则“string strNum = "100";”这条语句就会出现编译错误，此时就应该用“System.String strNum = "100";”代替。

注意：C#语言区分大小写。语句“System.String strNum = "100";”中的 String 首字母大写，表示 System 命名空间中的一个类。而“string strNum = "100";”中的 string 表示一种数据类型。

常用于 ASP.NET 页面的命名空间有：

- System——提供基本类。
- System.Configuration——提供处理配置文件中数据的类。
- System.Data——提供对 ADO.NET 类的访问。
- System.Data.Linq——提供使用 LINQ to SQL 操作关系数据库的类。
- System.Linq——提供使用 LINQ 的类和接口。
- System.Transactions——提供用于数据库事务处理的类。
- System.Web——提供使浏览器与服务器相互通信的类和接口。
- System.Web.Security——提供实现 ASP.NET 安全性的类。
- System.Web.UI——提供用于创建 Web 应用程序用户界面的类和接口。
- System.Web.UI.HtmlControls——提供在 Web 窗体上创建 HTML 服务器控件的类。
- System.Web.UI.WebControls——提供在 Web 窗体上创建 Web 服务器控件的类。
- System.Xml.Linq——提供用于 LINQ to XML 的类。

3.3 编 程 规 范

3.3.1 程序注释

注释有助于理解代码，有效的注释是指在代码的功能、意图层次上进行注释，提供有用、额外的信息，而不是代码表面意义的简单重复。程序注释需要遵守下面的规则：

（1）类、方法、属性的注释采用 XML 文档格式注释。多行代码注释采用/* … */。单行代码注释采用// …。

（2）类、接口头部应进行 XML 注释。注释应列出内容摘要、版本号、作者、完成日期、修改信息等。

（3）公共方法前面应进行 XML 注释，列出方法的目的/功能、输入参数、返回值等。

（4）在{}中包含较多代码行的结束处应加注释，特别是多分支、多重嵌套的条件语句或循环语句。

（5）对分支语句（条件分支、循环语句等）应编写注释。这些语句往往是程序实现某一特殊功能的关键，对于维护人员来说，良好的注释有助于更好地理解程序，有时甚至优于看设计文档。

3.3.2 命名规则

命名通常考虑字母的大小写规则，主要有 Pascal 和 Camel 两种形式。Pascal 形式将标识符的首字母和后面连接的每个单词的首字母都大写，如 BackColor。Camel 形式将标识符的首字母小写，而每个后面连接的单词的首字母都大写，如 backColor。常用标识符的大小写方式如表 3-1 所示。

表 3-1 常用标识符的大小写方式对应表

标识符	方式	示例	标识符	方式	示例
类	Pascal	AppDomain	接口	Pascal	IDisposable
枚举类型	Pascal	ErrorLevel	方法	Pascal	ToString
枚举值	Pascal	FatalError	命名空间	Pascal	System
事件	Pascal	ValueChanged	参数	Camel	typeName
异常类	Pascal	WebException	属性	Pascal	BackColor
只读的静态字段	Pascal	RedValue	变量名	Camel	strName

下面是命名时应遵守的其他规则。

（1）用正确的反义词组命名具有互斥意义的变量或相反动作的函数等。

（2）常量名都要使用大写字母，用下画线分割单词，如 MIN_VALUE 等。

（3）一般变量名不得取单个字符（如 *i*、*j*、*k* 等）作为变量名，局部循环变量除外。

（4）类的成员变量（属性所对应的变量）使用前缀_，如属性名为 Name，则对应的成员变量名为_Name。

（5）控件命名采用“控件名简写+英文描述”形式，英文描述首字母大写。建议采用如表 3-2 所示的常用控件名简写规范。

（6）接口命名在名字前加上前缀 I，如 IDisposable。

表 3-2 建议采用的常用控件名简写规范表

控件名	简写	控件名	简写	控件名	简写
Label	lbl	TextBox	txt	RadioButton	rdo
Button	btn	LinkButton	lnkbtn	Image	img
ImageButton	imgbtn	DropDownList	ddl	RangeValidator	rv
ListBox	lst	GridView	gv	RequiredFieldValidator	rfv
DataList	dl	CheckBox	chk	CompareValidator	cv
CheckBoxList	chkls	AdRotator	ar	ValidatorSummary	vs
RadioButtonList	rdolt	Table	tbl	RegularExpressionValidator	rev
Panel	pnl	Calendar	cld		

3.4 常量与变量

3.4.1 常量声明

常量具有在编译时值保持不变的特性，声明时使用 const 关键字，同时必须初始化。使用常量的好处主要有：常量用易于理解的名称替代了“含义不明确的数字或字符串”，使程序更易于阅读；常量使程序更易于修改，如个人所得税计算中，若使用 TAX 常量代表税率，则当税率改变时，只需修改常量值而不必在整个程序中修改相应税率。

常量的访问修饰符有 public、internal、protected internal 和 private 等，如：

```
public const string CORP="一舟网络";  //定义公共的字符型常量 CORP，值为"一舟网络"
```

3.4.2 变量声明

变量具有在程序运行过程中值可以变化的特性，必须先声明再使用。变量名长度任意，可以由数字、字母、下画线等组成，但第一个字符必须是字母或下画线。C#是区分大小写的，因此 strName 和 strname 代表不同的变量。变量的修饰符有 public、internal、protected、protected internal、private、static 和 readonly，C#中将具有这些修饰符的变量称为字段，而把方法中定义的变量称为局部变量。

注意： *局部变量前不能添加 public、internal、protected、protected internal、private、static 和 readonly 等修饰符。*

3.4.3 修饰符

public、internal、protected、protected internal、private 修饰符都用于设置变量的访问级别，在变量声明中只能使用这些修饰符中的一个。它们的作用范围如表 3-3 所示。

表 3-3 访问修饰符的作用范围表

修 饰 符	作 用 范 围
public	访问不受限制，任何地方都可访问
internal	在当前程序中能被访问
protected	在所属的类或派生类中能被访问
protected internal	在当前的程序或派生类中能被访问
private	在所属的类中能被访问

使用 static 声明的变量称静态变量，又称为静态字段。对于类中的静态字段，在使用时即使创建了多个类的实例，都仅对应一个实例副本。访问静态字段时只能通过类直接访问，而不能通过类的实例来访问。

使用 readonly 声明的变量称只读变量，这种变量被初始化后在程序中不能修改它的值。

3.4.4 局部变量作用范围

1. 块级

块级变量是作用域范围最小的变量，如包含在 if、while 等语句段中的变量。这种变量仅在块内有效，在块结束后即被删除。如下面程序段中的 strName 变量，在程序段结束之后不能被访问。

```
if (nSum==1)
{
  string strName="张三";          //strName 是块级变量
}
lblMessage.Text=strName;          //不能访问 strName，会产生编译错误
```

2. 方法级

方法级变量作用于声明变量的方法中，在方法外不能访问。

```
protected void Page_Load(object sender, EventArgs e)
{
  string strName="张三";     //strName 是方法级变量
}
protected void BtnSubmit_Click(object sender, EventArgs e)
{
  lblMessage.Text=strName;   //不能访问 strName，会产生编译错误
}
```

3. 对象级

对象级变量可作用于定义类的所有方法中，只有相应的 ASP.NET 页面结束时才被删除。

```
public partial class _Default : System.Web.UI.Page
{
  string strName="张三";      //strName 是对象级变量
  protected void Page_Load(object sender, EventArgs e)
  {
    strName="李四";
  }
  protected void BtnSubmit_Click(object sender, EventArgs e)
  {
    lblMessage.Text=strName;  //能访问 strName
  }
}
```

3.5 数 据 类 型

C#数据类型有值类型和引用类型两种。值类型变量直接包含它们的数据，而引用类型变量存储它们的数据的引用。对于值类型，一个变量的操作不会影响另一个变量；而对于引用类型，两个变量可能引用同一个对象，因此对一个变量的操作可能会影响到另一个变量。

3.5.1 值类型

值类型分为简单类型、结构类型、枚举类型。简单类型再分为整数类型、布尔类型、字符类型和实数类型。

1. 简单类型

1）整数类型

整数类型的值都为整数，在具体编程时应根据实际需要选择合适的整数类型，以免造成存储资源浪费。

2）布尔类型

布尔类型表示“真”和“假”，用 true 和 false 表示。

注意：布尔类型不能用整数类型代替，如数字 0 不能代替 false。

3）字符类型

字符类型采用 Unicode 字符集标准，一个字符长度为 16 位。字符类型的赋值形式有：

```
char c1='A';         //一般方式，值为字符 A
char c2='中';        //值为汉字“中”
char c3='\x0041';    //十六进制方式，值为字符 A
char c4='\u0041';    //Unicode 方式，值为字符 A
char c5='\'';    //转义符方式，值为单引号'，其中等号右边是“单引号、\、单引号、单引号”
```

注意：char 类型变量声明时必须包含在一对单引号中，如语句“char c6="A";”编译时将出错。

4）实数类型

实数类型分为 float（单精度）类型、double（双精度）类型和 decimal（十进制）类型。其中 float、double 类型常用于科学计算，decimal 类型常用于金融计算。

注意：float 类型必须在数据后添加 F 或 f，decimal 类型必须添加 M 或 m，否则编译器以 double 类型处理，如“float fNum=12.6f;”。

2. 结构类型

把一系列相关的变量组织在一起形成一个单一实体，这种类型称为结构类型，结构体内的每个变量称为结构成员。结构类型的声明使用 struct 关键字。下面的示例代码声明学生信息 StudentInfo 结构，其中包括 Name、Phone、Address 成员。

```
public struct StudentInfo
{
  public string Name;
  public string Phone;
  public string Address;
}
StudentInfo stStudent;  //stStudent 为一个 StudentInfo 结构类型变量
```

对结构成员访问使用“结构变量名.成员名”形式，如“stStudent.Name="张三";”。

3. 枚举类型

枚举类型是由一组常量组成的类型，使用 enum 关键字声明。枚举中每个元素默认是整数类型，且第一个值为 0，后面每个连续的元素依次加 1 递增。若要改变默认起始值 0，可以通过直接给第一个元素赋值的方法来改变。枚举类型的变量在某一时刻只能取某一枚举元素的值。

实例 3-1　运用枚举类型变量

本实例首先定义枚举类型 Color，再声明 enumColor 枚举变量，最后以两种形式输出 enumColor 值。

实例 3-1

源程序：Enum.aspx 部分代码

```
<%@ Page Language="C#" AutoEventWireup="true" CodeFile="Enum.aspx.cs"
 Inherits="Chap3_Enum" %>
…（略）
```

源程序：Enum.aspx.cs

```
using System;
```

```
public partial class Chap3_Enum : System.Web.UI.Page
{
  enum Color  //声明枚举类型 Color
  {
    Red = 1, Green, Blue
  }
  protected void Page_Load(object sender, EventArgs e)
  {
    Color enumColor = Color.Green;
    int i = (int)Color.Green;
    Response.Write("enumColor 的值为: " + enumColor + "<br />");  //输出 Green
    Response.Write("i 的值为: " + i);  //输出 2
  }
}
```

操作步骤：

在 Chap3 文件夹中新建 Enum.aspx 和 Enum.aspx.cs。在 Enum.aspx.cs 中输入阴影部分内容。浏览 Enum.aspx 呈现如图 3-1 所示的界面。

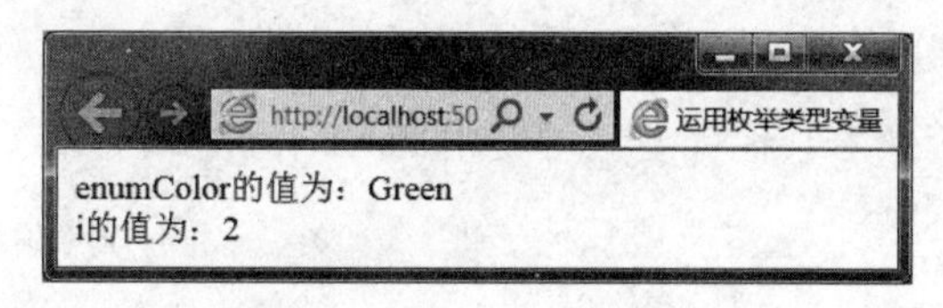

图 3-1　Enum.aspx 浏览效果

3.5.2　引用类型

C#引用类型包括 class 类型、接口类型、数组类型和委托类型。

1. class 类型

class 类型定义了一个包含数据成员（字段）和函数成员（方法、属性等）的数据结构，声明使用 class 关键字。在 3.8 节中将详细地介绍有关类的内容。

1）object 类型

作为 class 类型之一的 object 类型，在.NET Framework 中实质是 System.Object 类的别名。object 类型在 C#的统一类型系统中有特殊作用，所有其他类型（预定义类型、用户定义类型、引用类型和值类型）都是直接或间接地从 System.Object 类继承，因此，可以将任何类型的数据转化为 object 类型。

2）string 类型

另外一种作为 class 类型的 string 类型在 C#中实质是一种数组，即字符串可看作是一个字符数组。在声明时要求放在一对双引号之间。对于包含\等字符的字符串，要使用转义符形式，如下面的示例代码：

```
string strPath = "C:\\ASP.NET\\Default.aspx";
```

对需要转义符定义的字符串，C#中的@字符提供了另一种解决方法，即在字符串前加上@后，字符串中的所有字符都会被看作原来的含义，如上面的示例代码可写成：

```
string strPath = @"C:\ASP.NET\Default.aspx";
```

另外，[]运算符可访问字符串中各个字符，如：

```
string strTest = "abcdefg";
char x = strTest[2];  //x 的值为'c'
```

注意：string 类型声明需要一对双引号，而 char 类型声明需要一对单引号。

实际编程时经常遇到要将其他数据类型转换为 string 类型的情形，这可以通过 ToString()方法实现，如：

```
string strInt = 23.ToString();  //int 类型转换为 string 类型
```

ToString()方法还提供了很实用的用于转换成不同格式的参数，如下面示例中 P 表示百分比格式，D 表示长日期格式，其他的参数详见 MSDN。

```
Response.Write(0.234.ToString("P"));  //输出 23.4%
//输出当前系统日期，形式如“2018 年 3 月 21 日”
Response.Write(DateTime.Now.ToString("D"));
```

若要将 string 类型转换为其他类型，可使用 Parse()方法或 Convert 类的相应方法，如：

```
int iString = Int32.Parse("1234");      //将 string 类型转换为 int32 类型
//将日期类型转换为 string 类型
string strDatetime = Convert.ToString(DateTime.Now);
```

2. 接口类型

接口常用来描述组件对外能提供的服务，如组件与组件之间、组件和用户之间的交互都是通过接口完成。接口中不能定义数据，只能定义方法、属性、事件等。包含在接口中的方法不定义具体实现，而是在接口的继承类中实现。

3. 数组类型

数组是一组数据类型相同的元素集合。要访问数组中的元素时，可以通过“数组名[下标]”形式获取，其中下标编号从 0 开始。数组可以是一维的，也可以是多维的。下面是数组声明的多种形式：

```
string[] s1;                                   //定义一维数组，但未初始化值
int[] s2 = new int[] { 1, 2, 3 };              //定义一维数组并初始化
int[,] s3 = new int[,] { { 1, 2 }, { 4, 5 } }; //定义二维数组并初始化
```

4. 委托类型

委托是一种安全的封装方法的类型，类似于 C 和 C++中的函数指针。与 C 中的函数指针不同，委托是类型安全的，通过委托可以将方法作为参数或变量使用。

3.5.3 装箱和拆箱

装箱和拆箱是实现值类型和引用类型相互转换的桥梁。装箱的核心是把值类型转换为对

象类型，也就是创建一个对象并把值赋给对象，如：

```
int i = 100;
object objNum = i;          //装箱
```

拆箱的核心是把对象类型转换为值类型，即把值从对象实例中复制出来，如：

```
int i = 100;
object objNum = i;          //装箱
int j = (int)objNum;        //拆箱
```

3.6 运　算　符

表 3-4 总结了 C#中常用的运算符，并按优先级从高到低的顺序列出。

表 3-4　运算符对应表

类　别	表 达 式	说　明
基本	x.m	成员访问
	x(…)	方法和委托调用
	x[…]	数组和索引器访问
	x++	后增量
	x--	后减量
	new T(…)	对象和委托创建
	new T(…){…}	使用初始值设定项创建对象
	new {…}	匿名对象初始值设定项
	new T[…]	数组创建
	typeof(T)	获得 T 的 System.Type 对象
一元	-x	求相反数
	!x	逻辑求反
	~x	按位求反
	++x	前增量
	--x	前减量
	(T)x	显式地将 x 转换为类型 T
乘除	x * y	乘法
	x / y	除法
	x % y	求余
加减	x + y	加法、字符串串联、委托组合
	x – y	减法、委托移除
移位	x << y	左移
	x >> y	右移
关系和类型检测	x < y	小于
	x > y	大于
	x <= y	小于或等于
	x >= y	大于或等于
	x is T	如果 x 属于 T 类型，则返回 true，否则返回 false
	x as T	返回转换为类型 T 的 x，如果 x 不是 T，则返回 null

续表

类　别	表 达 式	说　明
逻辑操作	x == y	若 x 等于 y，则为 true，否则为 false
	x != y	若 x 不等于 y，则为 true，否则为 false
	x & y	整型按位 AND、布尔逻辑 AND
	x ^ y	整型按位 XOR、布尔逻辑 XOR
	x | y	整型按位 OR、布尔逻辑 OR
	x && y	仅当 x 为 true 时才对 y 求值，再执行布尔逻辑 AND 操作
	x || y	仅当 x 为 false 时才对 y 求值，再执行布尔逻辑 OR 操作
条件	x ? y : z	如果 x 为 true，则对 y 求值并返回 y 的值；如果 x 为 false，则对 z 求值并返回 z 的值
赋值或匿名函数	x = y	赋值
	x op y	复合赋值；支持 op 运算符有： *= /= %= += -= <<= >>= &= ^= |=
	(T x) => y	Lambda 表达式

3.7 流 程 控 制

与其他语言类似，C#提供了选择、循环等结构。用于选择结构的有 if 和 switch 语句；用于循环结构的有 while、do…while、for 和 foreach 语句。

3.7.1 选择结构

1. if 语句

语法格式一：

```
if (条件表达式) { 语句序列 }
```

执行顺序：计算条件表达式。若值为 true，则执行“语句序列”；否则执行 if 语句的后续语句。

语法格式二：

```
if (条件表达式) { 语句序列 1 }
else { 语句序列 2 }
```

执行顺序：计算条件表达式。若值为 true，则执行“语句序列 1”；否则执行“语句序列 2”。

注意：条件表达式在判断是否相等时一定要用==。

2. switch 语句

if 语句实现的是两路分支功能，若要用 if 语句实现两路以上的分支时，必须嵌套 if 语句。而使用 switch 语句能很方便地实现多路分支功能。语法格式如下：

```
switch (控制表达式)
{
  case 常量 1:
   语句序列 1
```

```
  case 常量 2:
   语句序列 2
      ⋮
  default:
   语句序列 n
}
```

执行顺序：计算控制表达式。若值与某一个 case 后面的常量值匹配，则执行此 case 块中的语句；若值与所有 case 后面的常量值均不匹配，则执行 default 语句块。

实例 3-2

实例 3-2　运用 switch 语句

如图 3-2 所示，本实例根据今天是星期几在页面上输出相应信息。

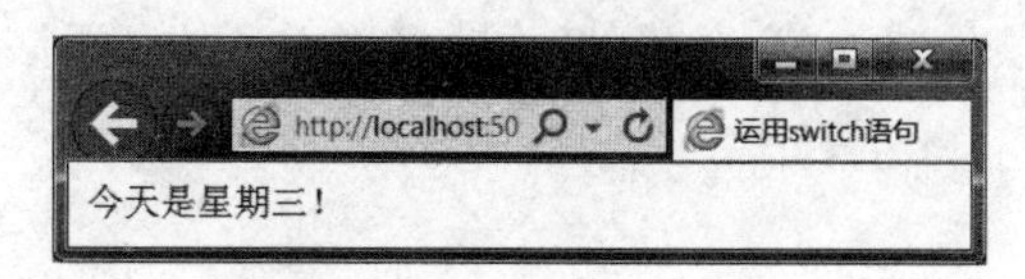

图 3-2　Switch.aspx 浏览效果

源程序：Switch.aspx 部分代码

```
<%@ Page Language="C#" AutoEventWireup="true" CodeFile="Switch.aspx.cs"
 Inherits="Chap3_Switch" %>
…（略）
```

源程序：Switch.aspx.cs

```
using System;
public partial class Chap3_Switch : System.Web.UI.Page
{
  protected void Page_Load(object sender, EventArgs e)
  {
    DateTime dtToday = DateTime.Today;          //获取今天的系统日期
    switch (dtToday.DayOfWeek.ToString())       //枚举值转换为字符型
    {
      case "Monday":
        Response.Write("今天是星期一！");
        break;
      case "Tuesday":
        Response.Write("今天是星期二！");
        break;
      case "Wednesday":
        Response.Write("今天是星期三！");
        break;
      case "Thursday":
        Response.Write("今天是星期四！");
        break;
```

```
        case "Friday":
          Response.Write("今天是星期五！");
          break;
        default:
          Response.Write("今天可以休息了！");
          break;
      }
    }
  }
```

3.7.2　循环结构

1. while 语句

while 语句根据条件表达式的值，执行 0 次或多次循环体。语法格式如下：

```
while (条件表达式) { 语句序列 }
```

执行顺序：

（1）计算条件表达式。

（2）若条件表达式的值为 true，则执行循环体中语句序列，然后返回（1）；否则执行 while 后续语句。

实例 3-3　运用 while 语句

实例 3-3

本实例在页面上的文本框中输入一个值 *n*，单击“确定”按钮后计算 1+3+⋯+*n*，再在一个标签控件中输出计算值。

源程序：While.aspx 部分代码

```
<%@ Page Language="C#" AutoEventWireup="true" CodeFile="While.aspx.cs"
 Inherits="Chap3_While" %>
            ⋮
<form id="form1" runat="server">
  <div>
    <asp:TextBox ID="txtInput" runat="server">请输入一个数字</asp:TextBox>
    <asp:Label ID="lblOutput" runat="server"></asp:Label><br/>
    <asp:Button ID="btnSubmit" runat="server" Text="确定"
     OnClick="BtnSubmit_Click" />
  </div>
</form>
  ⋮
```

源程序：While.aspx.cs

```
using System;
public partial class Chap3_While : System.Web.UI.Page
{
  protected void BtnSubmit_Click(object sender, EventArgs e)
  {
```

```
    int iSum = 0;                    //iSum 存放和
    int iInput = int.Parse(txtInput.Text);//iInput 存放类型转换后的文本框输入值
    int i = 1;                       //循环变量 i
    while (i <= iInput)
    {
      iSum += i;
      i += 2;
    }
    lblOutput.Text = "和为：" + iSum.ToString();
  }
}
```

操作步骤：

在 Chap3 文件夹中建立 While.aspx，添加 TextBox、Label 和 Button 控件各一个，参考源程序设置各控件属性；在 While.aspx.cs 中输入代码。浏览 While.aspx 呈现如图 3-3 所示的界面；在文本框中输入 100，单击“确定”按钮后呈现如图 3-4 所示的界面。

图 3-3　While.aspx 浏览效果（1）

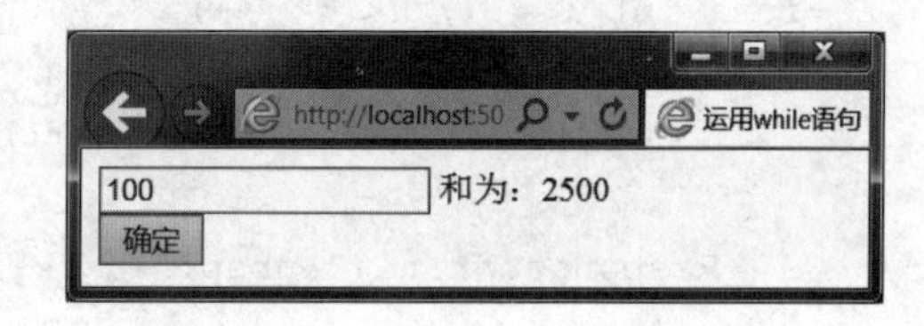

图 3-4　While.aspx 浏览效果（2）

2. do…while 循环

语法格式如下：

```
do { 语句序列 }
while (条件表达式)
```

执行顺序：

（1）执行循环体内语句序列。

（2）计算条件表达式，若值为 true，则返回（1）；否则执行后续语句。

注意：与 while 语句不同，do…while 循环体内语句序列会在计算条件表达式之前执行一次。

3. for 语句

for 语句适用于循环次数已知的循环，循环体内语句序列可能执行 0 次或多次。语法格式如下：

```
for (循环变量初始化; 条件表达式; 循环控制表达式) { 语句序列 }
```

执行顺序：

（1）初始化循环变量，并赋初值。

（2）计算条件表达式，若值为 true，则执行循环体内语句序列；否则跳出循环。

（3）根据循环控制表达式改变循环变量的值，返回（2）。

注意：当使用 for (; ;)形式时表示死循环，需要使用 break 语句跳出。

实例 3-4

实例 3-4　运用 for 语句

本实例利用 for 语句在页面上输出三角形。

源程序：For.aspx 部分代码

```
<%@ Page Language="C#" AutoEventWireup="true" CodeFile="For.aspx.cs"
 Inherits="Chap3_For" %>
…（略）
```

源程序：For.aspx.cs

```
using System;
public partial class Chap3_For : System.Web.UI.Page
{
  protected void Page_Load(object sender, EventArgs e)
  {
    for (int i = 1;i < 5;i++)                //i 控制行数
    {
      for (int k = 1;k <= 20-2*i;k++)      //控制输出每行前的空格数
      {
        Response.Write(" ");
      }
      for (int j = 1;j <= 2*i-1;j++)       //控制输出每行的*数
      {
        Response.Write("*");
      }
      Response.Write("<br/>");             //换行
    }
  }
}
```

操作步骤：

在 Chap3 文件夹中建立 For.aspx 和 For.aspx.cs，浏览 For.aspx 呈现如图 3-5 所示的界面。

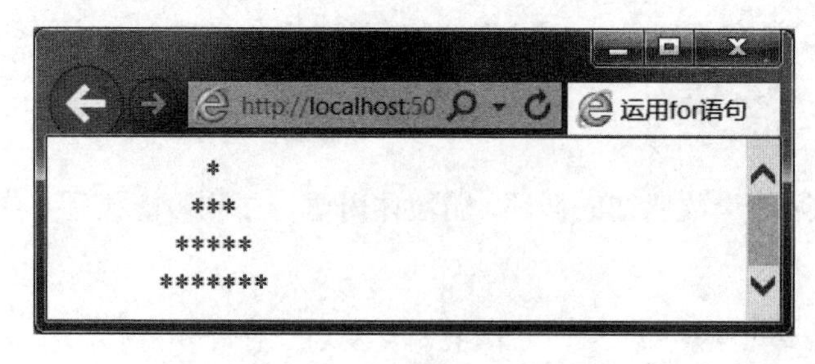

图 3-5　For.aspx 浏览效果

4. foreach 语句

foreach 语句常用于枚举数组、集合中的每个元素，并针对每个元素执行循环体内语句序列。foreach 语句不能改变集合中各元素的值。语法格式如下：

实例 3-5

```
foreach（数据类型 循环变量 in 集合） { 语句序列 }
```

实例 3-5　运用 foreach 语句

本实例先给一个 strNames 数组赋值，再逐个输出数组元素。

源程序：Foreach.aspx 部分代码

```
<%@ Page Language="C#" AutoEventWireup="true" CodeFile="Foreach.aspx.cs"
 Inherits="Chap3_Foreach" %>
…（略）
```

源程序：Foreach.aspx.cs

```
using System;
public partial class Chap3_Foreach : System.Web.UI.Page
{
  protected void Page_Load(object sender, EventArgs e)
  {
    string[] strNames = { "张犯", "周振", "王涛" };    //数组赋值
    Array.Sort(strNames);                              //升序排列数组
    foreach (string n in strNames)                     //逐个输出数组元素
    {
      Response.Write("姓名：" + n + "<br/>");
    }
  }
}
```

操作步骤：

在 Chap3 文件夹中建立 Foreach.aspx 和 Foreach.aspx.cs。浏览 Foreach.aspx 呈现如图 3-6 所示的界面。

图 3-6　Foreach.aspx 浏览效果

3.7.3　异常处理

异常的产生常由于触发了某个异常的条件，使得操作无法正常进行，如算术运算中的除零操作、内存不足、数组索引越界等。异常处理能使程序更加健壮，容易让程序员对捕获的错误进行处理。异常处理常使用两种形式：throw 语句和 try…catch…finally 结构。

1. throw 语句

throw 语句用于抛出异常错误信息。它可以在 try…catch…finally 结构的 catch 块中使用，

也可以在其他的结构中使用，如 if 语句。

实例 3-6

实例 3-6　运用 throw 语句

本实例实现当除零操作时，抛出“除数不能为零！”的错误信息。

源程序：Throw.aspx 部分代码

```
<%@ Page Language="C#" AutoEventWireup="true" CodeFile="Throw.aspx.cs"
 Inherits="Chap3_Throw" %>
…（略）
```

源程序：Throw.aspx.cs

```
using System;
public partial class Chap3_Throw : System.Web.UI.Page
{
  protected void Page_Load(object sender, EventArgs e)
  {
    int i = 10;
    int j = 0;
    int k;
    if (j == 0)
    {
      throw new Exception("除数不能为零！");
    }
    else
    {
      k = i/j;
      Response.Write(k);
    }
  }
}
```

操作步骤：

在 Chap3 文件夹中建立 Throw.aspx 和 Throw.aspx.cs。浏览 Throw.aspx 呈现如图 3-7 所示的界面。

图 3-7　Throw.aspx 浏览效果

程序说明：

本实例主要为了说明 throw 语句的应用。在实际工程中，*j* 变量直接赋值为 0 再进行判断是否为 0 毫无意义。

2. try…catch…finally 结构

在 try…catch…finally 结构中，异常捕获由 try 块完成，处理异常的代码放在 catch 块中，而在 finally 块中的代码不论是否有异常发生总会被执行。其中，catch 块可包含多个，而 finally 块是可选的。在实际应用中，finally 块常完成一些善后工作，如网盘文件读写操作中的文件关闭等。语法格式如下：

```
try  { 可能出错的语句序列 }
catch (异常声明 1)  { 捕获异常后执行的语句序列 1 }
catch (异常声明 2)  { 捕获异常后执行的语句序列 2 }
    ⋮
finally  { 总是执行的语句块 }
```

执行顺序：

（1）执行 try 块，若出错则转（2），否则转（3）。

（2）将捕获的异常信息逐个查找 catch 块中的异常声明，若匹配则执行内嵌语句序列。

（3）执行 finally 块。

实例 3-7 运用 try…catch…finally 结构

实例 3-7

本实例的 ExceptionNo.aspx.cs 未包含 try…catch…finally 结构，浏览 ExceptionNo.aspx 时因为将读取的文件块存放到 buffer 数组时超出了数组界限而给出系统报错信息，如图 3-8 所示。Exception.aspx.cs 中包含了 try…catch…finally 结构，当 try 块执行出错时将执行 catch 块，因此，浏览 Exception.aspx 时显示系统错误信息和开发人员定义的错误信息，如图 3-9 所示。

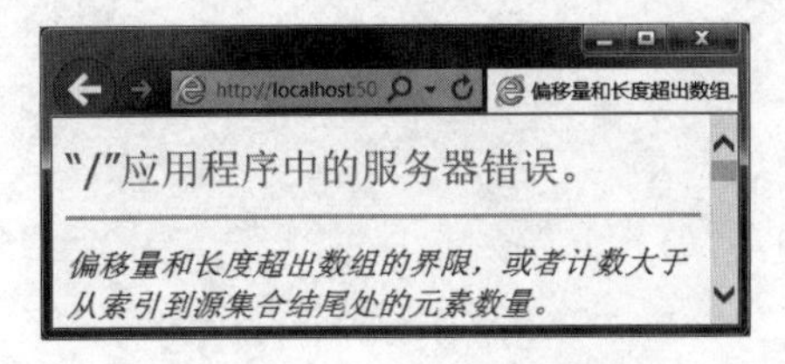

图 3-8 ExceptionNo.aspx 浏览效果

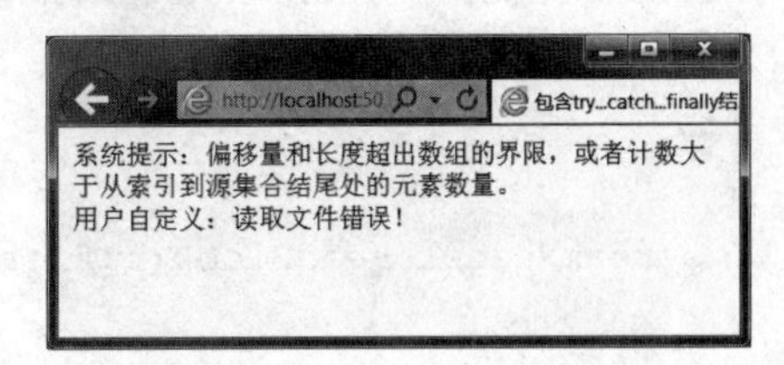

图 3-9 Exception.aspx 浏览效果

源程序：ExceptionNo.aspx 部分代码

```
<%@ Page Language="C#" AutoEventWireup="true" CodeFile="ExceptionNo.aspx.cs"
 Inherits="Chap3_ExceptionNo" %>
…（略）
```

源程序：ExceptionNo.aspx.cs

```
using System;
using System.IO;
public partial class Chap3_ExceptionNo : System.Web.UI.Page
{
  protected void Page_Load(object sender, EventArgs e)
  {
    //定义要读取文件的物理路径
    string filePath = @"D:\ASPNET\Book\ChapSite\Chap3\Test.txt";
```

```
    //定义 streamReader 对象
    StreamReader streamReader = new StreamReader(filePath);
    char[] buffer = new char[5];
    //从文件中读取内容到 buffer 数组
    streamReader.ReadBlock(buffer, 0, 10);
    //关闭 streamReader 对象，释放占用的资源
    streamReader.Close();
  }
}
```

源程序：Exception.aspx 部分代码

```
<%@ Page Language="C#" AutoEventWireup="true" CodeFile="Exception.aspx.cs"
 Inherits="Chap3_Exception" %>
…（略）
```

源程序：Exception.aspx.cs

```
using System;
using System.IO;
public partial class Chap3_Exception : System.Web.UI.Page
{
  protected void Page_Load(object sender, EventArgs e)
  {
    string filePath = @"D:\ASPNET\Book\ChapSite\Chap3\Test.txt";
    StreamReader streamReader = new StreamReader(filePath);
    char[] buffer = new char[5];
    try
    {
      streamReader.ReadBlock(buffer, 0, 10);
    }
    catch (Exception ee)
    {
      Response.Write("系统提示：" + ee.Message + "<br/>");//输出捕获的错误信息
      Response.Write("用户自定义：" + "读取文件错误！"); //输出用户自定义的错误信息
    }
    finally
    {
      streamReader.Close();
    }
  }
}
```

3.8 自定义 ASP.NET 类

ASP.NET 是完全面向对象的，任何对象都由类生成，而自定义类能进一步扩展功能。

3.8.1　类的常识

.NET 的底层全部是用类实现的，不管是界面上的按钮，还是前面介绍的数据类型。在考虑实现 ASP.NET 网站功能时要尽量从类的角度去实现。那么，什么是类呢？简单地说，类就是一种模板，通过类的实际例子（实例）就能使用模板中定义的属性、方法等。类具有封装性、继承性和多态性的特点。封装性指的是将具体实现方法封闭起来，只向用户暴露属性、方法等。也就是说，用户不需要知道类内部到底如何实现的，只要会调用属性和方法就可以了。继承性指的是一个类可以继承另一个类的特征（属性、方法、事件等）。多态性指的是具有继承关系的不同类拥有相同的方法名称，当调用这些类的相同方法时，执行的动作却不一样。与多态性概念容易混淆的是重载方法，它常用于在同一个类中定义多个方法名相同但参数不同的方法。

与 ASP.NET 页面对应的类包含在.aspx.cs 文件中。而对自定义的类应该放在 App_Code 文件夹中，VSC 2017 会自动编译该文件夹中包含的类，并且在使用这些类时能得到智能感知的支持。

创建类的语法格式如下：

```
修饰符 class 类名 {…}
```

类创建完后，使用 new 关键字可建立类的实例对象。类的常用修饰符主要有访问修饰符 abstract、static、partial、sealed：

- abstract 修饰符表示该类只能是其他类的基类，又称为抽象类，对这种类中的成员必须通过继承来实现。
- static 修饰符表示该类为静态类，这种类在使用时不能使用 new 创建类的实例，但能够直接访问数据和方法。
- partial 修饰符在 ASP.NET 网站开发中使用相当频繁，在每个.aspx 文件对应的.aspx.cs 文件中定义的类都包含了该修饰符。使用 partial 可以将类的定义拆分到两个或多个源文件中。每个源文件包含定义的一部分，当编译 Web 应用程序时，.NET Framework 会将所有的部分类组合起来形成一个类。
- sealed 修饰符表示该类为密封类，意味着该类不能被继承。

下面将结合一个简单的银行账户类 Account 说明创建一个类时通常涉及的属性、构造函数、方法、事件和继承等。

3.8.2　属性

通过属性可以获取或改变类中私有字段的内容，这种方式充分地体现了封装性，即不直接操作类的数据内容，而是通过访问器进行访问。访问器有 get 访问器和 set 访问器，分别用于获取和设置属性值。当仅包含 get 访问器时，表示该属性是只读的。

实例 3-8

实例 3-8　定义 Account 类的属性

本实例定义 Account 类的三个属性：账户编号（ID）、账户所有者姓名（Name）、账户金额（Balance）。

源程序：Account.cs 属性代码

```
public class Account
{
  private string _ID;        //定义_ID 私有字段，对应 ID 属性。注意下画线前有一个空格
  private string _Name;      //定义_Name 私有字段，对应 Name 属性
  private decimal _Balance; //定义_Balance 私有字段，对应 Balance 属性
  public string ID
  {
    get { return _ID; }
    set { _ID = value; }
  }
  public string Name
  {
    get { return _Name; }
    set { _Name = value; }
  }
  public decimal Balance
  {
    get { return _Balance; }
    set { _Balance = value; }
  }
}
```

操作步骤：

右击 App_Code 文件夹，在弹出的快捷菜单中选择“添加”→“添加新项”命令，然后在呈现的对话框中选择“类”模板，输入文件名 Account.cs，单击“添加”按钮建立文件。再输入源程序内容。

3.8.3 构造函数

当使用 new 关键字实例化一个对象时，将调用对象的构造函数，所以说，在使用一个类时，最先执行的语句就是构造函数中的语句。每个类都有构造函数，如果没有定义构造函数，编译器会自动提供一个默认的构造函数。

注意：构造函数名与类名相同且总是 public 类型。

实例 3-9

实例 3-9 定义 Account 类的构造函数

本实例在银行账户类 Account 中构建一个对应的构造函数。

源程序：Account.cs 构造函数代码

```
public Account(string id, string name, decimal balance)
{
  _ID = id;                      //将 id 参数值传递给_ID 私有字段
  _Name = name;                  //将 name 参数值传递给_Name 私有字段
```

```
  _Balance = balance;          //将 balance 参数值传递给_Balance 私有字段
}
```

操作步骤：

在 Account.cs 文件中输入源程序内容。

程序说明：

从源程序中可看出，构造函数常用于实例化类时将参数值带入对象中的情形，如建立对象时使用：

```
Account account = new Account("03401", "李明", 140);
```

这表示将"03401"、"李明"、140 等参数值分别传递给对象中的_ID、_Name、_Balance 等私有字段。

3.8.4　方法

方法反映了对象的行为。方法的常用修饰符有访问修饰符 void 等。其中，void 修饰符指定的方法不返回值。

实例 3-10　定义 Account 类的存款和取款方法

实例 3-10

存款方法先检查存款的金额是否大于 0，若大于 0 则将原账户金额与存款金额相加保存为新的账户金额，否则抛出异常信息。取款方法先检查取款金额是否小于原账户金额，若是则将原账户金额减去取款金额，再保存为新的账户金额，否则抛出异常。

源程序：Account.cs 方法代码

```
/// <summary>
/// 存款方法
/// </summary>
/// <param name="amount">存款金额</param>
public void Deposit(decimal amount)
{
  if (amount > 0)
  {
    _Balance += amount;
  }
  else
  {
    throw new Exception("存款金额不能小于或等于 0！");
  }
}
/// <summary>
/// 取款方法
/// </summary>
/// <param name="amount">取款金额</param>
public void Acquire(decimal amount)
```

```
{
  if (amount < _Balance)
  {
    _Balance -= amount;
  }
  else
  {
    throw new Exception("账户金额不足！");
  }
}
```

操作步骤：

在 Account.cs 文件中输入源程序内容。

实例 3-11

实例 3-11　结合 Account 类和 ASP.NET 页面

源程序：AccountPage.aspx 部分代码

```
<%@ Page Language="C#" AutoEventWireup="true" CodeFile="AccountPage.aspx.cs"
 Inherits="Chap3_AccountPage" %>
…（略）
```

源程序：AccountPage.aspx.cs

```
using System;
public partial class Chap3_AccountPage : System.Web.UI.Page
{
  protected void Page_Load(object sender, EventArgs e)
  {
    Account account = new Account("03401", "李明", 200);  //建立 account 对象
    //输出初始金额信息
    Response.Write("初始金额为：" + account.Balance.ToString() + "<br/>");
    account.Deposit(100);  //存款 100
    //输出存款 100 后账户金额信息
    Response.Write("存款 100 后，" + account.Name + "的账户金额为："
     + account.Balance.ToString() + "<br />");
    account.Acquire(150);  //取款 150
    //输出取款 150 后账户金额信息
    Response.Write("取款 150 后，" + account.Name + "的账户金额为："
     + account.Balance.ToString());
  }
}
```

操作步骤：

在 Chap3 文件夹中建立 AccountPage.aspx 和 AccountPage.aspx.cs。浏览 AccountPage.aspx 呈现如图 3-10 所示的界面。

图 3-10　AccountPage.aspx 浏览效果

程序说明：

- new Account("03401", "李明", 200)调用 Account()构造函数创建实例对象。
- account.Balance.ToString()获取 account 对象的 Balance 属性值，并转化为 string 类型数据。
- account.Deposit(100)表示调用 account 对象的 Deposit()方法。

3.8.5　事件

事件是一种用于类和类之间传递消息或触发新的行为的编程方式。通过提供事件的句柄，能够把控件和可执行代码联系在一起，如用户单击 Button 控件触发 Click 事件后就执行相应的事件处理代码。

事件的声明通过委托来实现。先定义委托，再用委托定义事件，触发事件的过程实质是调用委托。事件声明语法格式如下：

```
public delegate void EventHandler(object sender, EventArgs e);  //定义委托
public event EventHandler MyEvent;                               //定义事件
```

EventHandler 委托定义了两个参数，分别属于 object 类型和 EventArgs 类型。如果需要更多参数，可以通过派生 EventArgs 类实现。sender 表示触发事件的对象，e 用于在事件中传递参数。例如，若用户单击 Button 按钮，则 sender 表示 Button 按钮，e 表示 Click 事件参数。

MyEvent 事件使用 EventHandler 委托定义，其中使用了 public 修饰符，也可以使用 private、protected 等修饰符。

实例 3-12　在 AccountEvent 类中增加账户金额不足事件并运用事件

实例 3-12

为避免与 Account 类冲突，本实例在 Account 类基础上新建一个 AccountEvent 类，定义的账户金额不足事件 Overdraw 将在取款时账户金额不足的情况下被触发。

源程序：AccountEvent.cs 中 Overdraw 事件代码

```
public event EventHandler Overdraw;  //定义Overdraw事件
  ⋮
public void OnOverdraw(object sender, EventArgs e)
{
  if (Overdraw != null)
  {
    Overdraw(this, e);
  }
}
```

注意：定义的事件名前无 On，而对应的方法名前加 On，如 OnOverdraw 方法对应 Overdraw 事件。

定义完事件后，还需要在其他方法中设置事件的触发点。下面在 Account 类的基础上修改 Acquire()方法，在其中加入触发事件的代码。

源程序：AccountEvent.cs 中 Acquire()方法代码

```
public void Acquire(decimal amount)
{
  if (amount < _Balance)
  {
    _Balance -= amount;
  }
  else
  {
    OnOverdraw(this, EventArgs.Empty);
    return;
  }
}
```

至此，已经声明了事件并增加了事件触发点。但若要在 ASP.NET 页面上使用事件，还需要使用运算符“+=”注册事件，并要编写事件处理代码。下面说明如何运用 Overdraw 事件。

源程序：AccountEventPage.aspx 部分代码

```
<%@ Page Language="C#" AutoEventWireup="true"
 CodeFile="AccountEventPage.aspx.cs" Inherits="Chap3_AccountEventPage"%>
…（略）
```

源程序：AccountEventPage.aspx.cs

```
using System;
public partial class Chap3_AccountEventPage : System.Web.UI.Page
{
  protected void Page_Load(object sender, EventArgs e)
  {
    AccountEvent accountEvent = new AccountEvent("03401", "李明", 200);
    //注册 Overdraw 事件
    accountEvent.Overdraw += new EventHandler(account_Overdraw);
    accountEvent.Acquire(400);                               //取款 400
  }
  //Overdraw 事件处理代码
  private void account_Overdraw(object sender, EventArgs e)
  {
    Response.Write("账户金额不足了！");
  }
}
```

操作步骤：

在 Chap3 文件夹中建立 AccountEventPage.aspx 和 AccountEventPage.aspx.cs，在 AccountEventPage.aspx.cs 中输入阴影部分代码。浏览 AccountEventPage.aspx 呈现如图 3-11 所示的界面。

图 3-11　AccountEventPage.aspx 浏览效果

程序说明：

当程序执行"account.Acquire(400);"时将触发 Overdraw 事件，再执行 account_Overdraw()方法，输出信息"账户金额不足了！"。

3.8.6　继承

继承可以重用现有类的数据和行为，并扩展新的功能。继承以基类为基础，通过向基类添加成员创建派生类。通常基类又称为超类或父类，派生类又称为子类。

例如，在 Account 类中，如果针对企业账户需要增加 Type 属性，那么利用类的继承性，只要添加一个新的属性就可以了。

实例 3-13　实现继承类

实例 3-13

本实例建立的 EnterpriseAccount 类在继承 Account 类的基础上增加了 Type 属性。

源程序：EnterpriseAccount.cs

```
public class EnterpriseAccount : Account
{
 private string _Type;  //定义_Type 私有字段，对应 Type 属性
 public string Type
 {
   get { return _Type; }
   set { _Type = value; }
 }
}
```

3.9　ASP.NET 页面调试

在实际项目开发过程中，ASP.NET 页面调试非常重要，可以说，不会调试的人永远不会编程。通过程序调试，可以检查代码并验证它们是否能够正常地运行，从而发现 VSC 2017 编译页面过程中不能捕获的错误。对于正确执行的程序，使用调试功能还能真正地理解程序的运行过程。

要对 ASP.NET 网站启用调试，必须将 Web 应用程序配置成调试模式，这需要配置

Web.config 文件中<system.web>元素的子元素<compilation>，示例代码如下：

```
<compilation debug="true" targetFramework="4.6.1"/>
```

断点设置是 ASP.NET 页面调试中最常用的操作。使用断点，可以通知调试器在某个特定点上暂时挂起程序的执行。此时，程序的运行处于中断模式。这种模式并不是终止或结束程序的执行，而是在任何时候都能根据调试情况确定是否需要继续执行。在中断模式下，可以检查变量的状态，还可以更改变量值以便人为地控制程序的执行过程。具体操作时，右击需要设置断点的语句，在弹出的快捷菜单中选择“断点”→“插入断点”命令，即可在该语句处设置断点。

设置断点后，按 F5 键可启动调试过程。在调试过程中，使用较多的窗口包括“局部变量”“监视”“即时窗口”，如图 3-12 所示。“局部变量”窗口用于显示当前变量。“监视”窗口用于监视变量或表达式的值，也可以用于更改变量的值。“即时窗口”用于计算表达式、输出变量值、更改变量值等。

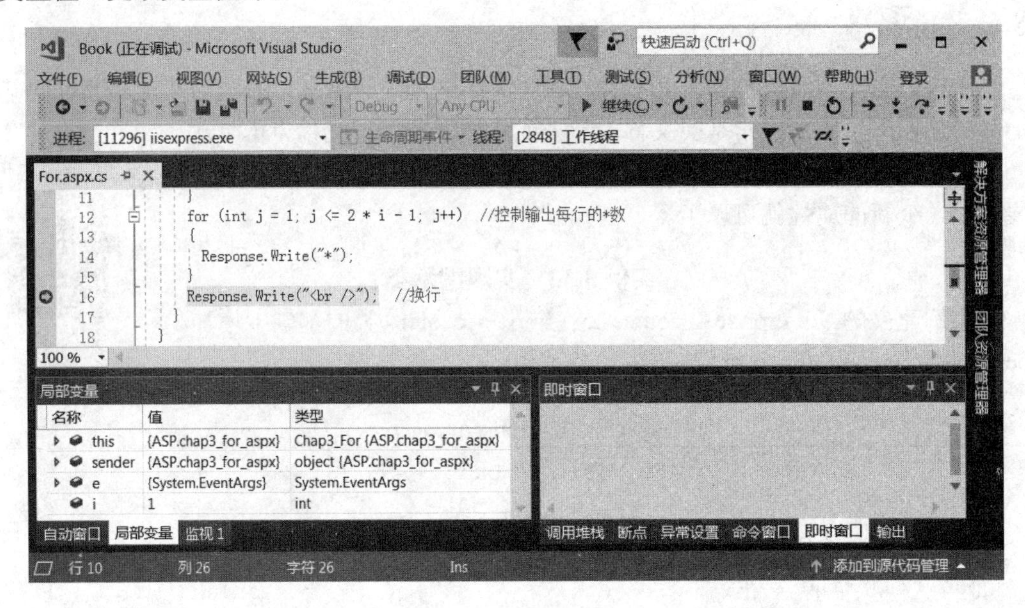

图 3-12　程序调试界面

调试过程中常用的快捷键包括 F10、F11 键。其中，F10 键用于逐过程地执行程序，而 F11 键用于逐语句地执行程序。另外，组合键 Shift+F5 用于结束程序的调试过程。

3.10　小　　结

本章主要介绍 C#基础知识，并结合 ASP.NET 页面说明 C#在网站开发中的运用。C#作为 Microsoft 公司专门为.NET 打造的编程语言，非常适合 ASP.NET 页面的开发。.NET Framework 命名空间提供了.NET 类的组织方式。良好的编程规范是开发人员应当遵守的规则。掌握 C#基础语法是 ASP.NET 页面开发的基础。通过装箱和拆箱能较深入地理解 C#中任何东西都可作为对象对待的实质。流程控制提供了程序的运行逻辑。异常处理能使程序更健壮，在编程过程中需要熟练地使用。尽管.NET 类库提供了强大的功能支持，但仍有一些功能需进一步扩展，此时就需要自定义类。页面调试可以检查代码执行过程中的正确性，还能真正地理解代码的执行过程，因此，在平时的编程实践中必须加强页面调试能力的培养。

3.11　习　　题

1. 填空题

（1）C#使用的类库就是_______提供的类库。

（2）要在一个类中包含 System.Data 命名空间的语句是_______。

（3）使用_______修饰符能调用未实例化的类中的方法。

（4）C#中的数据类型包括_______和_______。

（5）_______是由一组命名常量组成的类型。

（6）在 C#统一类型系统中，所有类型都是直接或间接地从_______继承。

（7）装箱实质是把_______转化为_______。

（8）至少会执行一次循环的循环语句是_______。

（9）较适用于已知循环次数的循环语句是_______。

（10）如果类名为 UserInfo，那么它的构造函数名为_______。

（11）_______可以重用现有类的数据和行为，并扩展新的功能。

2. 是非题

（1）decimal 类型必须在数据末尾添加 M 或 m，否则编译器以 double 类型处理。（　）

（2）访问结构类型中成员的方式通常使用“结构名.成员名”形式。（　）

（3）枚举类型的变量可能同时取到枚举中两个元素的值。（　）

（4）数组可以由一组数据类型不相同的元素组成。（　）

（5）foreach 语句适用于枚举数组中的元素。（　）

（6）当一个类实例化时，它的构造函数中包含的代码肯定会执行。（　）

3. 选择题

（1）下列数据类型属于值类型的是（　）。

A．struct　　B．class　　C．interface　　D．delegate

（2）下列数据类型属于引用类型的是（　）。

A．bool　　B．char　　C．string　　D．enum

（3）下列运算符中（　）具有三个操作数。

A．>>=　　B．&&　　C．++　　D．?

（4）下面有关数据类型的描述中不正确的是（　）。

A．两个引用类型变量可能引用同一个对象

B．bool 类型中可以用数字 1 表示 true

C．byte 类型的取值范围是 0～255

D．可以通过转义符方式输入字符

（5）下面对 protected 修饰符说法正确的是（　）。

A．只能在派生类中访问　　B．只能在所属的类中访问

C．能在当前应用程序中访问　　D．能在所属的类或派生类中访问

（6）以下有关属性的说法错误的是（　　）。

A．通过属性能获取类中 private 字段的数据

B．当定义属性时，若仅包含 set 访问器，则表示该属性为只读属性

C．属性的访问形式是“对象名.属性名”

D．属性体现了对象的封装性

4. 简答题

（1）请说明修饰符 public、internal、protected、protected internal、private 的区别。

（2）值类型和引用类型有什么区别。

（3）举例说明装箱和拆箱的作用。

5. 上机操作题

（1）建立并调试本章的所有实例。

（2）调试实例 3-4 源程序，要求在“Response.Write("<br />");”语句处设置断点，查看循环变量 *i*、*k* 和 *j* 的值，通过更改 *i* 变量人为地控制循环次数。

（3）设计一个 ASP.NET 页面，其中包含 TextBox 和 Button 控件各一个。当在 TextBox 中输入一个成绩，再单击 Button 控件时在页面上输出相应的等级信息。

（4）在 ASP.NET 页面上输出九九乘法表。

（5）在 ASP.NET 页面上输出如下形状：

```
  A
 BBB
CCCCC
 DDD
  E
```

（6）设计一个 ASP.NET 页面，其中包含 TextBox 和 Button 控件各一个。当在 TextBox 中输入一组以空格间隔的一组数字后，再单击 Button 控件时在页面上输出该组数字的降序排列（要求分别使用数组和 List<T>泛型实现）。

（7）设计一个 ASP.NET 页面，其中包含两个 TextBox 和一个 Button 控件。当在 TextBox 中各输入一个数值，再单击 Button 控件时在页面上输出两者相除的数值（要求包含异常处理）。

（8）设计一个用于用户注册页面的用户信息类 UserInfo，它包括：两个属性，即姓名（Name）、生日（Birthday）；一个方法 DecideAge()，用于判断用户是否达到规定年龄，对大于等于 18 岁的在页面上输出“您是成人了！”，对小于 18 岁的在页面上输出“您还没长大呢！”。

（9）改写第（8）题中 DecideAge()方法，增加一个事件 ValidateBirthday，当输入的生日值大于当前日期或小于 1900-1-1 时被触发。

（10）设计 ASP.NET 页面并应用自己定义的 UserInfo 类。

第 4 章

ASP.NET 标准控件

本章要点：

- 理解 ASP.NET 页面事件处理流程。
- 了解 HTML 服务器控件。
- 熟悉 ASP.NET 标准控件。
- 熟练运用各个常用标准控件。

4.1 ASP.NET 页面事件处理概述

4.1.1 ASP.NET 页面事件

只有熟悉 ASP.NET 页面事件处理流程，才能理解代码的执行顺序。每个 ASP.NET 页面在运行时都会经历一个生命周期，并在生命周期中执行一系列处理步骤。这些步骤包括初始化、实例化控件，运行事件处理代码到呈现页面。常用的页面处理事件如表 4-1 所示。

表 4-1 页面处理常用事件表

事 件	作 用
Page.PreInit	通过 IsPostBack 属性确定是否第一次处理该页、创建动态控件、动态设置主题属性、读取配置文件属性等
Page.Init	初始化控件属性
Page.Load	读取和更新控件属性
控件事件	处理特定事件，如 Button 控件的 Click 事件

在表 4-1 中，事件处理的先后顺序是 Page.PreInit、Page.Init、Page.Load 和控件事件。平时使用的时候，控件事件以 Click 和 Changed 事件为主。Click 事件被触发时会引起页面往返处理，即页面将被重新执行并触发 Page.Load 等事件。Changed 事件被触发时，先将事件的信息暂时保存在客户端的缓冲区中，等到下一次向服务器传递信息时，再和其他信息一起发送给服务器。若要让控件的 Changed 事件立即得到服务器的响应，就需要将该控件的 AutoPostBack 属性值设为 True。但是，这种设置太多会降低系统的运行效率。

注意：当通过“属性”窗口设置值为逻辑值的控件属性时，值默认采用 Pascal 形式。实际上，在.aspx 文件中的逻辑值不区分大小写，但在.aspx.cs 文件中的逻辑值必须全部用小写字母表示。

4.1.2 IsPostBack 属性

当控件的事件被触发时，Page.Load 事件会在控件事件之前被触发。如果想在执行控件的事件处理代码时不执行 Page_Load()方法代码，可以通过判断 Page.IsPostBack 属性值实现。IsPostBack 属性在用户第一次浏览页面时，会返回值 false，否则返回值 true。

注意：当.aspx 文件中@ Page 指令的 AutoEventWireup 属性值为 true 时，ASP.NET 能自动将页面事件绑定到名为“Page_事件名”的方法。例如，Page.Load 事件会自动绑定到 Page_Load()方法，也就是说，触发 Page.Load 事件后，将执行 Page_Load()方法中包含的代码。而要把控件事件绑定到对应的方法，需要设置名为“On 事件名”的属性。例如，将 ID 属性值为 btnSubmit 的按钮控件的 Click 事件绑定到 BtnSubmit_Click()方法，需要设置 OnClick="BtnSubmit_Click"。

实例 4-1

实例 4-1　运用 IsPostBack 属性

本实例在页面第一次载入时显示“页面第一次加载！”。当单击按钮时显示“执行 Click 事件处理代码！”。

源程序：IsPostBack.aspx 部分代码

```
<%@ Page Language="C#" AutoEventWireup="true" CodeFile="IsPostBack.aspx.cs"
 Inherits="Chap4_IsPostBack" %>
…（略）
<form id="form1" runat="server">
  <div>
    <asp:Button ID="btnSubmit" runat="server" Text="提交"
     OnClick="BtnSubmit_Click" />
  </div>
</form>
…（略）
```

源程序：IsPostBack.aspx.cs

```
using System;
public partial class Chap4_IsPostBack : System.Web.UI.Page
{
  protected void Page_Load(object sender, EventArgs e)
  {
    if (!IsPostBack)
    {
      Response.Write("页面第一次加载！");
    }
  }
  protected void BtnSubmit_Click(object sender, EventArgs e)
  {
    Response.Write("执行 Click 事件处理代码！");
  }
}
```

程序说明：

当单击按钮时引起页面往返，此时触发 Page.Load 事件，执行 Page_Load()方法代码，但因为“!IsPostBack”值为 false，所以不执行“Response.Write("页面第一次加载！");”。然后执行 Click 事件处理代码，显示“执行 Click 事件处理代码！”。

4.2　ASP.NET 服务器控件概述

ASP.NET 提供了两种不同类型的服务器控件：HTML 服务器控件和 Web 服务器控件。这两种类型的控件大不相同，那么哪种类型控件比较好呢？答案取决于使用的场合和要取得的结果。

4.2.1　HTML 服务器控件简介

包含在.html 文件中的 XHTML 元素，在服务器端通过 Web 窗体是无法访问的。HTML 服务器控件实现了 XHTML 元素到服务器控件的转换，同时每个 HTML 服务器控件都有相应的 XHTML 元素对应。经过转换后，Web 窗体就可访问 XHTML 元素（HTML 服务器控件），从而实现在服务器端对 HTML 服务器控件的编程。

要转换 XHTML 元素到 HTML 服务器控件的方法是在“源”视图中找到 XHTML 元素，加上属性“runat="server"”。例如，XHTML 元素为：

```
<input id="inputName" type="button" value="button"/>
```

如果将其转化成 HTML 服务器控件，则为：

```
<input id="inputName" type="button" value="button" runat="server"/>
```

4.2.2　Web 服务器控件简介

利用 Web 服务器控件创建 Web 窗体，可以描述页面元素的功能、外观、操作方式和行为等，然后由 IIS 确定如何输出该页面。对于不同的浏览器，可能会得到不同的 XHTML 输出。

Web 服务器控件根据功能不同分成标准控件、数据控件、验证控件、导航控件、AJAX 扩展控件、动态数据控件和用户自定义控件等。

- 标准控件：除 Web 窗体中常用的按钮、文本框、下拉列表框等控件外，还包括一些特殊用途的控件，如日历等。
- 数据控件：用于连接访问数据库，显示数据库数据等。
- 验证控件：用于验证用户输入的信息，如输入的值要在指定的范围等。
- 导航控件：用于网站的导航。
- AJAX 扩展控件：用于只更新页面的局部信息而不往返整个页面。
- 动态数据控件：用于创建动态数据页面。
- 用户自定义控件：用于扩展系统功能，如保持网站的统一风格等。

4.3　常用 ASP.NET 标准控件

ASP.NET 标准控件提供了构造 Web 窗体的基本功能，这些控件具有一些常用的共有属性，如表 4-2 所示。

表 4-2　Web 服务器控件的共有属性表

属　性　名	说　　明	属　性　名	说　　明
AccessKey	控件的键盘快捷键	Font	控件的字体属性
BackColor	控件的背景色	Height	控件的高度
BorderColor	控件的边框颜色	ID	控件的编程标识符
BoderStyle	控件的边框样式	Text	控件上显示的文本
BoderWidth	控件的边框宽度	ToolTip	当鼠标悬停在控件上时显示的文本
CssClass	控件的 CSS 类名	Visible	控件是否在页面上显示
Enabled	是否启用 Web 服务器控件	Width	控件的宽度

4.3.1　Label 控件

Label 控件用于在页面上显示文本，通过 Text 属性指定控件显示的内容实现在服务器端动态地修改显示文本的作用。定义的语法格式如下：

```
<asp:Label ID="Label1" runat="server" Text="Label"></asp:Label>
```

Label 控件中有一个很实用的属性是 AssociatedControlID，设置其值可以把 Label 控件与窗体中另一个服务器控件关联起来。

实例 4-2　通过键盘快捷键激活特定文本框

实例 4-2

如图 4-1 所示，当按下 Alt+N 组合键时，将激活用户名右边的文本框；当按下 Alt+M 组合键时将激活密码右边的文本框。

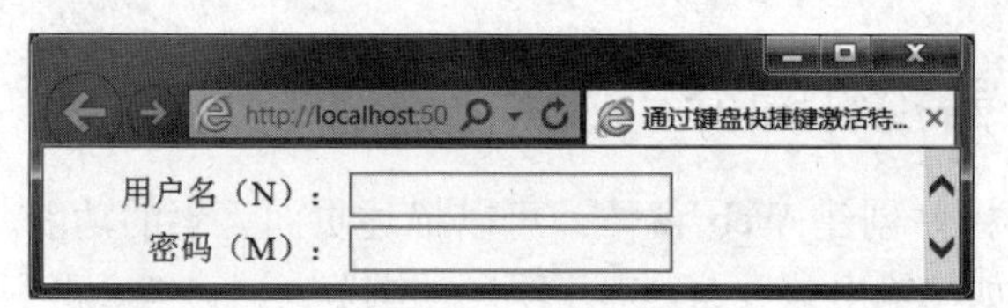

图 4-1　Label.aspx 浏览效果

源程序：Label.aspx 部分代码

```
<%@ Page Language="C#" AutoEventWireup="true" CodeFile="Label.aspx.cs"
 Inherits="Chap4_Label" %>
…（略）
<form id="form1" runat="server">
  <div>
    <asp:Label ID="lblName" runat="server" AccessKey="N"
     AssociatedControlID="txtName" Text="用户名（N）："></asp:Label>
    <asp:TextBox ID="txtName" runat="server"></asp:TextBox><br />
    <asp:Label ID="lblPassword" runat="server" AccessKey="M"
     AssociatedControlID="txtPassword" Text="密码（M）："></asp:Label>
    <asp:TextBox ID="txtPassword" runat="server"></asp:TextBox>
  </div>
</form>
…（略）
```

操作步骤：

在 Chap4 文件夹中建立 Label.aspx，添加两个 Label 控件和两个 TextBox 控件并完成页面布局。参考源程序分别设置各控件属性。最后，浏览 Label.aspx 进行测试。

注意：页面布局常采用 CSS 布局、Table 布局、“格式”菜单下的“位置”命令等方式。CSS 布局通过选择器设置样式实现。Table 布局先选择“表”→“插入表”命令建立一个表，然后在相应的单元格中添加控件等内容。采用“格式”菜单下的“位置”命令这种方式主要针对单个控件调整其位置，可选择“绝对”或“相对”定位样式，然后在“设计”视图调整控件位置，此时，VSC 2017 会自动生成用于确定控件位置的样式代码。在实例 4-2 中，源程序未包含实现页面布局的代码，但图 4-1 是采用 Table 布局后的浏览效果图。

4.3.2 TextBox 控件

TextBox 控件用于显示数据或输入数据。定义的语法格式如下：

```
<asp:TextBox ID="TextBox1" runat="server"></asp:TextBox>
```

实用的属性、方法和事件如表 4-3 所示。

表 4-3 TextBox 控件常用属性、方法和事件表

属性、方法和事件	说 明
AutoCompleteType 属性	标注能自动完成的类型，如值 Email 表示能自动完成邮件列表
AutoPostBack 属性	值 true 表示当文本框内容改变且把焦点移出文本框时触发 TextChanged 事件，引起页面往返处理
TextMode 属性	设置文本框类型。例如，值 Password 表示密码框，将显示特殊字符，如*；值 MultiLine 表示多行文本框
Focus()方法	设置文本框焦点
TextChanged 事件	当改变文本框中内容且焦点离开文本框后被触发

实例 4-3 综合运用 TextBox 控件

实例 4-3

如图 4-2 所示，当页面载入时，焦点自动定位在用户名右边的文本框中；当输入用户名并把焦点移出文本框时，将触发 TextChanged 事件，判断用户名是否可用，若可用则在 Label 控件 lblValidate 中显示√，否则显示“用户名已占用!”；密码右边的文本框显示为密码框；邮箱右边的文本框具有自动完成功能。

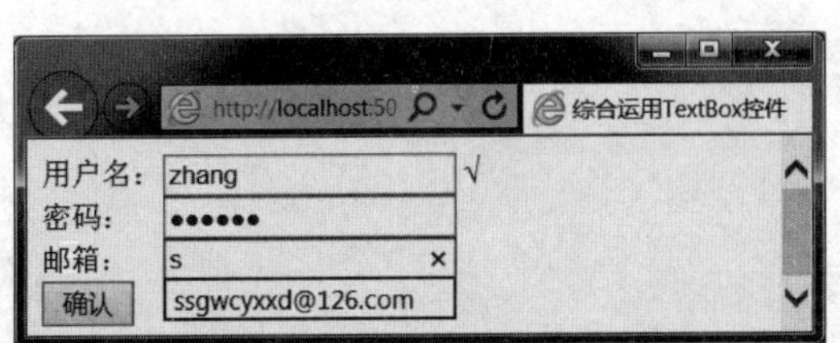

图 4-2 TextBox.aspx 浏览效果

源程序：TextBox.aspx 部分代码

```
<%@ Page Language="C#" AutoEventWireup="true" CodeFile="TextBox.aspx.cs"
 Inherits="Chap4_TextBox" %>
```

```
…（略）
<form id="form1" runat="server">
  <div>
    用户名：<asp:TextBox ID="txtName" runat="server" AutoPostBack="True"
           OnTextChanged="TxtName_TextChanged" Width="150px">
          </asp:TextBox>
    <asp:Label ID="lblValidate" runat="server"></asp:Label><br />
    密码：<asp:TextBox ID="txtPassword" runat="server" TextMode="Password"
         Style="position: relative; left: 16px" Width="150px">
        </asp:TextBox><br />
    邮箱：<asp:TextBox ID="txtMail" runat="server" AutoCompleteType="Email"
         Style="position: relative; left: 16px" Width="150px">
        </asp:TextBox><br />
    <asp:Button ID="btnSubmit" runat="server" Text="确认" />
  </div>
</form>
…（略）
```

源程序：TextBox.aspx.cs

```
using System;
public partial class Chap4_TextBox : System.Web.UI.Page
{
  protected void Page_Load(object sender, EventArgs e)
  {
    txtName.Focus();
  }
  protected void TxtName_TextChanged(object sender, EventArgs e)
  {
    if (txtName.Text == "leaf")
    {
      lblValidate.Text = "用户名已占用！";
    }
    else
    {
      lblValidate.Text = "√";
    }
  }
}
```

操作步骤：

（1）在 Chap4 文件夹中建立 TextBox.aspx，添加一个 Label 控件、三个 TextBox 控件、一个 Button 控件，参考源程序分别设置各控件属性。

（2）在 TextBox.aspx 的“设计”视图中双击控件 txtName，VSC 2017 自动打开 TextBox.aspx.cs，在其中输入阴影部分内容。

（3）浏览 TextBox.aspx 呈现如图 4-2 所示的界面，输入信息进行测试。

程序说明：

TextBox.aspx 中 TextBox 控件的 Style 属性值是采用“格式”菜单下的“位置”命令这种方式布局后，再在“设计”视图调整 TextBox 控件位置，最后由 VSC 2017 自动生成的样式代码。

当页面载入时，触发 Page.Load 事件，执行 Page_Load()方法代码，将焦点定位在用户名右边的文本框中。

本实例中用户合法性判断是与固定用户名 leaf 比较，实际使用需连接数据库，与数据库中保存的用户名比较。

要看到 AutoCompleteType="Email"呈现自动完成电子邮件列表的效果，需先输入电子邮件地址并单击“确认”按钮后再次输入信息时才能看到效果，如图 4-2 所示。

4.3.3　Button、LinkButton 和 ImageButton 控件

Web 窗体中的按钮有 Button、LinkButton 和 ImageButton 三种形式。它们之间功能相同，只是外观上有区别。Button 呈现传统按钮外观；LinkButton 呈现超链接外观；ImageButton 呈现图形外观，其图像由 ImageUrl 属性设置。定义的语法格式如下：

```
<asp:Button ID="Button1" runat="server" Text="Button" />
<asp:LinkButton ID="LinkButton1" runat="server">LinkButton</asp:LinkButton>
<asp:ImageButton ID="ImageButton1" runat="server" ImageUrl="~/Images/map.jpg" />
```

实用的属性和事件如表 4-4 所示。

表 4-4　按钮控件实用属性和事件表

属性和事件	说　明
PostBackUrl 属性	设置跨页面提交时的目标页面路径
Click 事件	当单击按钮时被触发，执行服务器端代码
ClientClick 事件	当单击按钮时在 Click 事件之前被触发，执行客户端代码

XHTML 元素<a>与 LinkButton 控件两者都能呈现超链接形式，但设置链接的方法不同。在<a>元素中通过 href 属性设置，如：

```
<a href="www.aliyun.com">链接到阿里云</a>
```

而在 LinkButton 控件中需要设置 PostBackUrl 属性实现，或者在 Click 事件中输入代码，通过 Response 对象的重定向方法 Redirect()实现，如：

```
Response.Redirect("http://www.aliyun.com");
```

实例 4-4　利用 Button 控件执行客户端脚本

实例 4-4

要在单击 Button 控件后执行客户端脚本，需要使用 ClientClick 事件和 JavaScript。如图 4-3 和图 4-4 所示，本实例能在删除数据前弹出确认对话框，单击“确定”按钮后才能真正地删除数据。

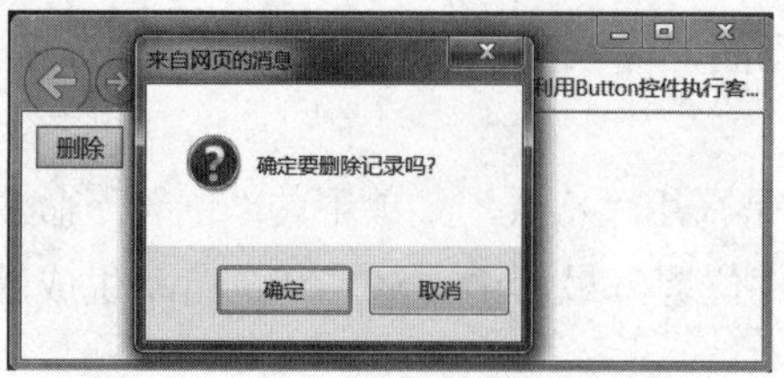

图 4-3　ClientClick.aspx 浏览效果（1）

图 4-4　ClientClick.aspx 浏览效果（2）

源程序：ClientClick.aspx 部分代码

```
<%@ Page Language="C#" AutoEventWireup="true"
 CodeFile="ClientClick.aspx.cs" Inherits="Chap4_ClientClick" %>
…（略）
<form id="form1" runat="server">
  <div>
    <asp:Button ID="btnDelete" runat="server" Text="删除" OnClick="BtnDelete_Click"
      OnClientClick="return confirm('确定要删除记录吗?')" />
  </div>
</form>
…（略）
```

源程序：ClientClick.aspx.cs

```
using System;
public partial class Chap4_ClientClick : System.Web.UI.Page
{
  protected void BtnDelete_Click(object sender, EventArgs e)
  {
    Response.Write("删除成功！");
  }
}
```

操作步骤：

（1）在 Chap4 文件夹中建立 ClientClick.aspx，添加一个 Button 控件并设置属性，在“属性”窗口或“源”视图中输入 ClientClick.aspx 中阴影部分的内容。

（2）双击 Button 控件，在 ClientClick.aspx.cs 中输入阴影部分的内容。

（3）浏览 ClientClick.aspx 呈现如图 4-3 所示的界面，单击“确定”按钮后呈现如图 4-4 所示的界面。

程序说明：

在图 4-3 中，当单击“删除”按钮时，触发 ClientClick 事件，执行 JavaScript 代码“return confirm('确定要删除记录吗?')”，弹出确认对话框。若单击“确定”按钮，则触发 Click 事件，执行删除操作（这里仅输出信息，实际操作需连接数据库）；若单击“取消”按钮，则不再触发 Click 事件，运行结束。

4.3.4　DropDownList 控件

DropDownList 控件允许用户从预定义的下拉列表中选择一项。定义的语法格式如下：

```
<asp:DropDownList ID="DropDownList1" runat="server"></asp:DropDownList>
```

实用的属性、事件如表 4-5 所示。

表 4-5 DropDownList 控件实用属性和事件表

属性、事件	说 明
DataSource 属性	设置数据源
DataTextField 属性	对应数据源中的一个字段，该字段所有内容将被显示于下拉列表中
DataValueField 属性	对应数据源中的一个字段，指定下拉列表中每个可选项的值
Items 属性	列表中所有选项的集合，常用 Add()方法添加项，Clear()方法删除所有项
SelectedItem 属性	当前选定项
SelectedValue 属性	当前选定项的 Value 属性值
SelectedIndexChanged 事件	当选择下拉列表中一项后被触发
DataBind()方法	绑定数据源

在 DropDownList 中，添加项的方式有三种。第一种方式是在属性窗口中直接对 Items 属性进行设置，如图 4-5 所示。

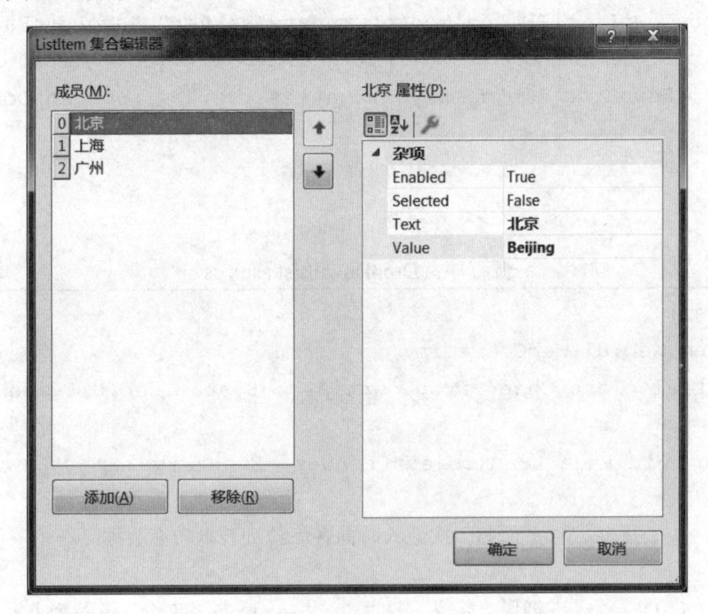

图 4-5 “ListItem 集合编辑器”对话框

在图 4-5 中，设置成员的 Selected 属性值为 True，可使该成员成为 DropDownList 控件的默认项，设置完 Items 属性后 VSC 2017 会自动生成代码。

第二种方式是利用 DropDownList 对象的 Items.Add()方法添加项，如：

```
ddlCity.Items.Add(new ListItem("北京", "beijing"));
```

第三种方式是通过 DataSource 属性设置数据源，再通过 DataBind()方法显示数据。这种方法通常需要连接数据库，在实际工程项目中使用广泛。

实例 4-5

实例 4-5 实现联动的下拉列表

联动的下拉列表在实际工程项目中非常普遍，如要查询某班级的课表，需要“学年—学期—分院—班级”这样联动的下拉列表。本实例以日期联动进行说明。如图 4-6 所示，当改变年或月时，相应的每月天数会随之而变。

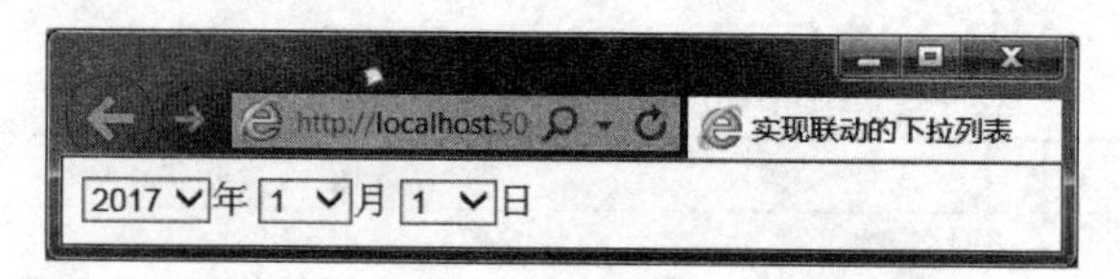

图 4-6　DropDownList.aspx 浏览效果

源程序：DropDownList.aspx 部分代码

```
<%@ Page Language="C#" AutoEventWireup="true" CodeFile="DropDownList.aspx.cs"
 Inherits="Chap4_DropDownList" %>
…（略）
<form id="form1" runat="server">
  <div>
    <asp:DropDownList ID="ddlYear" runat="server" AutoPostBack="True"
     OnSelectedIndexChanged="DdlYear_SelectedIndexChanged"></asp:DropDownList>年
    <asp:DropDownList ID="ddlMonth" runat="server" AutoPostBack="True"
     OnSelectedIndexChanged="DdlMonth_SelectedIndexChanged"></asp:DropDownList>月
    <asp:DropDownList ID="ddlDay" runat="server"></asp:DropDownList>日
  </div>
</form>
…（略）
```

源程序：DropDownList.aspx.cs

```
using System;
using System.Web.UI.WebControls;
public partial class Chap4_DropDownList : System.Web.UI.Page
{
  protected void Page_Load(object sender, EventArgs e)
  {
    if (!IsPostBack) //页面第一次载入时向各下拉列表框填充数据
    {
      BindYear();     //调用自定义方法 BindYear()向“年份”下拉列表框中填充数据
      BindMonth();    //调用自定义方法 BindMonth()向“月份”下拉列表框中填充数据
      BindDay();      //调用自定义方法 BindDay()向“日期”下拉列表框中填充数据
    }
  }
  protected void BindYear()
  {
    ddlYear.Items.Clear();  //清空 ddlYear
    int startYear = DateTime.Now.Year - 10;
    int currentYear = DateTime.Now.Year;
    for (int i = startYear; i <= currentYear; i++)  //向 ddlYear 添加最近十年的年份
    {
      ddlYear.Items.Add(new ListItem(i.ToString()));
```

```
    }
    ddlYear.SelectedValue = currentYear.ToString();  //设置 ddlYear 的默认项
  }
  protected void BindMonth()
  {
    ddlMonth.Items.Clear();
    for (int i = 1; i <= 12; i++)                        //向 ddlMonth 添加一年的月份
    {
      ddlMonth.Items.Add(i.ToString());
    }
  }
  protected void BindDay()
  {
    ddlDay.Items.Clear();
    string year = ddlYear.SelectedValue;  //获取 ddlYear 中选定项的值
    string month = ddlMonth.SelectedValue;
    //获取相应年、月对应的天数
    int days = DateTime.DaysInMonth(int.Parse(year), int.Parse(month));
    for (int i = 1; i <= days; i++)  //向 ddlDay 添加相应年、月对应的天数
    {
      ddlDay.Items.Add(i.ToString());
    }
  }
  protected void DdlYear_SelectedIndexChanged(object sender, EventArgs e)
  {
    BindDay();
  }
  protected void DdlMonth_SelectedIndexChanged(object sender, EventArgs e)
  {
    BindDay();
  }
}
```

操作步骤：

（1）在 Chap4 文件夹中建立 DropDownList.aspx，添加三个 DropDownList 控件，参考源程序分别设置各控件属性。

（2）建立 DropDownList.aspx.cs 文件。最后，浏览 DropDownList.aspx 进行测试。

程序说明：

运行时首先触发 Page.Load 事件，执行 Page_Load()方法代码，绑定年、月、日等数据到三个 DropDownList 控件。当改变年或月份时，触发相应控件的 SelectedIndexChanged 事件形成页面往返，将相应年、月对应的天数绑定到 ddlDay。

4.3.5　ListBox 控件

DropDownList 和 ListBox 控件都允许用户从列表中选择数据项，区别在于 DropDownList 的列表在用户选择数据项前处于隐藏状态，而 ListBox 的列表是可见的，并且可同时选择多

项。定义的语法格式如下：

```
<asp:ListBox ID="ListBox1" runat="server"></asp:ListBox>
```

ListBox 控件的属性、方法和事件等与 DropDownList 控件类似，但多了一个实用的 SelectionMode 属性，其值为 Multiple 表示允许选择多项。

实例 4-6　实现数据项在 ListBox 控件之间的移动

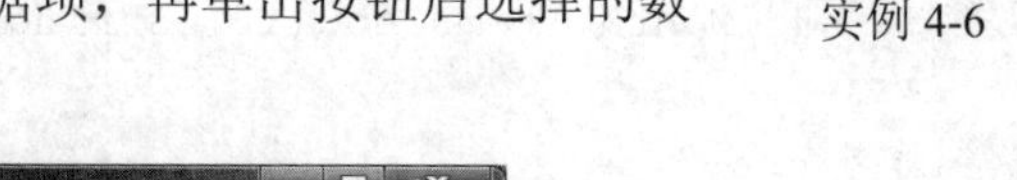
实例 4-6

如图 4-7 所示，当选择左边列表框中的数据项，再单击按钮后选择的数据项将移动到右边的列表框中。

图 4-7　ListBox.aspx 浏览效果

源程序：ListBox.aspx 部分代码

```
<%@ Page Language="C#" AutoEventWireup="true" CodeFile="ListBox.aspx.cs"
 Inherits="Chap4_ListBox" %>
…（略）
<form id="form1" runat="server">
  <div>
    <asp:ListBox ID="lstLeft" runat="server" SelectionMode="Multiple">
      <asp:ListItem Value="hunan">湖南</asp:ListItem>
      <asp:ListItem Value="jiangxi">江西</asp:ListItem>
      <asp:ListItem Value="beijing">北京</asp:ListItem>
      <asp:ListItem Value="shanghai">上海</asp:ListItem>
    </asp:ListBox>
    <asp:Button ID="btnMove" runat="server" OnClick="BtnMove_Click" Text="&gt;" />
    <asp:ListBox ID="lstRight" runat="server" SelectionMode="Multiple">
    </asp:ListBox>
  </div>
</form>
…（略）
```

源程序：ListBox.aspx.cs

```
using System;
public partial class Chap4_ListBox : System.Web.UI.Page
{
  protected void BtnMove_Click(object sender, EventArgs e)
  {
    for (int i = 0; i < lstLeft.Items.Count; i++)     //遍历左边列表框中所有项
    {
      if (lstLeft.Items[i].Selected)                  //判断数据项是否选中
```

```
        {
          lstRight.Items.Add(lstLeft.Items[i]);     //向右边列表框添加选中的一项
          lstLeft.Items.Remove(lstLeft.Items[i]);
          i--;                                      //调整左边列表框中剩余项索引号
        }
      }
    }
  }
```

操作步骤：

（1）在 Chap4 文件夹中建立 ListBox.aspx，添加两个 ListBox 控件和一个 Button 控件，参考源程序分别设置各控件属性。

（2）建立 ListBox.aspx.cs。最后，浏览 ListBox.aspx 进行测试。

4.3.6 CheckBox 和 CheckBoxList 控件

CheckBox 和 CheckBoxList 控件为用户提供“真/假”“是/否”或“开/关”选项之间进行选择的方法，若需要多项选择，可以使用多个 CheckBox 控件或单个 CheckBoxList 控件，但一般采用 CheckBoxList 控件。定义的语法格式如下：

```
<asp:CheckBox ID="CheckBox1" runat="server" />
<asp:CheckBoxList ID="CheckBoxList1" runat="server"></asp:CheckBoxList>
```

注意：判断 CheckBox 控件是否选中的属性是 Checked，而 CheckBoxList 控件作为集合控件，判断数据项是否选中的属性是成员的 Selected 属性。

在实际工程项目中，一般设置 CheckBoxList 控件的 AutoPostBack 属性值为 False。要提交数据到服务器，不是采用 CheckBoxList 控件的自身事件，而是常配合 Button 控件实现。

实例 4-7

实例 4-7　运用 CheckBoxList 控件

如图 4-8 所示，当选择个人爱好并单击“确定”按钮后显示选中数据项的提示信息。

图 4-8　CheckBoxList.aspx 浏览效果

源程序：CheckBoxList.aspx 部分代码

```
<%@ Page Language="C#" AutoEventWireup="true" CodeFile="CheckBoxList.aspx.cs"
 Inherits="Chap4_CheckBoxList" %>
…（略）
```

```
<form id="form1" runat="server">
  <div>
    <asp:CheckBoxList ID="chklsSport" runat="server">
      <asp:ListItem Value="football">足球</asp:ListItem>
      <asp:ListItem Value="basketball">篮球</asp:ListItem>
      <asp:ListItem Value="badminton">羽毛球</asp:ListItem>
      <asp:ListItem Value="pingpong">乒乓球</asp:ListItem>
    </asp:CheckBoxList>
    <asp:Button ID="btnSubmit" runat="server" Text="确定"
     OnClick="BtnSubmit_Click" />
    <asp:Label ID="lblMsg" runat="server"></asp:Label>
  </div>
</form>
…（略）
```

源程序：CheckBoxList.aspx.cs

```
using System;
using System.Web.UI.WebControls;
public partial class Chap4_CheckBoxList : System.Web.UI.Page
{
  protected void BtnSubmit_Click(object sender, EventArgs e)
  {
    lblMsg.Text = "您选择了：";
    foreach (ListItem listItem in chklsSport.Items)  //遍历复选框列表中所有项
    {
      if (listItem.Selected)
      {
        lblMsg.Text = lblMsg.Text + listItem.Text + " ";
      }
    }
  }
}
```

操作步骤：

（1）在 Chap4 文件夹中建立 CheckBoxList.aspx，添加 CheckBoxList、Button 和 Label 控件各一个，参考源程序分别设置各控件属性。

（2）建立 CheckBoxList.aspx.cs。最后，浏览 CheckBoxList.aspx 进行测试。

4.3.7 RadioButton 和 RadioButtonList 控件

RadioButton 和 RadioButtonList 控件常用于在多种选择中只能选择一项的场合。单个的 RadioButton 只能提供单项选择，可以将多个 RadioButton 形成一组，方法是设置每个 RadioButton 的 GroupName 属性为同一名称。定义 RadioButton 的语法格式如下：

```
<asp:RadioButton ID="RadioButton1" runat="server" GroupName="group" />
```

定义 RadioButtonList 的语法格式如下：

```
<asp:RadioButtonList ID="RadioButtonList1" runat="server">
  <asp:ListItem>男</asp:ListItem>
  <asp:ListItem>女</asp:ListItem>
</asp:RadioButtonList>
```

注意：判断 RadioButton 控件是否选中使用 Checked 属性，而获取 RadioButtonList 控件的选中项是使用 SelectedItem 属性。

4.3.8 Image 和 ImageMap 控件

Image 控件用于在 Web 窗体上显示图片，可以使用 ImageUrl 属性在界面设计或编程时指定图片源文件。在实际工程项目中常与数据源绑定，根据数据源中指定的字段显示图片。定义的语法格式为：

```
<asp:Image ID="Image1" runat="server" ImageUrl="~/Images/map.jpg" />
```

注意：Image 控件不包含 Click 事件，如果需要 Click 事件处理流程，可使用 ImageButton 控件代替 Image 控件。

ImageMap 控件除可以用来显示图片外，还可以实现图片的超链接。可以将显示的图片划分为不同形状的热点区域，分别链接到不同的页面。因此，在实际工程项目中，常用于导航条、地图等。如图 4-9 所示，热点区域通过 HotSpots 属性设置，划分的区域形状包括圆形（CircleHotSpot）、长方形（RectangleHotSpot）和任意多边形（PolygonHotSpot），每个区域通过 NavigateUrl 属性确定要链接到的 URL。

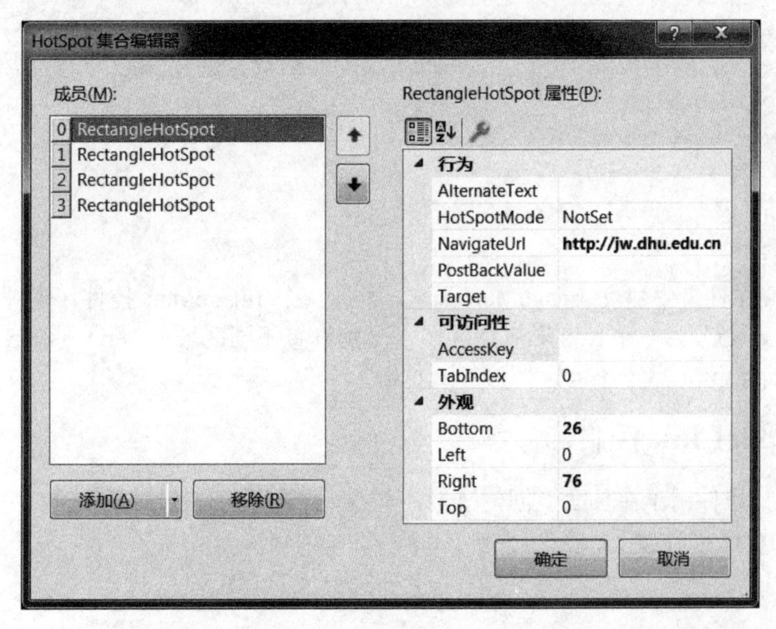

图 4-9 设置 HotSpots 属性

ImageMap 控件定义的语法格式如下：

```
<asp:ImageMap ID="imapNav" runat="server" ImageUrl="~/Images/map.jpg">
  <asp:RectangleHotSpot Bottom="26" Right="76"
```

```
  NavigateUrl="http://jw.dhu.edu.cn" />
</asp:ImageMap>
```

实例 4-8

实例 4-8　利用 ImageMap 控件设计导航栏

如图 4-10 所示，整个导航栏实质是一幅图片，当设置好热点区域后，单击不同区域将链接到不同页面。

图 4-10　ImageMap.aspx 浏览效果

源程序：ImageMap.aspx 部分代码

```
<%@ Page Language="C#" AutoEventWireup="true" CodeFile="ImageMap.aspx.cs"
 Inherits="Chap4_ImageMap" %>
…（略）
<form id="form1" runat="server">
  <div>
    <asp:ImageMap ID="imapNav" runat="server" ImageUrl="~/Images/map.jpg">
      <asp:RectangleHotSpot Bottom="26" Right="76"
       NavigateUrl="http://jw.dhu.edu.cn" />
      <asp:RectangleHotSpot Bottom="26" Left="72" Right="141"
       NavigateUrl="http://research.dhu.edu.cn/" />
      <asp:RectangleHotSpot Bottom="26" Left="143" Right="214" />
      <asp:RectangleHotSpot Bottom="26" Left="216" Right="287" />
    </asp:ImageMap>
  </div>
</form>
…（略）
```

操作步骤：

在 Chap4 文件夹中建立 ImageMap.aspx，添加一个 ImageMap 控件，设置 ImageUrl 和 HotSpots 属性，划分为多个长方形热点区域，分别设置不同区域的 NavigateUrl 属性。最后，浏览 ImageMap.aspx，单击不同区域进行测试。

4.3.9　HyperLink 控件

HyperLink 控件用于在页面上创建链接，与<a>元素不同，HyperLink 控件可以与数据源绑定。定义的语法格式如下：

```
<asp:HyperLink ID="HyperLink1" runat="server" Target="_blank">
</asp:HyperLink>
```

其中，Target 属性是 HyperLink 控件的重要属性，它的常用取值为_blank 和_self。值_blank 决定了在一个新窗口中显示链接页，而值_self 决定了在原窗口中显示链接页。

注意：HyperLink 控件不包含 Click 事件，要使用 Click 事件可用 LinkButton 控件代替。

使用 ImageUrl 属性可以将链接设置为一幅图片。在同时设置 Text 和 ImageUrl 属性的情况下，ImageUrl 优先。若找不到图片则显示 Text 属性设置的内容。

在 HyperLink 中直接设置 ImageUrl 属性后显示的图片尺寸是不可调的，若要改变图片尺寸，可配合使用 Image 控件。

实例 4-9

实例 4-9　组合使用 HyperLink 和 Image 控件

本实例实现页面中显示图片的尺寸与实际图片的尺寸不相同的效果。

源程序：HyperLink.aspx 部分代码

```
<%@ Page Language="C#" AutoEventWireup="true" CodeFile="HyperLink.aspx.cs"
 Inherits="Chap4_HyperLink" %>
…（略）
<form id="form1" runat="server">
  <div>
    <asp:HyperLink ID="hlkMouse" runat="server"
     NavigateUrl="http://www.21cn.com">
      <asp:Image ID="imgMouse" runat="server" ImageUrl="~/Images/mouseOut.jpg"
       Width="50" />
    </asp:HyperLink>
  </div>
</form>
…（略）
```

操作步骤：

在 Chap4 文件夹中建立 HyperLink.aspx，添加一个 HyperLink 控件。在“源”视图中的<asp:HyperLink…></asp:HyperLink>两个标记之间插入一个 Image 控件，参考源程序分别设置各控件属性。最后，浏览 HyperLink.aspx 进行测试。

4.3.10　Table 控件

Table 控件用于在 Web 窗体上动态地创建表格，是一种容器控件，而单击“表”→“插入表”命令产生的表格常用于页面布局且对应 XHTML 元素<table>。由 Table 控件生成的 Table 对象由行（TableRow）对象组成，TableRow 对象由单元格（TableCell）对象组成。定义的语法格式如下：

```
<asp:Table ID="Table1" runat="server">
  <asp:TableRow runat="server">
    <asp:TableCell runat="server">学号</asp:TableCell>
    <asp:TableCell runat="server">姓名</asp:TableCell>
  </asp:TableRow>
</asp:Table>
```

注意：向 Table 对象添加行使用 Rows 属性；向 TableRow 对象添加单元格使用 Cells 属性；向 TableCell 对象添加控件使用 Controls 属性。

实例 4-10

实例 4-10　动态生成表格

如图 4-11 所示，页面上的简易成绩录入界面实质是动态生成的表格。

图 4-11　Table.aspx 浏览效果

源程序：Table.aspx 部分代码

```
<%@ Page Language="C#" AutoEventWireup="true" CodeFile="Table.aspx.cs"
Inherits="Chap4_Table" %>
…（略）
<form id="form1" runat="server">
  <div>
    <asp:Table ID="tblScore" runat="server" GridLines="Both">
      <asp:TableRow runat="server">
        <asp:TableCell runat="server">学号</asp:TableCell>
        <asp:TableCell runat="server">姓名</asp:TableCell>
        <asp:TableCell runat="server">成绩</asp:TableCell>
      </asp:TableRow>
    </asp:Table>
  </div>
</form>
…（略）
```

源程序：Table.aspx.cs

```
using System;
using System.Web.UI.WebControls;
public partial class Chap4_Table : System.Web.UI.Page
{
  protected void Page_Load(object sender, EventArgs e)
  {
    string[] name = { "张三", "李四" };//设置姓名初始值，实际工程中数据来源于数据库
    string[] number = { "200301", "200302" };    //设置学号初始值
    for (int i = 1; i <= 2; i++)                  //动态生成表格
    {
      TableRow row = new TableRow();              //建立一个行对象
      TableCell cellNumber = new TableCell();     //建立第一个单元格对象
      TableCell cellName = new TableCell();       //建立第二个单元格对象
      TableCell cellInput = new TableCell();      //建立第三个单元格对象
      cellNumber.Text = number[i - 1];            //设置第一个单元格的显示内容
      cellName.Text = name[i - 1];                //设置第二个单元格的显示内容
      TextBox txtInput = new TextBox();           //建立一个文本框对象
      cellInput.Controls.Add(txtInput);           //添加文本框对象到第三个单元格中
      row.Cells.Add(cellNumber);                  //添加第一个单元格到行对象
      row.Cells.Add(cellName);                    //添加第二个单元格到行对象
      row.Cells.Add(cellInput);                   //添加第三个单元格到行对象
```

```
        tblScore.Rows.Add(row);                    //添加行对象到表格对象
      }
    }
  }
```

操作步骤：

（1）在 Chap4 文件夹中建立 Table.aspx，添加一个 Table 控件 tblScore，然后在设置 Rows 属性的对话框中添加一个 TableRow，再在设置 TableRow 的 Cells 属性的对话框中添加三个 TableCell，并分别设置各 TableCell 的 Text 属性值为"学号""姓名""成绩"。

（2）建立 Table.aspx.cs。最后，浏览 Table.aspx 查看效果。

4.3.11　Panel 和 PlaceHolder 控件

Panel 和 PlaceHolder 控件都属于容器控件，常用于实现动态地建立控件和在同一个页面中根据不同情况显示不同内容的情形。使用 Panel 控件的好处是只需载入一个页面，即可呈现不同的内容。

Panel 控件定义的语法格式如下：

```
<asp:Panel ID="Panel1" runat="server"></asp:Panel>
```

PlaceHolder 控件定义的语法格式如下：

```
<asp:PlaceHolder ID="PlaceHolder1" runat="server"></asp:PlaceHolder>
```

实例 4-11　利用 Panel 实现简易注册页面

如图 4-12 所示，输入用户名，单击"下一步"按钮，呈现如图 4-13 所示的界面，再输入姓名、电话等信息，单击"下一步"按钮，呈现如图 4-14 所示的用户注册信息确认界面。在上述流程中，通过建立三个 Panel 控件可以方便地对应三个步骤呈现的不同内容。

实例 4-11

图 4-12　浏览效果（1）

图 4-13　浏览效果（2）

图 4-14　浏览效果（3）

源程序：Panel.aspx 部分代码

```
<%@ Page Language="C#" AutoEventWireup="true" CodeFile="Panel.aspx.cs"
 Inherits="Chap4_Panel" %>
…（略）
<form id="form1" runat="server">
  <div>
    <asp:Panel ID="pnlStep1" runat="server">
      第一步：输入用户名<br />
      用户名：<asp:TextBox ID="txtUser" runat="server"></asp:TextBox><br />
```

```
    <asp:Button ID="btnStep1" runat="server" Text="下一步"
     OnClick="BtnStep1_Click" />
   </asp:Panel>
   <asp:Panel ID="pnlStep2" runat="server">
    第二步：输入用户信息<br />
    姓名：<asp:TextBox ID="txtName" runat="server"></asp:TextBox><br />
    电话：<asp:TextBox ID="txtTelephone" runat="server"></asp:TextBox><br />
    <asp:Button ID="btnStep2" runat="server" Text="下一步"
     OnClick="BtnStep2_Click" />
   </asp:Panel>
   <asp:Panel ID="pnlStep3" runat="server">
    第三步：请确认您的输入信息<br />
    <asp:Label ID="lblMsg" runat="server"></asp:Label><br />
    <asp:Button ID="btnStep3" runat="server" Text="确定"
     OnClick="BtnStep3_Click" />
   </asp:Panel>
  </div>
</form>
…（略）
```

源程序：Panel.aspx.cs

```
using System;
public partial class Chap4_Panel : System.Web.UI.Page
{
 protected void Page_Load(object sender, EventArgs e)
 {
   if (!IsPostBack)
   {
    pnlStep1.Visible = true;   //设置pnlStep1可见
    pnlStep2.Visible = false;  //设置pnlStep2不可见
    pnlStep3.Visible = false;  //设置pnlStep3不可见
   }
 }
 protected void BtnStep1_Click(object sender, EventArgs e)
 {
   pnlStep1.Visible = false;
   pnlStep2.Visible = true;
   pnlStep3.Visible = false;
 }
 protected void BtnStep2_Click(object sender, EventArgs e)
 {
   pnlStep1.Visible = false;
   pnlStep2.Visible = false;
   pnlStep3.Visible = true;
   lblMsg.Text = "用户名：" + txtUser.Text + "<br />姓名：" + txtName.Text
    + "<br />电话：" + txtTelephone.Text;  //输出用户信息
```

```
  }
  protected void BtnStep3_Click(object sender, EventArgs e)
  {
    //TODO:将用户信息保存到数据库
  }
}
```

操作步骤：

（1）在 Chap4 文件夹中建立 Panel.aspx，添加三个 Panel 控件，在每个 Panel 控件中添加其他控件并参考源程序分别设置各控件属性。

（2）建立 Panel.aspx.cs。最后，浏览 Panel.aspx，输入信息进行测试。

程序说明：

当页面载入时，首先触发 Page.Load 事件，执行 Page_Load()方法代码，将 pnlStep1 设置为可见，而将其他两个 Panel 控件设置为不可见。

在实现如图 4-12 所示的界面时，实际工程项目中将访问数据库，再判断用户名是否重复。在图 4-14 中，单击“确定”按钮将这些信息保存到数据库中。

实例 4-12　利用 PlaceHolder 动态添加控件

实例 4-12

PlaceHolder 控件在 Web 窗体上起到占位的作用，可向其中动态地添加需要的控件。如图 4-15 所示，页面上呈现的“确定”按钮和文本框都是在页面载入时动态生成的。如图 4-16 所示，单击“确定”按钮输出信息。如图 4-17 所示，单击“获取”按钮将获取并输出文本框中输入的信息。

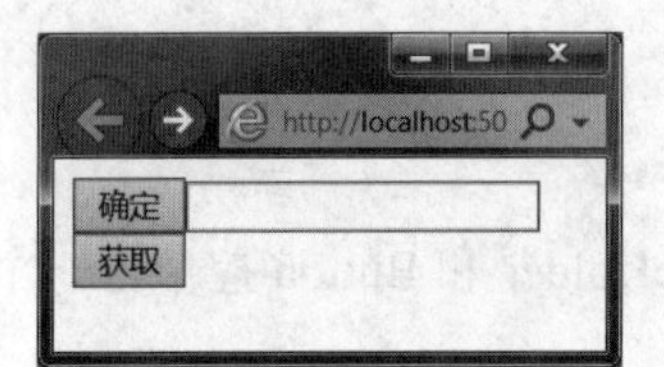

图 4-15　浏览效果（1）

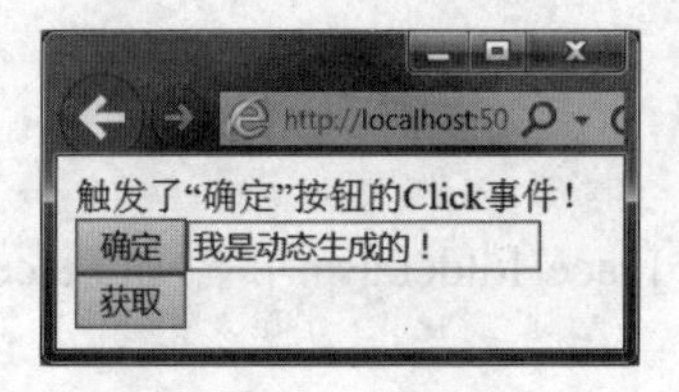

图 4-16　浏览效果（2）

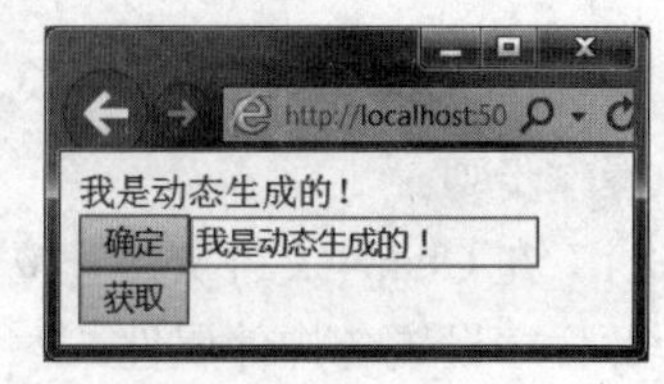

图 4-17　浏览效果（3）

源程序：PlaceHolder.aspx 部分代码

```
<%@ Page Language="C#" AutoEventWireup="true"
 CodeFile="PlaceHolder.aspx.cs" Inherits="Chap4_PlaceHolder" %>
…（略）
<form id="form1" runat="server">
  <div>
    <asp:PlaceHolder ID="plhTest" runat="server"></asp:PlaceHolder><br />
    <asp:Button ID="btnAcquire" runat="server" Text="获取"
     OnClick="BtnAcquire_Click" />
  </div>
</form>
…（略）
```

源程序：PlaceHolder.aspx.cs

```
using System;
```

```
using System.Web.UI.WebControls;
public partial class Chap4_PlaceHolder : System.Web.UI.Page
{
  protected void Page_Load(object sender, EventArgs e)
  {
    Button btnSubmit = new Button();     //定义 btnSubmit 按钮控件
    btnSubmit.ID = "btnSubmit";          //设置 btnSubmit 按钮控件的 ID 属性
    btnSubmit.Text = "确定";             //设置 btnSubmit 按钮控件的 Text 属性
    btnSubmit.Click += new EventHandler(BtnSubmit_Click);  //注册 Click 事件
    plhTest.Controls.Add(btnSubmit);     //将 btnSubmit 按钮控件添加到 plhTest 中
    TextBox txtInput = new TextBox();    //定义 txtInput 文本框控件
    txtInput.ID = "txtInput";
    plhTest.Controls.Add(txtInput);
  }
  protected void BtnSubmit_Click(object sender, EventArgs e)  //本行需自行输入
  {
    Response.Write("触发了“确定”按钮的 Click 事件！");
  }
  protected void BtnAcquire_Click(object sender, EventArgs e)
  {
    //查找 txtInput 文本框控件
    TextBox txtInput = (TextBox)plhTest.FindControl("txtInput");
    Response.Write(txtInput.Text);
  }
}
```

操作步骤：

（1）在 Chap4 文件夹中建立 PlaceHolder.aspx，添加 PlaceHolder 和 Button 控件各一个，参考源程序设置各控件属性。

（2）建立 PlaceHolder.aspx.cs。最后，浏览 PlaceHolder.aspx，输入信息再单击按钮进行测试。

程序说明：

页面载入时，触发 Page.Load 事件，执行 Page_Load()方法代码，动态生成一个 Button 控件和一个 TextBox 控件。当单击“确定”按钮时，根据注册的事件执行 BtnSubmit_Click()方法代码。

注意：如果一个包含动态生成控件的页面需要往返处理，那么动态生成控件的代码必须放在 Page_Load()方法代码中，当页面往返时触发 Page.Load 事件，执行 Page_Load()方法代码，然后重复生成动态控件；动态生成的控件不能在设计时直接绑定方法代码，需手工注册；在获取动态生成控件中的输入信息时，需要使用 FindControl()方法先找到控件。

4.4 小　　结

本章介绍了 ASP.NET 页面事件处理流程、HTML 服务器控件和 Web 服务器常用标准控件。理解 ASP.NET 页面事件的处理流程需清楚常用事件 Page.PreInit、Page.Init、Page.Load

和控件事件的触发顺序。在实际工程项目中，常通过 IsPostBack 属性决定在页面往返时是否执行相应的代码。HTML 服务器控件与 XHTML 相应元素对应，可以通过添加“runat="server"”将 XHTML 元素转换为 HTML 服务器控件。Web 服务器标准控件是构建 Web 窗体的基础，这是本章的重点。其中的实例代表了相应控件的典型用法，需要通过实例代码的调试来熟练掌握常用标准控件的基本用法。

4.5　习　　题

1. 填空题

（1）若在 TextBox 控件中输入内容并当焦点离开时能触发 TextChanged 事件，则应设置________。

（2）通过________属性可判断页面是否第一次载入。

（3）ASP.NET 的服务器控件包括________和________。

（4）添加________属性可将 XHTML 元素转化为 HTML 服务器控件。

（5）设置________属性可决定 Web 服务器控件是否可用。

（6）当需要将 TextBox 控件作为密码输入框时，应设置________。

（7）对使用数据源显示信息的 Web 服务器控件，当设置完控件的 DataSource 属性后，需要________方法才能显示信息。

（8）如果需要将多个单独的 RadioButton 控件形成一组具有 RadioButtonList 控件的功能，可以通过将________属性设置成相同的值实现。

（9）设置________可以实现 ListBox 控件中选择多项的功能。

2. 是非题

（1）单击 Button 类型控件会形成页面往返处理。　（　）

（2）当页面往返时，在触发控件的事件之前会触发 Page.Load 事件。　（　）

（3）不能在服务器端访问 HTML 服务器控件。　（　）

（4）动态生成的控件可以直接通过其 ID 属性值进行访问。　（　）

（5）Panel 控件能实现在同一个页面中显示不同内容的效果。　（　）

3. 选择题

（1）Web 服务器控件不包括（　）。

A．Table　　B．Input　　C．AdRotator　　D．Calendar

（2）下面的控件中不能响应鼠标单击事件的是（　）。

A．ImageButton　　B．ImageMap　　C．Image　　D．LinkButton

（3）单击 Button 类型控件后能执行客户端脚本的属性是（　）。

A．OnClientClick　　B．OnClick　　C．OnCommandClick　　D．OnClientCommand

（4）当需要用控件输入性别时，应选择的控件是（　）。

A．CheckBox　　B．CheckBoxList　　C．Label　　D．RadioButtonList

（5）下面不属于容器控件的是（　）。

A．Panel　　B．CheckBox　　C．Table　　D．PlaceHolder

4. 简答题

（1）说明 Image、ImageButton 和 ImageMap 控件的区别。

（2）说明<a>元素、LinkButton 和 HyperLink 控件的区别。

5. 上机操作题

（1）建立并调试本章的所有实例。

（2）实现一个简单的计算器，当输入两个数后可以求两数的和、差等。

（3）制作一组联动的“学年—学期—分院—教师”的下拉列表，当最后选择教师后自动生成一个表格。

（4）动态生成一组控件，内含一个文本框和一个按钮，当单击按钮时输出文本框中输入的信息。

（5）利用 Panel 控件建立用户注册页面。要求注册界面包括用户名、密码、姓名、性别、出生日期、电话、邮箱、兴趣爱好等。

（6）利用 PlaceHolder 控件实现一个包含单项选择题的测试页面，其中题目信息包含于数组中。

第5章

ASP.NET 窗体验证

本章要点：

- 理解客户端和服务器端验证。
- 掌握 ASP.NET 验证控件的使用。

5.1 窗体验证概述

在 ASP.NET 网站开发时，经常会使用表单获取用户的一些信息，如注册信息、在线调查、意见反馈等。为了防止垃圾信息，甚至空信息条目被收集，对于某些信息项目，需要开发人员以编程方式根据实际需求进行验证。实际上，验证就是给所收集的数据制定一系列规则。验证不能保证输入数据的真实性，只能说是否满足了一些规则，如“文本框中必须输入数据”“输入数据的格式必须是电子邮件地址”等。

窗体验证分为服务器端和客户端两种形式。服务器端验证是指将用户输入的信息全部发送到 Web 服务器进行验证；客户端验证是指利用 JavaScript 脚本，在数据发送到服务器之前进行验证。这两种方式各有优缺点。客户端验证能很快地响应用户，但所使用的 JavaScript 脚本会暴露给用户，这会带来安全隐患。服务器端验证比较安全，但因为数据必须发送到服务器才能被验证，所以响应的速度要比客户端验证慢。

ASP.NET 的窗体验证默认采用需要 jQuery 支持的隐式验证方法，配置步骤如下：

（1）利用 NuGet 程序包管理器安装 jQuery。

（2）建立 Global.asax 文件（全局应用程序类文件），并在其 Application_Start()方法中添加如下源代码：

```
ScriptResourceDefinition scriptResDef = new ScriptResourceDefinition();
//设置 jQuery 提供的 JavaScript 库路径，其中版本号由安装的 jQuery 版本号确定
scriptResDef.Path = "~/Scripts/jquery-3.2.1.min.js";
ScriptManager.ScriptResourceMapping.AddDefinition("jquery", scriptResDef);
```

ASP.NET 的窗体验证也可以选择禁用隐式验证的形式，此时，需要在 Web.config 文件的<configuration>元素中添加配置代码如下：

```
<appSettings>
  <add key="ValidationSettings:UnobtrusiveValidationMode" value="None"/>
</appSettings>
```

经常通过判断 Page.IsValid 属性值可确定页面上的控件是否都通过了验证。值为 true 表示所有的控件都通过了验证，而 false 表示页面上有控件未通过验证。

5.2 ASP.NET 服务器验证控件

ASP.NET 中有六个验证控件，包括 RequiredFieldValidator、CompareValidator、RangeValidator、RegularExpressionValidator、CustomValidator 和 ValidationSummary 控件。除 ValidationSummary 控件外，其他五个验证控件具有一些共同的实用属性，如表 5-1 所示。

表 5-1　共同的实用属性表

属　性	说　明
ControlToValidate	指定要验证控件的 ID
Display	指定验证控件在页面上显示的方式。值 Static 表示验证控件始终占用页面空间；值 Dynamic 表示只有显示验证的错误信息时才占用页面空间；值 None 表示验证的错误信息都在 ValidationSummary 控件中显示
EnableClientScript	设置是否启用客户端验证，默认值 True
ErrorMessage	设置在 ValidationSummary 控件中显示的错误信息，若 Text 属性值为空会代替它
SetFocusOnError	当验证无效时，确定是否将焦点定位在被验证控件上
Text	设置验证控件显示的信息
ValidationGroup	设置验证控件的分组名

为保证响应速度，一般设置验证控件的 EnableClientScript 属性值为 True。这样，当在页面上改变 ControlToValidate 属性指定控件的值并将焦点移出时，就会产生客户端验证。此时验证用的 JavaScript 代码不是由开发人员开发，而是由系统产生。若将 EnableClientScript 属性值设为 False，则只有当页面有往返时，才会实现验证工作，此时完全使用服务器端验证。

如果一个页面已建立并设置了验证控件，若想在页面往返时不执行验证，如常见的“取消”按钮，怎样解决这种问题呢？这里有一个很实用的 CausesValidation 属性，值 False 表示不执行验证过程。在上述问题中，只要设置“取消”按钮的 CausesValidation 属性值为 False 就可以了。

若要对一个控件设置多个规则，可通过多个验证控件共同作用，此时各验证控件的 ControlToValidate 属性应为相同值。如对密码文本框要求必填并且与确认密码文本框的值相同，此时可将 RequiredFieldValidator 和 CompareValidator 控件共同作用于密码文本框。

若要对同一个页面上不同的控件提供分组验证功能，可以通过将同一组控件的 ValidationGroup 属性设置为相同的组名来实现。

5.2.1 RequiredFieldValidator 控件

RequiredFieldValidator 控件用于对一些必须输入信息的控件进行验证，如用户名、密码等。在页面上填写表单时，常常可看到有些文本框后跟着一个*，就是使用该验证控件产生的效果。定义的语法格式如下：

```
<asp:RequiredFieldValidator ID="RequiredFieldValidator1" runat="server"
 ControlToValidate="TextBox1" ErrorMessage="RequiredFieldValidator">
</asp:RequiredFieldValidator>
```

除验证控件的公有属性外，RequiredFieldValidator 控件还有一个非常实用的用于指定被验证控件初始文本的 InitialValue 属性。若设置了 InitialValue 属性值，则只有在被验证控件中输入值并与 InitialValue 值不同时，验证才通过。

实例 5-1

实例 5-1　禁止空数据且同时要改变初始值

如图 5-1 至图 5-3 所示，当改变用户名右边文本框中内容并将焦点移出时执行客户端验证，若内容为空，则显示*；若内容仍为文本框原来的初始值，则显示“不能与初始值相同！”。

图 5-1　Require.aspx 浏览效果（1）

图 5-2　Require.aspx 浏览效果（2）

图 5-3　Require.aspx 浏览效果（3）

源程序：Require.aspx 部分代码

```
<%@ Page Language="C#" AutoEventWireup="true" CodeFile="Require.aspx.cs"
 Inherits="Chap5_Require" %>
…（略）
<form id="form1" runat="server">
  <div>
    用户名：<asp:TextBox ID="txtName" runat="server">您的姓名</asp:TextBox>
    <asp:RequiredFieldValidator ID="rfvName1" runat="server"
     ControlToValidate="txtName">*</asp:RequiredFieldValidator>
    <asp:RequiredFieldValidator ID="rfvName2" runat="server"
     ControlToValidate="txtName" InitialValue="您的姓名">不能与初始值相同!
    </asp:RequiredFieldValidator>
  </div>
</form>
…（略）
```

操作步骤：

在 Chap5 文件夹中建立 Require.aspx，添加一个 TextBox 控件和两个 RequiredFieldValidator 控件，相关属性设置如表 5-2 所示。最后，浏览 Require.aspx 进行测试。

表 5-2　Require.aspx 中控件属性设置表

控　　件	属　　性	属　性　值
TextBox	ID	txtName
	Text	您的姓名
RequiredFieldValidator	ID	rfvName1
	ControlToValidate	txtName
	Text	*

续表

控　件	属　性	属 性 值
RequiredFieldValidator	ID	rfvName2
	ControlToValidate	txtName
	InitialValue	您的姓名
	Text	不能与初始值相同！

程序说明：

rfvName1 保证用户名必须输入，而 rfvName2 保证输入的用户名必须与初始值不同。

5.2.2 CompareValidator 控件

CompareValidator 控件用于比较一个控件的值和另一个控件的值，若相等则验证通过；也可用于比较一个控件的值和一个指定的值，若比较的结果为 true 则验证通过。定义的语法格式为：

```
<asp:CompareValidator ID="CompareValidator1" runat="server"
 ControlToCompare="TextBox2" ControlToValidate="TextBox1"
 ErrorMessage="CompareValidator">
</asp:CompareValidator>
```

CompareValidator 控件实用的属性如表 5-3 所示。

表 5-3　CompareValidator 控件实用属性表

属　性	说　明
ControlToCompare	指定与被验证控件比较的控件 ID
Operator	设置比较值时使用的操作符，包括 Equal、NotEqual、GreaterThan、GreaterThanEqual、LessThan、LessThanEqual 和 DataTypeCheck
Type	设置比较值时使用的数据类型
ValueToCompare	指定与被验证控件比较的值

注意：ControlToCompare 和 ValueToCompare 属性在应用时只能选择一个。

实例 5-2　运用 CompareValidator 控件

实例 5-2

如图 5-4 和图 5-5 所示，密码文本框和确认密码文本框要求验证输入值是否一致；答案文本框验证值是否为 A；金额文本框验证数据类型是否为 Currency。

图 5-4　Compare.aspx 浏览效果（1）

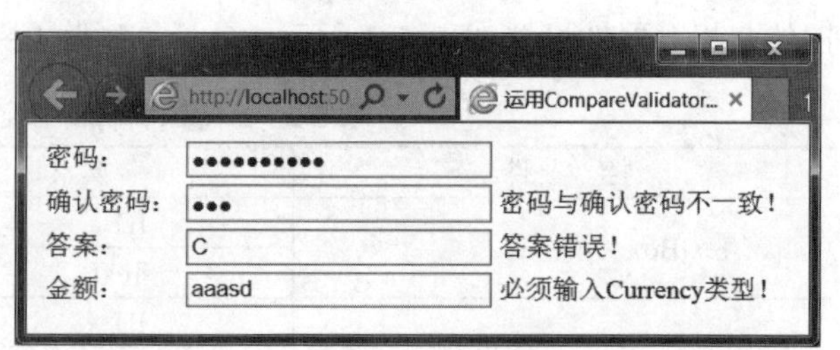

图 5-5　Compare.aspx 浏览效果（2）

源程序：Compare.aspx 部分代码

```
<%@ Page Language="C#" AutoEventWireup="true" CodeFile="Compare.aspx.cs"
 Inherits="Chap5_Compare" %>
…（略）
<form id="form1" runat="server">
  <div>
    密码：<asp:TextBox ID="txtPassword" runat="server" TextMode="Password">
        </asp:TextBox><br />
    确认密码：<asp:TextBox ID="txtPasswordAgain" runat="server"
          TextMode="Password"></asp:TextBox>
    <asp:CompareValidator ID="cvPassword" runat="server"
     ControlToCompare="txtPassword"
     ControlToValidate="txtPasswordAgain">密码与确认密码不一致！
    </asp:CompareValidator><br />
    答案：<asp:TextBox ID="txtAnswer" runat="server"></asp:TextBox>
    <asp:CompareValidator ID="cvAnswer" runat="server"
     ControlToValidate="txtAnswer" ValueToCompare="A">答案错误！
    </asp:CompareValidator><br />
    金额：<asp:TextBox ID="txtAmount" runat="server"></asp:TextBox>
    <asp:CompareValidator ID="cvAmount" runat="server"
     ControlToValidate="txtAmount"
     Operator="DataTypeCheck" Type="Currency">必须输入 Currency 类型！
    </asp:CompareValidator>
  </div>
</form>
…（略）
```

操作步骤：

在 Chap5 文件夹中建立 Compare.aspx，添加四个 TextBox 控件和三个 CompareValidator 控件，参考源程序设置各控件属性。最后，浏览 Compare.aspx 进行测试。

注意：图 5-4 和图 5-5 是采用 Table 布局后的浏览效果图。

5.2.3　RangeValidator 控件

RangeValidator 控件用来验证输入值是否在指定范围内。定义的语法格式为：

```
<asp:RangeValidator ID="RangeValidator1" runat="server"
 ControlToValidate="TextBox1" ErrorMessage="RangeValidator"
 MaximumValue="9" MinimumValue="0" Type="Integer">
</asp:RangeValidator>
```

为验证输入值的范围，RangeValidator 控件提供了 MaximumValue 和 MinimumValue 属性，分别对应验证范围的最大值和最小值。

实例 5-3

实例 5-3　运用 RangeValidator 控件

如图 5-6 和图 5-7 所示，成绩文本框要求输入的值在 0~100 之间；日期文本框要求输入的值在 2017-1-1 与 2018-1-1 之间。

图 5-6 Range.aspx 浏览效果（1）

图 5-7 Range.aspx 浏览效果（2）

源程序：Range.aspx 部分代码

```
<%@ Page Language="C#" AutoEventWireup="true" CodeFile="Range.aspx.cs"
 Inherits="Chap5_Range" %>
…（略）
<form id="form1" runat="server">
  <div>
    成绩：<asp:TextBox ID="txtGrade" runat="server"></asp:TextBox>
    <asp:RangeValidator ID="rvGrade" runat="server"
     ControlToValidate="txtGrade" MaximumValue="100" MinimumValue="0"
     Type="Double">应输入 0～100 之间的数！
    </asp:RangeValidator><br />
    日期：<asp:TextBox ID="txtDate" runat="server"></asp:TextBox>
    <asp:RangeValidator ID="rvDate" runat="server"
     ControlToValidate="txtDate" MaximumValue="2018-1-1"
     MinimumValue="2017-1-1" Type="Date">日期错误！
    </asp:RangeValidator>
  </div>
</form>
…（略）
```

操作步骤：

在 Chap5 文件夹中建立 Range.aspx，添加两个 TextBox 控件和两个 RangeValidator 控件，参考源程序设置各控件属性。最后，浏览 Range.aspx 进行测试。

5.2.4 RegularExpressionValidator 控件

RegularExpressionValidator 控件用来验证输入值是否和定义的正则表达式相匹配，常用来验证电话号码、邮政编码、电子邮件地址等。定义的语法格式如下：

```
<asp:RegularExpressionValidator ID="RegularExpressionValidator1" runat="server"
 ErrorMessage="RegularExpressionValidator">
</asp:RegularExpressionValidator>
```

RegularExpressionValidator 控件有一个重要的 ValidationExpression 属性，用来确定验证所需的正则表达式，如图 5-8 所示。

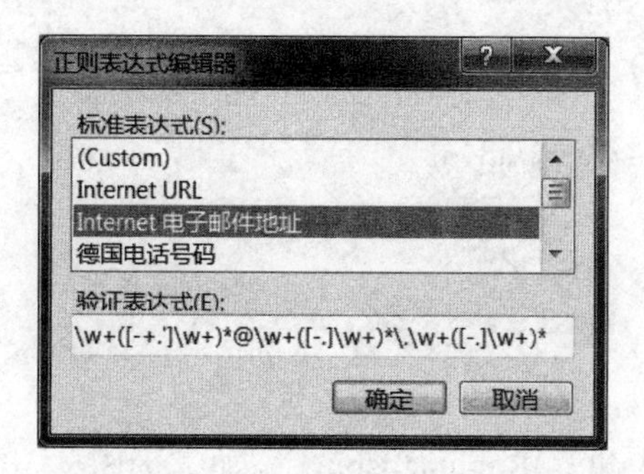

图 5-8　设置 ValidationExpression 属性

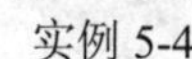

实例 5-4　验证电子邮件地址

如图 5-9 和图 5-10 所示，当输入的电子邮件地址不符合规则，再单击“确定”按钮后显示“邮箱地址错误！”，否则显示“验证通过！”。

图 5-9　Regular.aspx 浏览效果（1）

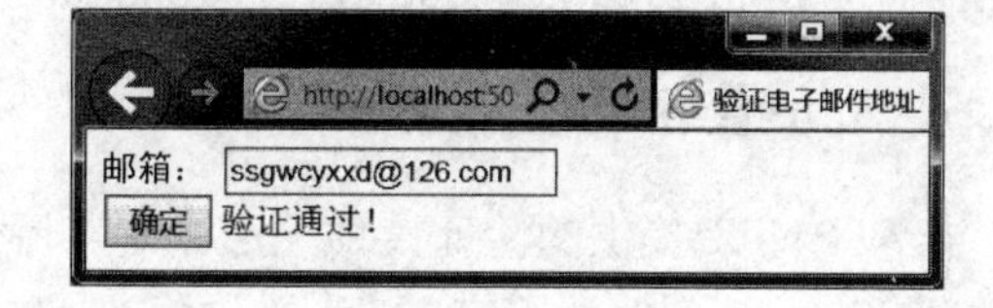

图 5-10　Regular.aspx 浏览效果（2）

源程序：Regular.aspx 部分代码

```
<%@ Page Language="C#" AutoEventWireup="true" CodeFile="Regular.aspx.cs"
 Inherits="Chap5_Regular" %>
…（略）
<form id="form1" runat="server">
  <div>
    邮箱：<asp:TextBox ID="txtMail" runat="server"></asp:TextBox>
    <asp:RegularExpressionValidator ID="revMail" runat="server"
     ControlToValidate="txtMail"
     ValidationExpression="\w+([-+.']\w+)*@\w+([-.]\w+)*\.\w+([-.]\w+)*">
     邮箱地址错误！</asp:RegularExpressionValidator><br />
    <asp:Button ID="btnSubmit" runat="server" OnClick="BtnSubmit_Click"
     Text="确定" />
    <asp:Label ID="lblMsg" runat="server"></asp:Label>
  </div>
</form>
…（略）
```

源程序：Regular.aspx.cs

```
using System;
using System.Web.UI;
public partial class Chap5_Regular : System.Web.UI.Page
{
  protected void BtnSubmit_Click(object sender, EventArgs e)
  {
```

```
    if (Page.IsValid)
    {
      lblMsg.Text = "验证通过！";
    }
  }
}
```

操作步骤：

（1）在 Chap5 文件夹中建立 Regular.aspx，添加 TextBox、RegularExpressionValidator、Button 和 Label 控件各一个。如图 5-8 所示，设置 RegularExpressionValidator 控件的 ValidationExpression 属性值为“Internet 电子邮件地址”，参考源程序设置其他各控件属性。

（2）建立 Regular.aspx.cs。最后，浏览 Regular.aspx 进行测试。

注意：每个验证控件都有 IsValid 属性，若一个页面上有多个验证控件，则只有当所有验证控件的 IsValid 属性值为 true 时，Page.IsValid 属性值才为 true。

5.2.5　CustomValidator 控件

当 ASP.NET 提供的验证控件无法满足实际需要时，可以考虑先自定义验证函数，再通过 CustomValidator 控件调用它来满足需求。定义的语法格式如下：

```
<asp:CustomValidator ID="CustomValidator1" runat="server"
 ControlToValidate="TextBox1" ErrorMessage="CustomValidator">
</asp:CustomValidator>
```

在 CustomValidator 控件的验证过程中，若要使用客户端验证，则需要设置 ClientValidationFunction 属性值为客户端验证函数名，并且要设置 EnableClientScript 属性的值为 True；若使用服务器端的验证，则通过 ServerValidate 事件触发，此时，需要将完成验证功能的代码包含在事件处理代码中。不管使用何种验证方式，都可通过判断 CustomValidator 的 IsValid 属性值来确定是否通过验证。

实例 5-5

实例 5-5　验证必须输入一个偶数

如图 5-11 和图 5-12 所示，输入一个数值，单击“确定”按钮后判断奇偶数并返回验证结果。具体实现形式包括客户端验证、服务器端验证和混合验证三种形式。

图 5-11　CustomClient.aspx 浏览效果（1）

图 5-12　CustomClient.aspx 浏览效果（2）

1. 客户端验证

源程序：CustomClient.aspx

```
<%@ Page Language="C#" AutoEventWireup="true" CodeFile="CustomClient.aspx.cs"
 Inherits="Chap5_CustomClient" %>
<!DOCTYPE html>
```

```
<html xmlns="http://www.w3.org/1999/xhtml">
<head runat="server">
  <meta http-equiv="Content-Type" content="text/html; charset=utf-8" />
  <title>客户端验证必须输入一个偶数</title>
  <script>
    function clientValidate(source, args) {
      if ((args.Value % 2) == 0)
        args.IsValid = true;
      else
        args.IsValid = false;
    }
  </script>
</head>
<body>
  <form id="form1" runat="server">
    <div>
      数值: <asp:TextBox ID="txtInput" runat="server"></asp:TextBox>
      <asp:CustomValidator ID="cvInput" runat="server"
       ClientValidationFunction="clientValidate"
       ControlToValidate="txtInput">不是一个偶数! </asp:CustomValidator><br />
      <asp:Button ID="btnSubmit" runat="server"
       OnClick="BtnSubmit_Click" Text="确定" />
      <asp:Label ID="lblMsg" runat="server"></asp:Label>
    </div>
  </form>
</body>
</html>
```

源程序：CustomClient.aspx.cs

```
using System;
using System.Web.UI;
public partial class Chap5_CustomClient : System.Web.UI.Page
{
  protected void BtnSubmit_Click(object sender, EventArgs e)
  {
    if (Page.IsValid)
    {
      lblMsg.Text = "验证通过! ";
    }
  }
}
```

操作步骤：

（1）在 Chap5 文件夹中建立 CustomClient.aspx，添加 TextBox、CustomValidator、Button

和 Label 控件各一个，参考源程序设置各控件属性。

（2）在 CustomClient.aspx 的“源”视图中输入阴影部分代码。

（3）建立 CustomClient.aspx.cs。最后，浏览 CustomClient.aspx 进行测试。

程序说明：

clientValidate()函数中的 source 表示 CustomValidator 控件的引用；args.Value 表示获取被验证控件的值；如果验证成功，则需要将 args.IsValid 设置为 true，否则设置为 false。

2. 服务器端验证

源程序：CustomServer.aspx 部分代码

```
<%@ Page Language="C#" AutoEventWireup="true" CodeFile="CustomServer.aspx.cs"
 Inherits="Chap5_CustomServer" %>
…（略）
<form id="form1" runat="server">
  <div>
    数值：<asp:TextBox ID="txtInput" runat="server"></asp:TextBox>
    <asp:CustomValidator ID="cvInput" runat="server"
     ControlToValidate= "txtInput"
     OnServerValidate="CvInput_ServerValidate">不是一个偶数！
    </asp:CustomValidator><br />
    <asp:Button ID="btnSubmit" runat="server" OnClick="BtnSubmit_Click"
     Text="确定" />
    <asp:Label ID="lblMsg" runat="server"></asp:Label>
  </div>
</form>
…（略）
```

源程序：CustomServer.aspx.cs

```
using System;
using System.Web.UI;
using System.Web.UI.WebControls;
public partial class Chap5_CustomServer : System.Web.UI.Page
{
  protected void CvInput_ServerValidate(object source, ServerValidateEventArgs
   args)
  {
    int value = int.Parse(args.Value);  //获取被验证控件中输入的值
    if ((value % 2) == 0)
    {
      args.IsValid = true;
    }
    else
    {
      args.IsValid = false;
```

```
        }
    }
    protected void BtnSubmit_Click(object sender, EventArgs e)
    {
        if (Page.IsValid)
        {
          lblMsg.Text = "验证通过！";
        }
    }
}
```

程序说明：

当单击“确定”按钮后，先触发 cvInput 的 ServerValidate 事件，再触发 btnSubmit 的 Click 事件。

3. 混合验证

混合验证实质是组合使用客户端和服务器端验证，在实现时既要设置 ClientValidationFunction 属性值，又要编写 ServerValidate 事件处理代码。这种验证模式既照顾了用户体验，又满足了较好的安全性。若客户端支持 JavaScript，则首先调用 ClientValidationFunction 属性值指定的函数实现客户端验证；当页面有往返时，将触发 CustomValidator 控件的 ServerValidate 事件并执行其中的事件处理代码实现服务器端验证。若客户端不支持 JavaScript，则不会执行客户端验证代码；当页面有往返时，将执行服务器端验证代码。

5.2.6　ValidationSummary 控件

在验证控件中可直接显示错误信息，而 ValidationSummary 控件提供了汇总其他验证控件错误信息的方式，即汇总其他验证控件的 ErrorMessage 属性值。定义的语法格式如下：

```
<asp:ValidationSummary ID="ValidationSummary1" runat="server" />
```

ValidationSummary 控件的 DisplayMode 属性指定了显示信息的格式，值分别为 BulletList、List 和 SingleParagraph。ShowMessageBox 属性指定是否在一个弹出的消息框中显示错误信息。ShowSummary 属性指定是否启用错误信息汇总。

实例 5-6　综合运用验证控件

实例 5-6

如图 5-13 所示，用于输入用户名信息的文本框使用了 RequiredField-Validator 控件；用于输入密码和确认密码的文本框都使用了 RequiredField-Validator 控件，以防止用户漏填信息，同时还使用了 CompareValidator 控件验证两者输入的值是否一致；用于输入电话号码的文本框使用了 RegularExpressionValidator 控件，当用户输入的信息格式不是 021-66798304 时，就会产生验证错误；用户输入身份证号的文本框使用了 CustomValidator 控件，当身份证号中包含的出生年月格式经验证无效时产生验证错误。放置的 ValidationSummary 控件用于汇总所有的验证错误信息。当上述验证控件出现验证错误时，焦点会定位在出现验证错误的文本框中。

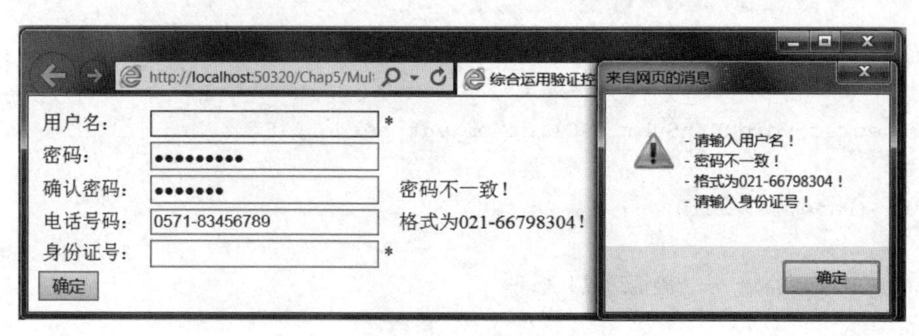

图 5-13　MultiValidate.aspx 浏览效果

源程序：MultiValidate.aspx 部分代码

```
<%@ Page Language="C#" AutoEventWireup="true" CodeFile="MultiValidate.aspx.cs"
 Inherits="Chap5_MultiValidate" %>
…（略）
<form id="form1" runat="server">
  <div>
    用户名：<asp:TextBox ID="txtName" runat="server"></asp:TextBox>
    <asp:RequiredFieldValidator ID="rfvName" runat="server"
     ControlToValidate="txtName" ErrorMessage="请输入用户名！"
     SetFocusOnError="True">*
    </asp:RequiredFieldValidator><br />
    密码：<asp:TextBox ID="txtPassword" runat="server" TextMode="Password">
          </asp:TextBox>
    <asp:RequiredFieldValidator ID="rfvPassword" runat="server"
     ControlToValidate="txtPassword" ErrorMessage="请输入密码！"
     SetFocusOnError="True">*
    </asp:RequiredFieldValidator><br />
    确认密码：<asp:TextBox ID="txtPasswordAgain" runat="server"
              TextMode="Password"></asp:TextBox>
    <asp:RequiredFieldValidator ID="rfvPasswordAgain" runat="server"
     ControlToValidate="txtPasswordAgain" ErrorMessage="请输入确认密码！"
     SetFocusOnError="True">*</asp:RequiredFieldValidator>
    <asp:CompareValidator ID="cvPassword" runat="server"
     ControlToCompare="txtPassword" ControlToValidate="txtPasswordAgain"
     ErrorMessage="密码不一致！" SetFocusOnError="True">
    </asp:CompareValidator><br />
    电话号码：<asp:TextBox ID="txtTelephone" runat="server"></asp:TextBox>
    <asp:RequiredFieldValidator ID="rfvTelephone" runat="server"
     ControlToValidate="txtTelephone" ErrorMessage="请输入电话号码！"
     SetFocusOnError="True">*
    </asp:RequiredFieldValidator>
    <asp:RegularExpressionValidator ID="revTelephone" runat="server"
     ControlToValidate="txtTelephone" ErrorMessage="格式为 021-66798304！"
     SetFocusOnError="True" ValidationExpression="\d{3}-\d{8}">
    </asp:RegularExpressionValidator><br />
    身份证号：<asp:TextBox ID="txtIdentity" runat="server"></asp:TextBox>
```

```
    <asp:RequiredFieldValidator ID="rfvIdentity" runat="server"
     ControlToValidate="txtIdentity" ErrorMessage="请输入身份证号！"
     SetFocusOnError="True">*
    </asp:RequiredFieldValidator>
    <asp:CustomValidator ID="cvIdentity" runat="server"
     ControlToValidate="txtIdentity" ErrorMessage="身份证号错误！"
     OnServerValidate="CvInput_ServerValidate" SetFocusOnError="True">
    </asp:CustomValidator><br />
    <asp:Button ID="btnSubmit" runat="server" OnClick="BtnSubmit_Click"
     Text="确定" />
    <asp:Label ID="lblMsg" runat="server"></asp:Label>
    <asp:ValidationSummary ID="ValidationSummary1" runat="server"
     ShowMessageBox="True" ShowSummary="False" />
  </div>
</form>
…（略）
```

源程序：MultiValidate.aspx.cs

```
using System;
using System.Web.UI;
using System.Web.UI.WebControls;
public partial class Chap5_MultiValidate : System.Web.UI.Page
{
  protected void CvInput_ServerValidate(object source, ServerValidateEventArgs
   args)
  {
    string strID = args.Value;   //获取输入的身份证号
    args.IsValid = true;         //验证控件状态初始设置为“通过”
    try
    {
      //获取身份证号中的出生日期并转换为 DateTime 类型
      DateTime.Parse(strID.Substring(6, 4) + "-" + strID.Substring(10, 2) +
        "-" + strID.Substring(12, 2));
    }
    catch
    {
      args.IsValid = false;  //若转换出错，则验证未通过
    }
  }
  protected void BtnSubmit_Click(object sender, EventArgs e)
  {
    lblMsg.Text = "";
    if (Page.IsValid)
    {
      lblMsg.Text = "验证通过！";
```

```
        }
    }
}
```

操作步骤：

（1）在 Chap5 文件夹中建立 MultiValidate.aspx，添加五个 TextBox 控件、五个 RequiredFieldValidator 控件以及 CompareValidator、RegularExpressionValidator、CustomValidator、ValidationSummary、Button 和 Label 控件各一个，参考源程序设置各控件属性。

（2）建立 MultiValidate.aspx.cs。最后，浏览 MultiValidate.aspx 进行测试。

程序说明：

若页面中有其他验证控件未通过验证，则单击“确定”按钮后 CustomValidator 控件的 ServerValidate 事件不会被触发。

因为设置了 ValidationSummary 控件的 ShowMessageBox 属性值为 True 和 ShowSummary 属性值为 False，所以汇总的验证错误信息未在页面上显示而是以对话框的形式显示。

因为设置了所有验证控件的 SetFocusError 属性值为 True，所以若有某个验证控件未通过验证，此时光标会定位到被验证的文本框中。

5.3　小　　结

本章从 Web 窗体验证入手，介绍窗体验证的不同形式和特点。为给用户提供尽快地响应同时保证验证的安全性，在窗体验证时常需同时使用客户端和服务器端验证。ASP.NET 的验证控件包括 RequiredFieldValidator、CompareValidator、RangeValidator、RegularExpressionValidator、CustomValidator 和 ValidationSummary，分别提供了“必须输入”验证、比较验证、范围验证、正则表达式验证、自定义验证和汇总其他验证控件错误的功能。为达到一定的验证效果，实际使用时对同一个控件可能使用多个验证控件。

5.4　习　　题

1. 填空题

（1）窗体验证包括_______和_______两种形式。

（2）判断页面的_______属性值可确定整个页面的验证是否通过。

（3）若页面中包含验证控件，可设置按钮的_______属性，使得单击该按钮后不会引发验证过程。

（4）若要对页面中包含的控件分成不同的组进行验证，则应将这些控件的_______属性设置为相同值。

（5）通过正则表达式定义验证规则的控件是_______。

（6）设置_______属性指定被验证控件的 ID。

2. 是非题

（1）如果客户端禁用 JavaScript，则验证必须采用服务器端形式。　（　）

（2）服务器端验证是为了保证给用户较快的响应速度。　（　）

（3）要执行客户端验证必须设置验证控件的 EnableClientScript 属性值为 True。　（　）

（4）CompareValidator 控件不能用于验证数据类型。（　）

（5）使用 CompareValidator 控件时，可同时设置 ControlToCompare 和 ValueToCompare 属性的值。（　）

（6）CustomValidator 控件的 ServerValidate 事件只有在页面上所有其他验证控件都通过验证后才可能被触发。（　）

3. 选择题

（1）下面对 ASP.NET 验证控件说法正确的是（　　）。

A. 可以在客户端直接验证用户输入的信息并显示错误信息

B. 对一个下拉列表控件不能使用验证控件

C. 服务器验证控件在执行验证时必定在服务器端执行

D. 对验证控件，不能自定义规则

（2）下面对 CustomValidator 控件说法错误的是（　　）。

A. 能使用自定义的验证函数

B. 可以同时添加客户端验证函数和服务器端验证函数

C. 指定客户端验证的属性是 ClientValidationFunction

D. runat 属性用来指定服务器端验证函数

（3）使用 ValidatorSummary 控件需要以对话框形式显示错误信息，则应（　　）。

A. 设置 ShowSummary 属性值为 True　　B. 设置 ShowMessageBox 属性值为 True

C. 设置 ShowSummary 属性值为 False　　D. 设置 ShowMessageBox 属性值为 False

（4）如果需要确保用户输入大于 100 的值，应该使用（　　）验证控件。

A. RequiredFieldValidator　　B. RangeValidator

C. CompareValidator　　D. RegularExpressionValidator

4. 上机操作题

（1）建立并调试本章的所有实例。

（2）对第 4 章设计的注册页面添加适当的验证控件。

（3）自行设计界面，使用 ValidationGroup 属性实现同一个页面的分组验证功能。

第 6 章

HTTP 请求、响应及状态管理

本章要点：

- 掌握 HttpRequest 对象的应用。
- 掌握 HttpResponse 对象的应用。
- 掌握 HttpServerUtility 对象的应用，理解不同方法的页面重定向。
- 掌握跨页面提交的应用。了解 ViewState、HiddenField，掌握 Cookie、Session、Application 的应用。

6.1 HTTP 请求

对 ASP.NET 页面而言，需要根据用户的请求来生成响应。ASP.NET 通过 Page 类的 Request 属性能很好地控制请求数据，如访问客户端的浏览器信息、查询字符串、Cookie 等信息。实际上，Page 类的 Request 属性值是 HttpRequest 类的一个实例对象，它封装了 HTTP 请求信息。具体使用时，常访问 HttpRequest 类的数据集合，如表 6-1 所示。

表 6-1 HttpRequest 类的数据集合对应表

数 据 集 合	说 明
Browser	获得客户端浏览器信息
Cookies	获得客户端的 Cookie 数据
QueryString	从查询字符串中读取用户提交的数据
ServerVariables	获得服务器端或客户端的环境变量信息

在使用 HttpRequest 类的实例时，常通过 Page 类的 Request 属性直接调用，所以要获取 HttpRequest 类的 Browser 数据集合的语法格式常写为：Request.Browser。

1. QueryString 数据集合

利用 QueryString 数据集合获得的查询字符串是指跟在 URL 后面的变量及值，它们以“?”与 URL 间隔，不同的变量之间以“&”间隔。

实例 6-1 利用 QueryString 在页面间传递数据信息

实例 6-1

如图 6-1 和图 6-2 所示，当单击 QueryString1.aspx 页面上链接后，页面被重定向到 QueryString2.aspx；在页面 QueryString2.aspx 中显示从 QueryString1.aspx 传递过来的查询字符串数据信息。

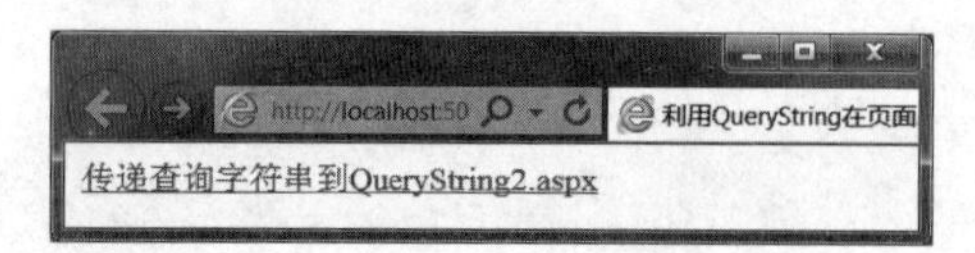

图 6-1 QueryString1.aspx 浏览效果

图 6-2 显示查询字符串值效果

源程序：QueryString1.aspx 部分代码

```
<%@ Page Language="C#" AutoEventWireup="true" CodeFile="QueryString1.aspx.cs"
 Inherits="Chap6_QueryString1" %>
…（略）
<form id="form1" runat="server">
  <div>
    <asp:HyperLink ID="hlkQueryString" runat="server"
    NavigateUrl="~/Chap6/QueryString2.aspx?username=张三&age=23">
    传递查询字符串到 QueryString2.aspx</asp:HyperLink>
  </div>
</form>
…（略）
```

源程序：QueryString2.aspx 部分代码

```
<%@ Page Language="C#" AutoEventWireup="true" CodeFile="QueryString2.aspx.cs"
 Inherits="Chap6_QueryString2" %>
…（略）
<form id="form1" runat="server">
  <div>
    <asp:Label ID="lblMsg" runat="server"></asp:Label>
  </div>
</form>
…（略）
```

源程序：QueryString2.aspx.cs

```
using System;
public partial class Chap6_QueryString2 : System.Web.UI.Page
{
  protected void Page_Load(object sender, EventArgs e)
  {
    //获取从 QueryString1.aspx 中传递过来的查询字符串值
    lblMsg.Text = Request.QueryString["username"] + "，你的年龄是：" 
     + Request.QueryString["age"];
  }
}
```

2. ServerVariables 数据集合

利用 ServerVariables 数据集合可以很方便地获取服务器端或客户端的环境变量信息，如客户端的 IP 地址等。语法格式为：Request.ServerVariables["环境变量名"]。常用的环境变量如表 6-2 所示。

3. Browser 数据集合

Browser 数据集合用于返回用户的浏览器类型、版本等信息，以便根据不同的浏览器编写不同的页面。语法格式为：Request.Browser["浏览器特性名"]。常用的浏览器特性名如表 6-3 所示。

表 6-2　常用的环境变量表

环境变量名	说　明
LOCAL_ADDR	服务器端的 IP 地址
PATH_TRANSLATED	当前页面在服务器端的物理路径
REMOTE_ADDR	客户端 IP 地址
REMOTE_HOST	客户端计算机名
SERVER_NAME	服务器端计算机名
SERVER_PORT	服务器端网站的端口号

表 6-3　浏览器特性名对应表

名　称	说　明
ActiveXControls	逻辑值，true 表示支持 ActiveX 控件
Browser	浏览器类型
Cookies	逻辑值，true 表示支持 Cookies
JavaScript	逻辑值，true 表示支持 JavaScript
MajorVersion	浏览器主版本号
MinorVersion	浏览器次版本号
Version	浏览器版本号

实例 6-2　利用 ServerVariables 和 Browser 返回服务器端和客户端信息

如图 6-3 所示，本实例利用 ServerVariables 和 Browser 返回服务器端和客户端的部分信息。

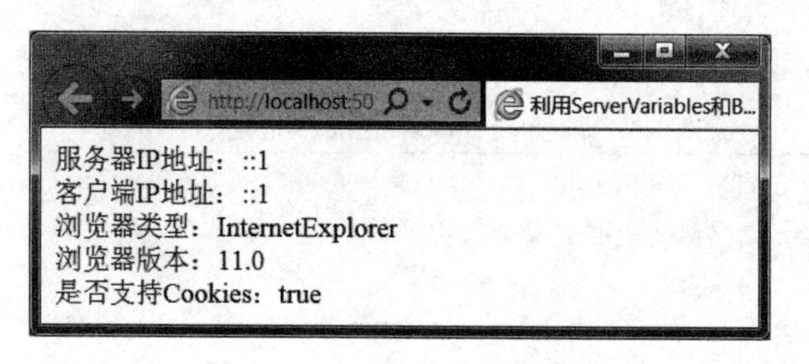

实例 6-2

图 6-3　Request.aspx 浏览效果

源程序：Request.aspx 部分代码

```
<%@ Page Language="C#" AutoEventWireup="true" CodeFile="Request.aspx.cs"
 Inherits="Chap6_Request" %>
…（略）
<form id="form1" runat="server">
  <div>
    <asp:Label ID="lblMsg" runat="server"></asp:Label>
  </div>
</form>
…（略）
```

源程序：Request.aspx.cs

```
using System;
public partial class Chap6_Request : System.Web.UI.Page
{
```

```
  protected void Page_Load(object sender, EventArgs e)
  {
    lblMsg.Text = "服务器 IP 地址：" + Request.ServerVariables["LOCAL_ADDR"]
     + "<br />";
    lblMsg.Text += "客户端 IP 地址：" + Request.ServerVariables["REMOTE_ADDR"]
     + "<br />";
    lblMsg.Text += "浏览器类型：" + Request.Browser["Browser"] + "<br />";
    lblMsg.Text += "浏览器版本：" + Request.Browser["Version"] + "<br />";
    lblMsg.Text += "是否支持 Cookies：" + Request.Browser["Cookies"];
  }
}
```

注意：图 6-3 是在 VSC 2017 中浏览 Request.aspx 后的效果图，因此，服务器端和客户端的 IP 地址都为本机地址。其中，“::1”表示 IPv6 格式的本机地址。一旦将网站发布到安装 IIS 7.5 的 Web 服务器后，再从其他的客户端访问页面将看到不同的地址。

6.2　HTTP 响应

ASP.NET 通过 Page 类的 Response 属性可以很好地控制输出的内容和方式，如页面重定向、保存 Cookie 等。实际上，Page 类的 Response 属性值是 HttpResponse 类的一个实例对象，其常用的属性和方法如表 6-4 所示。

表 6-4　HttpResponse 类的常用属性和方法表

成　员	说　明
Cookies 属性	添加或修改客户端的 Cookie
AppendToLog()方法	将自定义日志信息添加到 IIS 日志文件中
End()方法	终止页面的执行
Redirect()方法	页面重定向，可通过 URL 附加查询字符串实现不同页面之间的数据传递
Write()方法	在页面上输出信息

实例 6-3　利用 Write()方法输出 XHTML 文本

利用 Write()方法除可以输出提示信息、变量值外，还可以输出 XHTML 文本或 JavaScript 脚本等。如图 6-4 所示，页面的信息由 Write()方法输出。

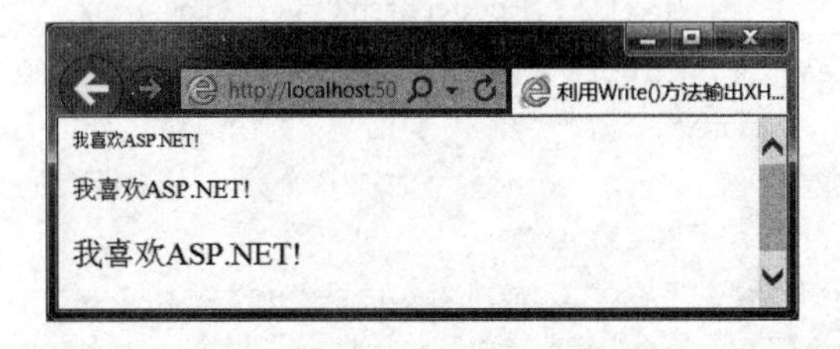

图 6-4　Write.aspx 浏览效果

实例 6-3

源程序：Write.aspx 部分代码

```
<%@ Page Language="C#" AutoEventWireup="true" CodeFile="Write.aspx.cs"
 Inherits="Chap6_Write" %>
…（略）
```

源程序：Write.aspx.cs

```
using System;
public partial class Chap6_Write : System.Web.UI.Page
{
  protected void Page_Load(object sender, EventArgs e)
  {
    for (int i = 10; i <= 18; i += 4)
    {
      Response.Write("<p style=\"font-size:" + i.ToString() + "px\">
            我喜欢 ASP.NET!</p>");
    }
  }
}
```

程序说明：

for 循环执行完后向浏览器输出的 XHTML 文本如下：

```
<p style="font-size:10px">我喜欢 ASP.NET!</p>
<p style="font-size:14px">我喜欢 ASP.NET!</p>
<p style="font-size:18px">我喜欢 ASP.NET!</p>
```

其中，“"”的输出需要转义符\，即在源程序中必须写成“\"”。

实例 6-4

实例 6-4　利用 Redirect()方法重定向页面

如图 6-5 和图 6-6 所示，选择“教师”后单击“确定”按钮，页面将被重定向到教师页面 Teacher.aspx。

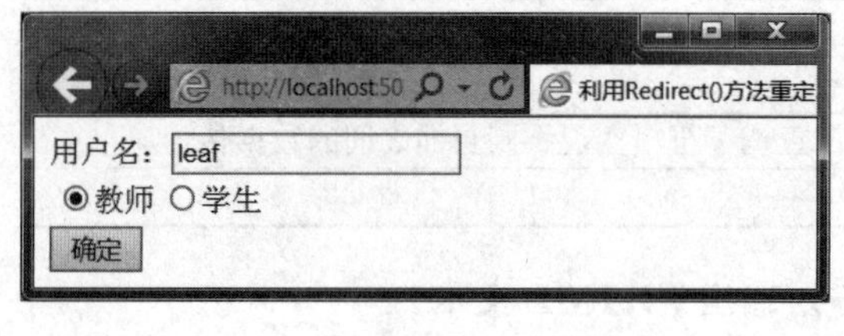

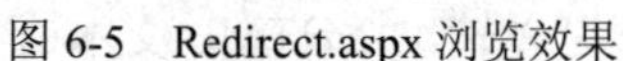
图 6-5　Redirect.aspx 浏览效果

图 6-6　重定向到教师页面效果

源程序：Redirect.aspx 部分代码

```
<%@ Page Language="C#" AutoEventWireup="true" CodeFile="Redirect.aspx.cs"
 Inherits="Chap6_Redirect" %>
…（略）
<form id="form1" runat="server">
  用户名：<asp:TextBox ID="txtName" runat="server"></asp:TextBox><br />
  <asp:RadioButtonList ID="rdoltStatus" runat="server"
   RepeatDirection="Horizontal">
    <asp:ListItem Value="teacher">教师</asp:ListItem>
    <asp:ListItem Value="student">学生</asp:ListItem>
  </asp:RadioButtonList>
  <asp:Button ID="btnSubmit" runat="server" OnClick="BtnSubmit_Click"
```

```
        Text="确定" />
</form>
…（略）
```

源程序：Redirect.aspx.cs

```
using System;
public partial class Chap6_Redirect : System.Web.UI.Page
{
  protected void BtnSubmit_Click(object sender, EventArgs e)
  {
    if (rdoltStatus.SelectedValue == "teacher")
    {
     //以查询字符串形式传递用户名信息并且被重定向到 Teacher.aspx
     Response.Redirect("~/Chap6/Teacher.aspx?name=" + txtName.Text);
    }
    else
    {
     Response.Redirect("~/Chap6/Student.aspx?name=" + txtName.Text);
    }
  }
}
```

源程序：Teacher.aspx 部分代码

```
<%@ Page Language="C#" AutoEventWireup="true" CodeFile="Teacher.aspx.cs"
 Inherits="Chap6_Teacher" %>
…（略）
<form id="form1" runat="server">
  <div>
    <asp:Label ID="lblMsg" runat="server"></asp:Label>
  </div>
</form>
…（略）
```

源程序：Teacher.aspx.cs

```
using System;
public partial class Chap6_Teacher : System.Web.UI.Page
{
  protected void Page_Load(object sender, EventArgs e)
  {
    //获取并且显示从 Redirect.aspx 页面传递过来的用户名信息
    lblMsg.Text = Request.QueryString["name"] + "老师，欢迎您！";
  }
}
```

6.3　HttpServerUtility

在 ASP.NET 中，Page 类的 Server 属性封装了服务器端的一些操作，如将 XHTML 元素标记转换为字符实体，获取页面的物理路径等。实际上，Page 类的 Server 属性值是 HttpServerUtility 类的一个实例对象，其常用的属性和方法如表 6-5 所示。

表 6-5　HttpServerUtility 类的常用属性和方法表

属性和方法	说　明
ScriptTimeOut 属性	设置页面执行的最长时间，单位为秒
Execute()方法	停止执行当前页面，转到并且执行新页面，执行完毕后返回原页面，继续执行后续语句
HtmlEncode()方法	将字符串中的 XHTML 元素标记转换为字符实体，如将“<”转换为“<”
MapPath()方法	获取页面的物理路径
Transfer()方法	停止执行当前页面，转到并且执行新页面，执行完毕后不再返回原页面
UrlEncode()方法	将字符串中某些特殊字符转换为 URL 编码，如将“/”转换为“%2f”，空格转换为“+”

Response.Redirect()、Server.Execute()和 Server.Transfer()都能实现页面重定向，但区别如下：

（1）Redirect()方法尽管在服务器端执行，但重定向实际发生在客户端，可从浏览器地址栏中看到地址变化；而 Execute()和 Transfer()方法的重定向实际发生在服务器端，在浏览器的地址栏中看不到地址变化。

（2）Redirect()和 Transfer()方法执行完新页面后，并不返回原页面；而 Execute()方法执行完新页面后会返回原页面继续执行。

（3）Redirect()方法可重定向到同一网站的不同页面，也可重定向到其他网站的页面；而 Execute()和 Transfer()方法只能重定向到同一网站的不同页面。

（4）利用 Redirect()方法在不同页面之间传递数据时，状态管理采用查询字符串形式；而 Execute()和 Transfer()方法的状态管理方式与 Button 类型控件的跨页面提交方式相同，详细内容请参考 6.4 节。

实例 6-5　运用 HttpServerUtility 对象

实例 6-5

如图 6-7 所示，Server.HtmlEncode()方法常用于在页面上输出 XHTML 元素。若直接输出，浏览器会将这些 XHTML 元素解释输出。Server.UrlEncode()常用于处理 URL 地址，如地址中包含空格等。单击 Student.aspx 链接时呈现如图 6-8 所示的界面，将丢失“张”后面的信息。单击 Student.aspx(UrlEncode)链接时呈现如图 6-9 所示的界面，因使用了 Server.UrlEncode()方法不再丢失“张”后面的信息。

图 6-7　Server.aspx 浏览效果

图 6-8　未使用 UrlEncode()效果

图 6-9　使用 UrlEncode()效果

源程序：Server.aspx 部分代码

```
<%@ Page Language="C#" AutoEventWireup="true" CodeFile="Server.aspx.cs"
 Inherits="Chap6_Server" %>
…（略）
```

源程序：Server.aspx.cs

```
using System;
public partial class Chap6_Server : System.Web.UI.Page
{
  protected void Page_Load(object sender, EventArgs e)
  {
    //直接输出时浏览器将<hr />解释为一条直线
    Response.Write("This is a dog <hr />");
    //编码后浏览器将<hr />解释为一般字符
    Response.Write(Server.HtmlEncode("This is a dog <hr />") + "<br />");
    //单击链接时将丢失“张”后面的信息
    Response.Write("<a href=Student.aspx?name=张  三>Student.aspx</a><br />");
    //编码后再单击链接时不会丢失“张”后面的信息
    Response.Write("<a href=Student.aspx?name=" + Server.UrlEncode("张  三")
     + ">Student.aspx(UrlEncode)</a>");
  }
}
```

6.4　跨页面提交

要实现页面重定向，在 ASP.NET 页面中可以采用<a>元素、HyperLink 控件、Response. Redirect()、Server.Execute()和 Server.Transfer()方法。利用 Button 类型控件实现跨页面提交是另一种实现页面重定向的方法。

在实现跨页面提交时，需要将源页面上 Button 类型控件的 PostBackUrl 属性值设置为目标页面路径。而在目标页面上，需要在页面头部添加@ PreviousPageType 指令，并设置 VirtualPath 属性值为源页面路径。

在目标页面上访问源页面中数据的方法有两种：一是利用 PreviousPage.FindControl()方法访问源页面上的控件；二是先在源页面上定义公共属性，再在目标页面上利用“PreviousPage.属性名”获取源页面中数据。

注意：使用 Server.Execute()和 Server.Transfer()方法时，目标页面也是通过 PreviousPage 访问源页面的。那么如何区分是跨页面提交还是调用了 Server.Execute()或 Server.Transfer()方法呢？这就需要在目标页面的.cs 文件中判断 PreviousPage. IsCrossPagePostBack 属性值。如果是跨页面提交，那么 IsCrossPagePostBack 属性值为 true；如果是调用 Server.Execute()或 Server.Tranfer()方法，那么 IsCrossPagePostBack 属性值为 false。

实例 6-6　运用跨页面提交技术

如图 6-10 和图 6-11 所示，在 Cross1.aspx 中输入用户名、密码后单击“确定”按钮，将通过跨页面提交技术重定向到 Cross2.aspx，并且显示在

实例 6-6

Cross1.aspx 中输入的数据信息。

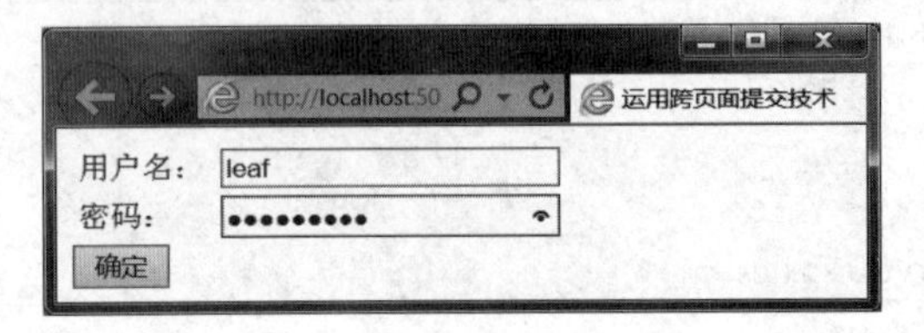

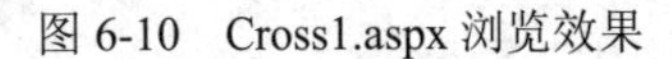
图 6-10　Cross1.aspx 浏览效果

图 6-11　显示提交的信息效果

源程序：Cross1.aspx 部分代码

```
<%@ Page Language="C#" AutoEventWireup="true" CodeFile="Cross1.aspx.cs"
 Inherits="Chap6_Cross1" %>
…（略）
<form id="form1" runat="server">
  <div>
    用户名：<asp:TextBox ID="txtName" runat="server"></asp:TextBox><br />
    密码：<asp:TextBox ID="txtPassword" runat="server" TextMode="Password">
         </asp:TextBox><br />
    <asp:Button ID="btnSubmit" runat="server"
     PostBackUrl="~/Chap6/Cross2.aspx" Text="确定" />
  </div>
</form>
…（略）
```

源程序：Cross1.aspx.cs

```
public partial class Chap6_Cross1 : System.Web.UI.Page
{
  public string Name  //公共属性 Name，获取用户名文本框中内容
  {
    get { return txtName.Text; }
  }
}
```

源程序：Cross2.aspx 部分代码

```
<%@ Page Language="C#" AutoEventWireup="true" CodeFile="Cross2.aspx.cs"
 Inherits="Chap6_Cross2" %>
<%@ PreviousPageType VirtualPath="~/Chap6/Cross1.aspx" %>
…（略）
<form id="form1" runat="server">
  <div>
    <asp:Label ID="lblMsg" runat="server"></asp:Label>
  </div>
</form>
…（略）
```

源程序：Cross2.aspx.cs

```
using System;
using System.Web.UI.WebControls;
public partial class Chap6_Cross2 : System.Web.UI.Page
{
  protected void Page_Load(object sender, EventArgs e)
  {
    if (PreviousPage.IsCrossPagePostBack)  //判断是否为跨页面提交
    {
      //通过公共属性获取值
      lblMsg.Text = "用户名: " + PreviousPage.Name + "<br />";
      //先通过 FindControl()找到源页面中控件，再利用控件属性获取值
      TextBox txtPassword = (TextBox)PreviousPage.FindControl("txtPassword");
      lblMsg.Text += "密码: " + txtPassword.Text;
    }
  }
}
```

操作步骤：

（1）在 Chap6 文件夹中建立 Cross1.aspx，添加两个 TextBox 控件和一个 Button 控件，参考源程序设置各控件属性。

（2）在 Chap6 文件夹中建立 Cross1.aspx.cs。

（3）在 Chap6 文件夹中建立 Cross2.aspx，添加一个 Label 控件。在“源”视图中输入阴影部分代码。

（4）建立 Cross2.aspx.cs。最后，浏览 Cross1.aspx 进行测试。

6.5 状 态 管 理

在实现页面重定向和跨页面提交时，已涉及一些数据需要从一个页面传递到另一个页面，这些实际上就是状态管理的一部分。本节将介绍状态管理的其他形式。

ASP.NET 的状态管理分为客户端和服务器端两种。客户端状态管理是将状态数据保存在客户端计算机上，当客户端向服务器端发送请求时，状态数据会随之发送到服务器端。具体实现时可选择 ViewState、ControlState、HiddenField、Cookie 和查询字符串，其中 ControlState 只能用于自定义控件的状态管理。服务器状态管理是将状态数据保存在服务器上。具体实现时可选择 Session 状态、Application 状态或数据库形式。相比较而言，客户端状态由于状态数据保存在客户端，所以不消耗服务器内存资源，但容易泄露数据信息，安全性较差。而服务器端状态将消耗服务器端内存资源，但具有较高的安全性。

6.5.1 ViewState

ViewState 又称为视图状态，用于维护 Web 窗体自身的状态。当用户请求 ASP.NET 页面时，ASP.NET 将 ViewState 封装为一个或几个隐藏的表单域传递到客户端。当用户再次提交页面时，ViewState 也将被提交到服务器端。这样后续的请求就可以获得上一次请求时的状态。

要直观地查看 ViewState 形式，可在客户端浏览 ASP.NET 页面时，从浏览器中选择“查看”→“源”命令。下面的代码片段即是一个 ViewState。

```
<input type="hidden" name="_ _VIEWSTATE" id="_ _VIEWSTATE"
 value="/wEPDwUJODExMDE5NzY5D2QWAgIDD2QWAgIBDw8WAh4EVGV4dAUXc3PogI
  HluIjvvIzmrKLov47mgqjvvIFkZGSDrmXXxayfKeURWXh0SS5ZDR3noQ==" />
```

如果页面上的控件很多，ViewState 就可能很长。显然，如果每次在客户端和服务器端之间传输大量状态数据，将影响网站性能和用户感受。因此，对于没有必要维持状态的页面和控件，就应禁用 ViewState。设置 EnableViewState 属性值为 False 可实现禁用 ViewState 的目的。例如，设置 TextBox 控件禁用 ViewState 的代码如下：

```
<asp:TextBox ID="txtName" runat="server" EnableViewState="False"></asp:TextBox>
```

如果要禁用整个页面的 ViewState，就要用到@ Page 指令，如：

```
<%@ Page EnableViewState="false" Language="C#" AutoEventWireup="true"
 CodeFile="Default.aspx.cs" Inherits="Chap6_Default" %>
```

6.5.2 HiddenField 控件

HiddenField 又称隐藏域，用于维护 Web 窗体自身的状态。作为隐藏域，它不会显示在用户的浏览器中，但可以像设置标准控件的属性那样设置其属性。HiddenField 控件的成员主要有 Value 属性和 ValueChanged 事件。

注意：要触发 ValueChanged 事件，需设置 HiddenField 控件的 EnableViewState 属性值为 False。

6.5.3 Cookie

Cookie 是保存在客户端硬盘或内存中的一小段文本信息，如网站、用户、会话等有关的信息。一种典型的用途是通过 Cookie 保存用户是否已登录的信息。这样，在其他页面只要判断相应的 Cookie 值就能知道用户是否已经登录。

Cookie 与网站关联，而不是与特定的页面关联。因此，无论用户请求网站中的哪一个页面，浏览器和服务器都将交换 Cookie 信息。当用户访问不同网站时，各个网站都有可能会向用户的浏览器发送一个 Cookie，浏览器会分别存储不同网站的 Cookie。

可以在客户端修改 Cookie 设置和禁用 Cookie。当用户的浏览器关闭了对 Cookie 的支持，但又要使用 Cookie 时，只需在 Web.config 文件的<system.web>元素中加入以下任意一行语句：

```
<sessionState cookieless="AutoDetect">
<sessionState cookieless="UseUri">
```

在 Windows 7 操作系统中，Cookie 文本文件存储于“%userprofile%\AppData\Roaming\Microsoft\Windows\Cookies”文件夹中。可以用记事本打开 Cookie 文本文件进行查看。

ASP.NET 提供 System.Web.HttpCookie 类来处理 Cookie，常用的属性是 Value 和 Expires。Value 属性用于获取或设置 Cookie 值；Expires 用于设置 Cookie 到期时间。每个 Cookie 一般都会有一个有效期限，当用户访问网站时，浏览器会自动删除过期的 Cookie。若在建立 Cookie

时没有设置有效期，则创建的 Cookie 将不会保存到硬盘文件中，而是作为用户会话信息的一部分。当用户关闭浏览器时，Cookie 就会被丢弃。这种类型的 Cookie 很适合用来存放只需短时间使用的信息，或者存放由于安全原因不应写入客户端硬盘文件的信息。

要建立 Cookie 需要使用 Response.Cookies 数据集合，如：

```
Response.Cookies["Name"].Value="张三";
```

也可以先创建 HttpCookie 对象，设置其属性，然后通过 Response.Cookies.Add()方法添加，如：

```
HttpCookie cookie = new HttpCookie("Name");
cookie.Value = "张三";
cookie.Expires = DateTime.Now.AddDays(1);
Response.Cookies.Add(cookie);
```

要获取 Cookie 值需要使用 Request.Cookies 数据集合，如：

```
string strName=Request.Cookies["Name"].Value;
```

实例 6-7

实例 6-7　利用 Cookie 限制页面访问

如图 6-12 所示，用户访问 Cookie.aspx 时，若在 Cookie 中已有用户信息则显示欢迎信息，否则被重定向到 CookieLogin.aspx。这意味着当 Cookie 中未包含用户信息时，就不能访问 Cookie.aspx，实现了限制页面访问的目的。图 6-13 中，输入用户名和密码，单击“确定”按钮后会将用户名写入 Cookie。

图 6-12　Cookie.aspx 浏览效果

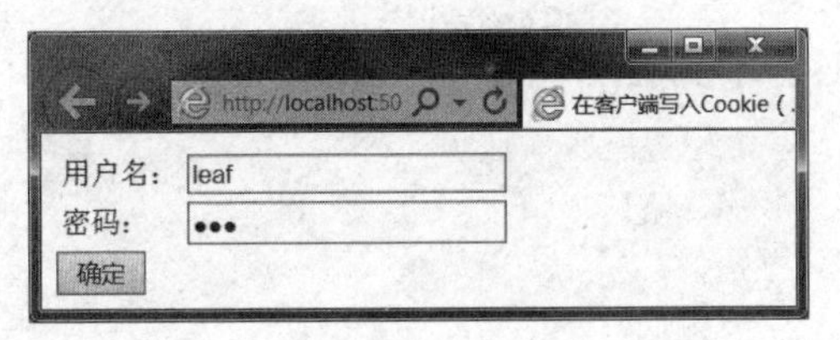

图 6-13　CookieLogin.aspx 浏览效果

源程序：Cookie.aspx 部分代码

```
<%@ Page Language="C#" AutoEventWireup="true" CodeFile="Cookie.aspx.cs"
 Inherits="Chap6_Cookie" %>
…（略）
<form id="form1" runat="server">
  <div>
    <asp:Label ID="lblMsg" runat="server"></asp:Label>
  </div>
</form>
…（略）
```

源程序：Cookie.aspx.cs

```
using System;
public partial class Chap6_Cookie : System.Web.UI.Page
```

```
{
  protected void Page_Load(object sender, EventArgs e)
  {
    if (Request.Cookies["Name"] != null)
    {
      lblMsg.Text = Request.Cookies["Name"].Value + "，欢迎您回来！";
    }
    else
    {
      Response.Redirect("~/Chap6/CookieLogin.aspx");
    }
  }
}
```

源程序：CookieLogin.aspx 部分代码

```
<%@ Page Language="C#" AutoEventWireup="true" CodeFile="CookieLogin.aspx.cs"
 Inherits="Chap6_CookieLogin" %>
…（略）
<form id="form1" runat="server">
  <div>
    用户名：<asp:TextBox ID="txtName" runat="server"></asp:TextBox><br />
    密码：<asp:TextBox ID="txtPassword" runat="server" TextMode="Password">
          </asp:TextBox><br />
    <asp:Button ID="btnSubmit" runat="server" OnClick="BtnSubmit_Click"
     Text="确定" />
  </div>
</form>
…（略）
```

源程序：CookieLogin.aspx.cs

```
using System;
using System.Web;
public partial class Chap6_CookieLogin : System.Web.UI.Page
{
  protected void BtnSubmit_Click(object sender, EventArgs e)
  {
    //实际工程需与数据库中存储的用户名和密码比较
    if (txtName.Text == "leaf" && txtPassword.Text == "111")
    {
      HttpCookie cookie = new HttpCookie("Name");
      cookie.Value = "leaf";
      cookie.Expires = DateTime.Now.AddDays(1);
      Response.Cookies.Add(cookie);
    }
  }
}
```

程序说明：

测试时先浏览 Cookie.aspx，此时因无用户名 Cookie 信息，页面被重定向到 CookieLogin.aspx，输入用户名和密码后单击“确定”按钮将用户名存入 Cookie，关闭浏览器。再次浏览 Cookie.aspx 可看到欢迎信息。

6.5.4　Session

Session 又称会话状态，在工程项目中应用广泛，典型的应用有存储用户信息、多页面间的信息传递、购物车等。Session 产生在服务器端，只能为当前访问的用户服务。以用户对网站的最后一次访问开始计时，当计时达到会话设定时间并且期间没有访问操作时，则会话自动结束。如果同一个用户在浏览期间关闭浏览器后再访问同一个页面，服务器会为该用户产生新的 Session。

在服务器端，ASP.NET 用一个唯一的 Session ID 来标识每一个会话。若客户端支持 Cookie，则 ASP.NET 将 Session ID 保存到相应的 Cookie 中；若不支持，则将 Session ID 添加到 URL 中。当用户提交页面时，浏览器会把用户的 Session ID 附加在 HTTP 头信息中，服务器处理完该页面后，再把结果返回给 Session ID 所对应的用户。

注意：不管 Session ID 保存在 Cookie 还是添加在 URL 中，都是明文。如果需要保护 Session ID，可考虑采用 HTTPS 通信。

Session 由 System.Web.HttpSessionState 类实现，使用时，常直接通过 Page 类的 Session 属性访问 HttpSessionState 类的实例。常用的属性和方法如表 6-6 所示。

表 6-6　HttpSessionState 类常用的属性和方法表

属性和方法	说　明
Contents 属性	获取对当前会话状态对象的引用
Mode 属性	获取当前会话状态的模式
SessionID 属性	获取会话的唯一标识
TimeOut 属性	获取或设置会话状态持续时间，单位为分钟，默认为 20 分钟
Abandon()方法	取消当前会话
Clear()方法	删除会话状态集合中的所有键和值
Remove()方法	删除会话状态集合中的项

与 Session 密切相关的是 Global 类的 Session_Start()和 Session_End()方法，实现这些方法的代码包含于 Global.asax 文件中。其中 Session_Start()方法中代码在新会话启动时会自动被执行，而 Session_End()方法中代码在会话结束时会自动被执行。

注意：只有 Web.config 文件中的 sessionState 模式设置为 InProc 时，才会执行 Session_End()方法代码。如果会话模式设置为 StateServer 或 SQLServer，则不会执行 Session_End()方法代码。

对 Session 状态的赋值有两种，如：

```
Session["Name"]="张三";
Session.Contents["Name"]="张三";
```

注意：Session 使用的名称不区分大小写，因此不要用大小写区分不同的 Session 变量。

在 ASP.NET 中，Session 状态的存储方式有多种，可以在 Web.config 中通过<sessionState>

元素的 mode 属性来指定，共有 Custom、InProc、Off、SQLServer 和 StateServer 五个枚举值供选择，分别代表自定义数据存储、进程内、禁用、SQLServer 和独立的状态服务。在实际工程项目中，一般选择 StateServer，而对于大型网站常选用 SQLServer。

下面是用于某考试系统 Session 状态设置的部分代码。其中，Session 存储模式选择 StateServer，状态服务器名为 StateServerName，端口号为 42424，不使用 Cookie，会话时间为 90 分钟。

```
<configuration>
  <system.web>
    <sessionState mode="StateServer"
      stateConnectionString="tcpip=StateServerName:42424"
      cookieless="false" timeout="90">
    </sessionState>
  </system.web>
</configuration>
```

实例 6-8

实例 6-8　利用 Session 限制页面访问

本实例功能类似于实例 6-7，但适用于客户端已禁用 Cookie 的情况。如图 6-14 和图 6-15 所示，利用本实例能限制对 Session.aspx 的访问，即首先要通过登录认证才能访问该页面。

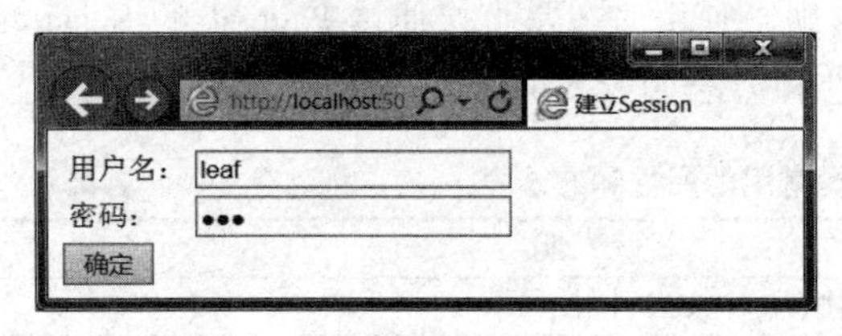

图 6-14　SessionLogin.aspx 浏览效果

图 6-15　Session.aspx 浏览效果

源程序：Session.aspx 部分代码

```
<%@ Page Language="C#" AutoEventWireup="true" CodeFile="Session.aspx.cs"
 Inherits="Chap6_Session" %>
…（略）
<form id="form1" runat="server">
  <div>
    <asp:Label ID="lblMsg" runat="server"></asp:Label>
  </div>
</form>
…（略）
```

源程序：Session.aspx.cs

```
using System;
public partial class Chap6_Session : System.Web.UI.Page
{
  protected void Page_Load(object sender, EventArgs e)
  {
```

```
    if (Session["Name"] != null)
    {
      lblMsg.Text = Session["Name"] + "，欢迎您！";
    }
    else
    {
      Response.Redirect("~/Chap6/SessionLogin.aspx");
    }
  }
}
```

源程序：SessionLogin.aspx 部分代码

```
<%@ Page Language="C#" AutoEventWireup="true" CodeFile="SessionLogin.aspx.cs"
 Inherits="Chap6_SessionLogin" %>
…（略）
<form id="form1" runat="server">
  <div>
    用户名：<asp:TextBox ID="txtName" runat="server"></asp:TextBox><br />
    密码：<asp:TextBox ID="txtPassword" runat="server" TextMode="Password">
         </asp:TextBox><br />
    <asp:Button ID="btnSubmit" runat="server" OnClick="BtnSubmit_Click"
     Text="确定" />
  </div>
</form>
…（略）
```

源程序：SessionLogin.aspx.cs

```
using System;
public partial class Chap6_SessionLogin : System.Web.UI.Page
{
  protected void BtnSubmit_Click(object sender, EventArgs e)
  {
    //实际工程需与数据库中存储的用户名和密码比较
    if (txtName.Text == "leaf" && txtPassword.Text == "111")
    {
      Session["Name"] = "leaf";
    }
  }
}
```

程序说明：

当用户直接访问 Session.aspx 时，会判断 Session["Name"]状态值，若为空，则被重定向到 SessionLogin.aspx，否则显示欢迎信息。

在 SessionLogin.aspx 中用户登录成功后，将建立 Session["Name"]状态值。此时要测试是否存在 Session["Name"]状态值，应在浏览 SessionLogin.aspx 页面的浏览器中直接更改地址来访问 Session.aspx。

6.5.5 Application

Application 又称应用程序状态，与应用于单个用户的 Session 状态不同，它应用于所有的用户。所以，可以将 Application 状态理解成公用的全局变量，网站中的每个访问者均可访问该变量。Application 状态存在于网站运行过程中，当网站关闭时将被释放。因此，如果需要将状态数据保存下来，则适宜保存在数据库中。

Application 由 System.Web.HttpApplicationState 类来实现。存取一个 Application 状态的方法与 Session 状态类似。但因为 Application 是面对所有用户的，所以，当要修改 Application 状态值时，首先要调用 Application.Lock()方法锁定 Application 状态，值修改后再调用 Application.Unlock()方法解除锁定。

与 Application 密切相关的是 Global 类的 Application_Start()、Application_End()和 Application_Error()方法。与 Session 类似，实现这些方法的代码包含于 Global.asax 文件中。

实例 6-9　统计网站在线人数

如图 6-16 所示，页面呈现网站在线人数。要实现该功能需考虑三个方面：初始化计数器；当一个用户访问网站时，计数器增 1；当一个用户离开网站时，计数器减 1。初始化计数器要在 Application_Start()方法代码中定义 Application 状态。用户访问网站时增加计数要在 Session_Start()方法代码中增加 Application 状态值。用户离开网站时减少计数要在 Session_End()方法代码中减小 Application 状态值。

实例 6-9

图 6-16　Application.aspx 浏览效果

源程序：Global.asax

```
<%@ Application Language="C#" %>
<script RunAt="server">
  void Application_Start(object sender, EventArgs e)//在应用程序启动时运行的代码
  {
    Application["VisitNumber"] = 0;                    //初始化计数器
  }
  void Session_Start(object sender, EventArgs e)     //在新会话启动时运行的代码
  {
    if (Application["VisitNumber"] != null)
    {
      Application.Lock();
      Application["VisitNumber"] = (int)Application["VisitNumber"] + 1;
      Application.UnLock();
    }
  }
```

```
  void Session_End(object sender, EventArgs e)  //在会话结束时运行的代码
  {
    if (Application["VisitNumber"] != null)
    {
      Application.Lock();
      Application["VisitNumber"] = (int)Application["VisitNumber"] - 1;
      Application.UnLock();
    }
  }
</script>
```

源程序：Application.aspx 部分代码

```
<%@ Page Language="C#" AutoEventWireup="true" CodeFile="Application.aspx.cs"
 Inherits="Chap6_Application" %>
…（略）
<form id="form1" runat="server">
  <div>
    当前用户在线人数：<asp:Label ID="lblMsg" runat="server"></asp:Label>
  </div>
</form>
…（略）
```

源程序：Application.aspx.cs

```
using System;
public partial class Chap6_Application : System.Web.UI.Page
{
  protected void Page_Load(object sender, EventArgs e)
  {
    lblMsg.Text = Application["VisitNumber"].ToString();  //显示网站在线人数
  }
}
```

程序说明：

可同时利用多个浏览器或多台计算机访问 Application.aspx，进行测试。当然，若通过多台计算机进行测试，需要先将网站部署到 IIS 7.5 中。

注意：Session_End()方法代码只有到达 TimeOut 属性设置的时间时才被执行，所以关闭浏览器不会立即调用该方法。

6.6　小　　结

本章从 HTTP 请求入手，介绍 ASP.NET 网站的状态管理方法。

要控制页面请求和响应，需使用 HttpRequest 和 HttpResponse 对象。HttpRequest 提供了 Browser、Cookies、QueryString 和 ServerVariables 等数据集合来访问不同用途的数据。HttpResponse 提供了输出 XHTML 文本、JavaScript 脚本和 Cookie 等功能。

为了有效防范 SQL 脚本注入，常会使用 HttpServerUtility 对象的 HtmlEncode()方法，该

对象同时提供了 UrlEncode()、MapPath()等实用方法。

页面重定向可采用<a>元素、HyperLink、Response.Redirect()、Server.Execute()、Server.Transfer()和 Button 类型控件的跨页面提交等形式，在使用时要注意它们的区别。

在网站的页面之间传递信息需要涉及状态管理。状态管理分为客户端和服务器端两种管理形式。客户端形式使用较多的是 Cookie 和查询字符串，服务器端形式包含 Session、Application 和数据库等。其中，Session 对应单个用户，而 Application 对应所有用户。

6.7 习　　题

1. 填空题

（1）从 http://10.200.1.23/Custom.aspx?ID=4703 中获取 ID 值的方法是_______。

（2）要获取客户端 IP 地址，可以使用_______。

（3）终止 ASP.NET 页面执行可以使用_______。

（4）要获取 Default.aspx 页面的物理路径可以使用_______。

（5）状态管理具有_______和_______两种方式。

（6）设置 Button 类型控件的_______属性值可在单击按钮后跳转到相应页面。

（7）Session 对象启动时会自动执行_______方法代码。

（8）设置会话有效时间为 10 分钟的语句是_______。

（9）若浏览器已禁用 Cookie，要有效地识别用户可以在_______中加入_______。

（10）要对 Application 状态变量值修改之前应使用_______。

2. 是非题

（1）判断 IsCrossPagePostBack 属性的值可确定是否属于跨页面提交。（　　）

（2）Application 状态可由网站所有用户进行更改。（　　）

（3）使用 HTML 控件时将不能保持 ViewState 状态。（　　）

（4）ViewState 状态可以在网站的不同页面间共享。（　　）

（5）Session 状态可以在同一会话的不同页面间共享。（　　）

（6）当关闭浏览器窗口时，Session_End()方法代码立即被执行。（　　）

3. 选择题

（1）要重定向页面，不能使用（　　）。

A．LinkButton 控件　　B．HttpResponse.Redirect()方法

C．Image 控件　　D．HttpServerUtility.Transfer()方法

（2）下面的（　　）对象可以获取从客户端浏览器提交的信息。

A．HttpRequest　　B．HttpResponse

C．HttpSessionState　　D．HttpApplication

（3）Session 状态和 Cookie 状态的最大区别是（　　）。

A．存储的位置不同　　B．类型不同　　C．生命周期不同　　D．容量不同

（4）默认情况下，Session 状态的有效时间是（　　）。

A．30 秒　　B．10 分钟　　C．20 分钟　　D．30 分钟

（5）若某页面已添加一个 Label 控件 lblMsg，则执行“lblMsg.Text="<a href=\"http://www.microsoft.com\">微软</a>"”语句后，页面上显示的内容是（　　）。

A．<a href="http://www.microsoft.com">微软</a>

B．微软

C．以超链接形式显示“微软”

D．程序出错

4. 简答题

（1）简述 Session 状态和 Application 状态的异同。

（2）简述页面重定向的不同形式和使用区别。

（3）简述利用 Application 状态统计网站在线人数的过程。

5. 上机操作题

（1）建立并调试本章的所有实例。

（2）建立一个能显示来访者 IP 地址的页面。当 IP 地址以 218.75 开头时，则显示欢迎信息，否则显示非法用户并结束访问。

（3）设计一个页面，当客户第一次访问时，需注册姓名、性别等信息，然后把客户信息保存到 Cookie 中。下一次该用户再访问时，则显示“某某，您是第×次光临本站！”。

（4）编写一个简易的聊天室，能显示发言人姓名、发言内容、发言时间、总访问人数和当前在线人数。

（5）设计一个简易的在线考试网站，包括单选题、多选题。单选题有 XHTML 知识的题目，如 XHTML 中换行的元素是（　　）。

A．<p>　　B．
　　C．<hr />　　D．<a>

（6）编写两个页面，在第一个页面中由用户输入用户名后，把用户名保存到 Session 中。在第二个页面中读取该 Session 信息，并显示欢迎信息。如果用户没有在第一个页面登录就直接访问第二个页面，则将页面重定向到第一个页面。要求分别将 Session 状态保存到 StateServer 和 SQL Server 中。

（7）参考本书提供的 MyPetShop 应用程序，利用 Session 实现其中的购物车功能。

第 7 章

数据访问

本章要点：

- 了解数据访问的方法。
- 掌握管理数据库的方法。
- 掌握 LINQ 查询表达式。
- 掌握使用数据源控件实现数据访问的方法。
- 熟练使用 LINQ to SQL 和 LINQ to XML 进行数据访问管理。

7.1 数据访问概述

在网站的开发过程中，如何存取数据库是最常用的部分。.NET Framework 提供了多种存取数据库的方式。在 ASP.NET 1.x 中，主要使用 ADO.NET 访问数据，这种技术在基于 VS 2017 的 ASP.NET 中仍被支持。ADO.NET 提供了用于完成如数据库连接、查询数据、插入数据、更新数据和删除数据等操作的对象。主要包括如下五个对象。

- Connection 对象——用来连接数据库。
- Command 对象——用来对数据库执行 SQL 命令，如查询语句。
- DataReader 对象——用来从数据库中返回只读数据。
- DataAdapter 对象——用来从数据库中返回数据，并填充到 DataSet 对象中，还要负责保证 DataSet 对象中的数据和数据库中的数据保持一致。
- DataSet 对象——可以看作是内存中的数据库。DataAdapter 对象将数据库中的数据传送到该对象后，就可以进行各种数据操作，最后再利用 DataAdapter 对象将更新的数据反映到数据库中。

这五个对象提供了两种读取数据库的方式：一是利用 Connection、Command 和 DataReader 对象，这种方式只能读取数据库；二是利用 Connection、Command、DataAdapter 和 DataSet 对象，这种方式可以对数据库进行各种操作。

在 ASP.NET 2.0 中，增加了多种数据源控件和数据绑定控件。数据源控件封装所有获取和处理数据的功能，主要包括连接数据源，使用 Select、Update、Delete 和 Insert 等 SQL 语句获取和管理数据等。数据绑定控件通过多种方式显示数据。结合使用数据源控件和数据绑定控件，只需要设置相关属性，几乎不用编写任何代码即能存取数据库，但存在数据访问不够灵活的问题。

在 ASP.NET 3.5 中，引入了一种新技术 LINQ。这种技术使得查询等数据访问操作完全与.NET 语言整合，实现了通过.NET 语言访问数据库的功能。而 ASP.NET 4.0 进一步扩展了该技术，新增了 LINQ to Entities 数据访问方法。

VSC 2017 提供了 LINQ to SQL 工具以方便运用 LINQ 技术执行数据访问操作，但该工具在 VSC 2017 中被看作单个组件，需要人为选中后才能被安装。具体操作时，启动 Visual Studio Installer，在呈现的如图 7-1 所示的界面中单击“修改”按钮，再在呈现的窗口内选中“单个组件”标签下的“LINQ to SQL 工具”，如图 7-2 所示。最后，单击图 7-2 中的“修改”按钮完成“LINQ to SQL 工具”的安装。

图 7-1　VSC 2017 修改功能界面（1）

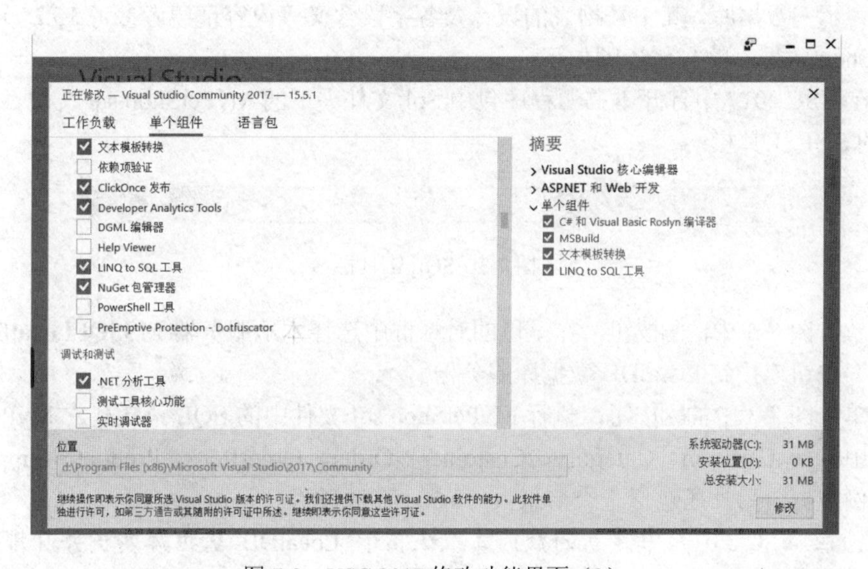

图 7-2　VSC 2017 修改功能界面（2）

7.2　建立 SQL Server 2016 Express 数据库

SQL Server 2016 Express（SSE 2016）是 Microsoft 开发的 SQL Server 2016 系列数据库管理系统中的免费版，适用于学习用途及中小型企业的数据库开发应用。若需要更高级的数据库功能，可以将该版本无缝地升级到其他商用版。

SQL Server 2016 Express LocalDB 是比 SSE 2016 更轻量级的版本，目的是在 Web 应用程序开发时无须配置即可使用数据库。该版本除可独立安装外，还包含于 VSC 2017 中，因此，安装 VSC 2017 时会同时安装 LocalDB，并且在 VSC 2017 中访问用户自建的数据库时默认使用 LocalDB。LocalDB 主要适用于开发环境，当包含 LocalDB 数据库的 Web 应用程序发布到 IIS 7.5 时，需要更改用于访问数据库的连接字符串，对已建立的数据库则不必更改。

1. 连接字符串

连接字符串包含了访问数据库的相关信息，通常存储在 Web.config 文件的

<connectionStrings>元素中，并且需要根据不同类型的数据库实例和不同的身份验证形式进行配置。

在 Microsoft 数据库管理系统中，数据库实例的类型包括 SQL Server、SQLEXPRESS 和 LocalDB 实例。这些不同的实例类型将决定连接字符串中的 Data Source 属性值。例如，在 VSC 2017 中，若要访问 SQLEXPRESS 实例，则需将 Data Source 属性值设置为“.\SQLEXPRESS”；若要访问 LocalDB 实例，则需将 Data Source 属性值设置为“(LocalDB)\MSSQLLocalDB”。

SQL Server 数据库的身份验证有 Windows 验证和 SQL Server 验证两种模式。Windows 验证使用 Windows 操作系统用户连接 SQL Server，常用于局域网络；而 SQL Server 验证使用 SQL Server 中注册的用户连接 SQL Server，常用于 Internet 环境。

2. MyPetShop 数据库

本书使用一个包含购物车、商品分类、用户、订单、商品、供应商等信息的 MyPetShop 数据库作为示例数据库，其中数据表的设计及各字段含义等内容请读者参考 15.2 节。具体建立 MyPetShop 数据库的操作步骤如下：

（1）在 VSC 2017 中打开本书源程序包中 Sql 文件夹下的 MyPetShop.sql 文件，呈现如图 7-3 所示的 SQL 工具栏。

图 7-3　SQL 工具栏

（2）单击图 7-3 中的按钮，在呈现的对话框中选择本地服务器 MSSQLLocalDB，再单击“连接”按钮连接到 LocalDB 数据库服务器。

（3）单击图 7-3 中的按钮，执行 MyPetShop.sql 文件中的 SQL 语句建立 MyPetShop 数据库，其中包括 CartItem、Category、Customer、Order、OrderItem、Product、Supplier 等数据表及示例数据，另外还包括一个 CategoryInsert 存储过程。

注意：在 VSC 2017 中建立的数据库默认属于 LocalDB 数据库实例并且排序规则为 SQL_Latin1_General_CP1_CI_AS，为更好地支持中文信息处理，在利用 CREATE DATABASE 语句建立数据库时可指定参数 COLLATE Chinese_PRC_CS_AS，其中，CS 表示区分大小写，AS 表示区分重音。

数据库建立后，通过 VSC 2017 中的“SQL Server 对象资源管理器”窗口可方便地以图形界面或 SQL 语句形式实现数据库的管理。

用于访问 MyPetShop 数据库的连接字符串示例代码如下：

```
<add name="MyPetShopConnectionString"
 connectionString="Data Source=(LocalDB)\MSSQLLocalDB;
 AttachDbFilename=|DataDirectory|\MyPetShop.mdf;Integrated Security=True"
 providerName="System.Data.SqlClient" />
```

在上述代码中，name 属性值表示连接字符串的名称；connectionString 属性值表示连接字符串的内容，其中|DataDirectory|表示网站的 App_Data 文件夹，Integrated Security=True 表示采用 Windows 验证模式；providerName 属性值表示数据提供程序的名称。

7.3　使用数据源控件实现数据访问

为实现从不同的数据源进行数据访问的功能，基于 VSC 2017 的 ASP.NET 提供了多种不同的数据源控件，包括 EntityDataSource、LinqDataSource、ObjectDataSource、SiteMapDataSource、SqlDataSource、XmlDataSource。其中，EntityDataSource 用于访问基于实体数据模型的数据；LinqDataSource 利用 LINQ 技术访问数据库；ObjectDataSource 用于在多层 Web 应用程序架构中通过业务逻辑层访问数据库；SiteMapDataSource 用于访问 XML 格式的网站地图文件 Web.sitemap；SqlDataSource 用于访问 Access、SQL Server、SQL Server Express、Oracle、ODBC 数据源和 OLEDB 数据源；XmlDataSource 用于访问具有“层次化数据”特性的 XML 数据源。

无论与什么样的数据源交互，数据源控件都提供了统一的基本编程模型。通过数据源控件中定义的各种事件，可以实现 Select、Update、Delete 和 Insert 等数据操作。需要注意的是，数据源控件还提供了数据操作前后的事件，可以编写相关事件代码实现更加灵活的功能，如数据插入操作（Insert）就有 Insert()方法，还有 Inserting 和 Inserted 事件。其中 Inserting 事件发生在数据插入之前，而 Inserted 事件发生在数据插入之后。

实例 7-1　利用 LinqDataSource 和 GridView 显示表数据

如图 7-4 所示，Category 表的数据显示利用了 LinqDataSource 和 GridView 控件。

http://localhost:6295

CategoryId	Name	Descn
1	Fish	Fish
2	Bugs	Bugs
3	Backyard	Backyard
4	Birds	Birds
5	Endangered	Endangered

实例 7-1

图 7-4　LinqDSGrid.aspx 浏览效果

源程序：LinqDSGrid.aspx 部分代码

```
<%@ Page Language="C#" AutoEventWireup="true" CodeFile="LinqDSGrid.aspx.cs"
 Inherits="Chap7_LinqDSGrid" %>
…（略）
<form id="form1" runat="server">
  <div>
    <asp:GridView ID="gvCategory" runat="server" AutoGenerateColumns="False"
     DataKeyNames="CategoryId" DataSourceID="ldsCategory">
      <Columns>
        <asp:BoundField DataField="CategoryId" HeaderText="CategoryId"
         InsertVisible="False" ReadOnly="True" SortExpression="CategoryId" />
        <asp:BoundField DataField="Name" HeaderText="Name"
         SortExpression="Name" />
        <asp:BoundField DataField="Descn" HeaderText="Descn"
```

```
            SortExpression="Descn" />
        </Columns>
    </asp:GridView>
    <asp:LinqDataSource ID="ldsCategory" runat="server"
     ContextTypeName="MyPetShopDataContext" TableName="Category">
    </asp:LinqDataSource>
  </div>
</form>
…（略）
```

操作步骤：

（1）右击 App_Code 文件夹，在弹出的快捷菜单中选择“添加”→“添加新项”命令，然后在呈现的对话框中选择“LINQ to SQL 类”模板，输入文件名 MyPetShop.dbml，单击“添加”按钮建立文件。

注意：若不存在“LINQ to SQL 类”模板，则参考 7.1 节首先在 VSC 2017 中安装“LINQ to SQL 工具”。

（2）在“解决方案资源管理器”窗口中双击 MyPetShop.mdf，呈现“服务器资源管理器”窗口，展开“表”，将所有数据表拖动到 MyPetShop.dbml 的对象关系设计器的左窗口中。此时，VSC 2017 会自动创建相关类。

（3）在 Chap7 文件夹中建立 LinqDSGrid.aspx。添加 LinqDataSource 和 GridView 控件各一个，并分别设置控件的 ID 属性值为 ldsCategory 和 gvCategory。

（4）单击 ldsCategory 控件的智能标记，选择“配置数据源”命令，呈现如图 7-5 所示的对话框。选择 MyPetShopDataContext。单击“下一步”按钮，呈现如图 7-6 所示的“配置数据选择”对话框。在图 7-6 中，可选择要查询的数据表，可设置数据的分组形式，单击 Where 按钮可配置查询的条件，单击 OrderBy 按钮可配置查询结果的排序方式。最后，单击“完成”按钮结束数据源配置。此时，VSC 2017 会自动生成相应的源代码。

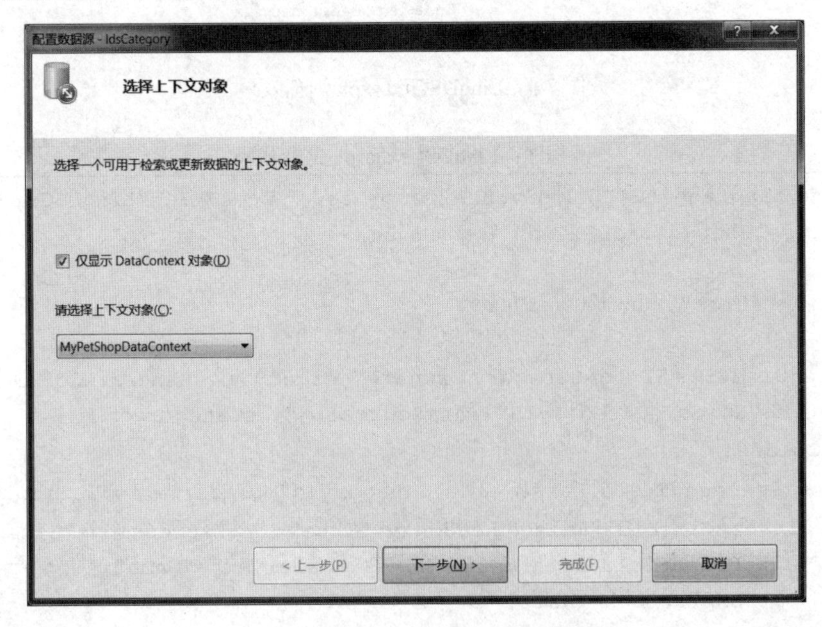

图 7-5 “选择上下文对象”对话框

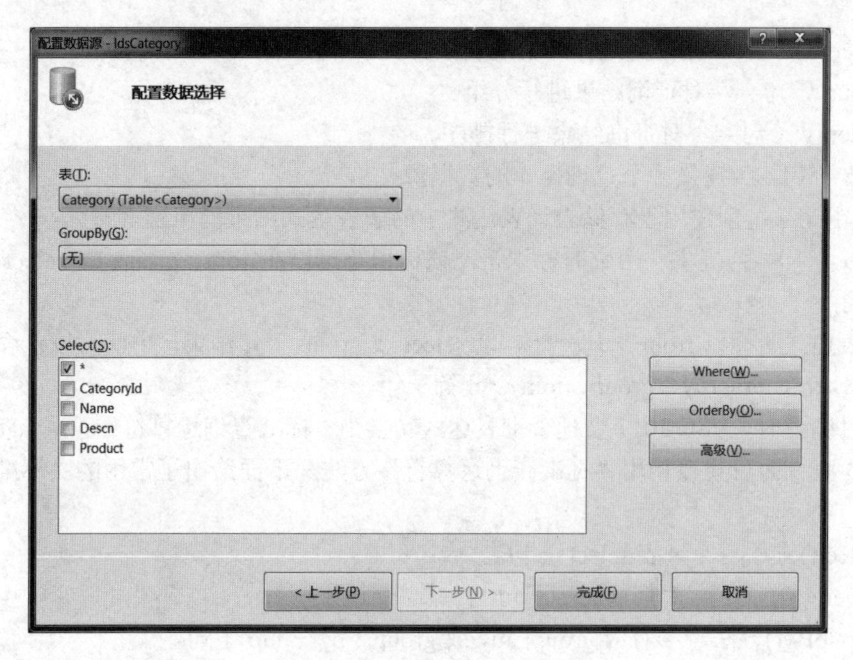

图 7-6 “配置数据选择”对话框

（5）单击 gvCategory 控件的智能标记，在“选择数据源”对应的下拉列表框中选择 ldsCategory，此时，VSC 2017 会自动生成相应的源代码。

（6）浏览 LinqDSGrid.aspx 查看效果。

7.4　使用 LINQ 实现数据访问

LINQ 集成于.NET Framework 中，提供了统一的语法实现多种数据源的查询和管理。它与.NET 支持的编程语言整合为一体，使得数据的查询和管理直接被嵌入在编程语言的代码中，这样，就能充分利用 VSC 2017 的智能提示功能，并且编译器也能检查查询表达式中的语法错误。

根据要访问的不同数据源，LINQ 类型可分为 LINQ to Objects、LINQ to XML 和 LINQ to ADO.NET。其中 LINQ to ADO.NET 又分为 LINQ to DataSet、LINQ to SQL 和 LINQ to Entities。在实际应用中，LINQ to Objects 用于处理 Array 和 List 等集合类型数据；LINQ to XML 用于处理 XML 类型数据；LINQ to DataSet 用于处理 DataSet 类型数据；LINQ to SQL 用于处理 SQL Server 数据库类型数据；LINQ to Entities 用于处理实体数据模型。

7.4.1　LINQ 查询表达式

LINQ 查询表达式实现了如何访问数据的操作，常使用关键字为 var 的隐形变量存放返回的数据。这种 var 变量可以不明确地指定数据类型，但编译器能根据变量的表达式推断出该变量的类型。

LINQ 查询表达式类似于 SQL 语句，包含 8 个基本子句，下面简要介绍它们的功能。

- from 子句——指定查询操作的数据源和范围变量。
- select 子句——指定查询结果的类型和表现形式。

- where 子句——指定筛选操作的逻辑条件。
- group 子句——对查询结果进行分组。
- orderby 子句——对查询结果进行排序。
- join 子句——连接多个查询操作的数据源。
- let 子句——创建用于存储查询表达式中的子表达式结果的范围变量。
- into 子句——提供一个临时标识符，该标识符可以在 join、group 或 select 子句中被引用。

查询表达式必须以 from 子句开始，以 select 或 group 子句结束，中间可以包含一个或多个 from、where、orderby、group、join、let 等子句。

在项目编译时，VSC 2017 会把查询表达式转换为“标准查询运算符”方法。实际上，在使用 LINQ 查询时可直接调用“标准查询运算符”方法。下面给出了常用的“标准查询运算符”方法。

- Select()方法——对应 select 子句。
- Where()方法——对应 where 子句。
- GroupBy()方法——对应 group…by 或 group…by…into 子句。
- OrderBy()方法——对应 orderby 子句。
- OrderByDescending()方法——对应 orderby…descending 子句。
- Join()方法——对应 join…in…on…equals…子句。

7.4.2 LINQ to SQL 概述

LINQ to SQL 为关系数据库提供了一个对象模型，即将关系数据库映射为类对象。开发人员将以操作对象的方式实现对数据的查询、修改、插入和删除等操作。表 7-1 给出了 SQL Server 数据库与 LINQ to SQL 对象之间的映射关系。

表 7-1 数据库与对象间的映射关系表

SQL Server 对象	LINQ to SQL 对象
SQL Server 数据库	DataContext 类
表	实体类
属性	属性
外键关系	关联
存储过程	方法

在 VSC 2017 中可自动建立 SQL Server 数据库与 LINQ to SQL 对象间的映射关系。实例 7-1 已给出了建立 LINQ to SQL 类 MyPetShop.dbml 的操作步骤。

在实例 7-1 中，VSC 2017 建立 MyPetShop.dbml 文件的同时将建立 MyPetShop.dbml.layout 和 MyPetShop.designer.cs 文件。其中，MyPetShop.dbml 定义了 MyPetShop 数据库的架构。MyPetShop.dbml.layout 定义了每个表的布局。MyPetShop.designer.cs 定义了自动生成的类，包括：一是与 MyPetShop 数据库对应的类，该类派生自 DataContext 类并以 MyPetShopDataContext 命名；二是以 MyPetShop 数据库中各表的表名作为类名的各实体类。

实体类通过 TableAttribute 类的 Name 属性描述其与数据表的映射关系。如下例表示将要创建的 Category 实体类映射到 MyPetShop 中的 Category 表。

```
[TableAttribute(Name="dbo.Category")]
```

实体类的属性通过 ColumnAttribute 类映射到数据库表的属性。如下例表示将要创建的 CategoryId 属性的相关信息，该属性映射到 Category 表中的 CategoryId 属性。

```
[ColumnAttribute(Storage="_CategoryId", AutoSync=AutoSync.OnInsert,
  DbType="Int NOT NULL IDENTITY", IsPrimaryKey=true, IsDbGenerated=true)]
```

在实体类中，通过 AssociationAttribute 类映射数据库表间的外键关系。如下例中创建的 Category_Product 关联实现了 Category 表中的 CategoryId 属性作为 Product 表外键的映射。

```
//Category 实体类中的定义
[AssociationAttribute(Name="Category_Product", Storage="_Product",
  ThisKey="CategoryId", OtherKey="CategoryId")]
//Product 实体类中的定义
[AssociationAttribute(Name="Category_Product", Storage="_Category",
  ThisKey="CategoryId", OtherKey="CategoryId", IsForeignKey=true)]
```

在 MyPetShopDataContext 类中，通过 FunctionAttribute 类将数据库中的存储过程映射为对应的方法，并通过 ParameterAttribute 类将存储过程中的参数映射到对应方法的参数。如下例表示将创建的 CategoryInsert()方法映射到数据库中的 CategoryInsert 存储过程。

```
[FunctionAttribute(Name="dbo.CategoryInsert")]
public int CategoryInsert(
  [ParameterAttribute(Name="Name", DbType="VarChar(80)")] string name,
  [ParameterAttribute(Name="Descn", DbType="VarChar(255)")] string descn)
```

7.4.3　利用 LINQ to SQL 查询数据

1. 投影

投影实现了属性的选择。例如，原来 Product 表包含 9 个属性，若只想选择 ProductId、CategoryId、Name 属性，此时可采用 select 子句通过投影操作实现。投影后的结果将新生成一个对象，该对象通常是匿名的。

实例 7-2

实例 7-2　利用 LINQ to SQL 实现投影

本实例将创建包含 ProductId、CategoryId 和 Name 属性的匿名对象。

源程序：LinqSqlQuery.aspx.cs 中的 BtnProject_Click()部分

```
protected void BtnProject_Click(object sender, EventArgs e)
{
  MyPetShopDataContext db = new MyPetShopDataContext();  //定义类实例 db
  var results = from r in db.Product
                select new
                {
                  r.ProductId,
                  r.CategoryId,
                  r.Name
                };
```

```
  gvProduct.DataSource = results;      //将 LINQ 查询结果设置为 gvProduct 的数据源
  gvProduct.DataBind();                //显示数据源中的数据
}
```

2. 选择

实例 7-3

选择实现了记录的过滤，由 where 子句完成。

实例 7-3　利用 LINQ to SQL 实现选择

本实例将选择 UnitCost>20 的记录。

源程序：LinqSqlQuery.aspx.cs 中的 BtnSelect_Click()部分

```
protected void BtnSelect_Click(object sender, EventArgs e)
{
  MyPetShopDataContext db = new MyPetShopDataContext();
  var results = from r in db.Product
                where r.UnitCost > 20
                select r;
  gvProduct.DataSource = results;
  gvProduct.DataBind();
}
```

3. 排序

实例 7-4

实例 7-4　利用 LINQ to SQL 实现排序

本实例使用 orderby 子句实现价格的降序排列。

源程序：LinqSqlQuery.aspx.cs 中的 BtnOrder_Click ()部分

```
protected void BtnOrder_Click(object sender, EventArgs e)
{
  MyPetShopDataContext db = new MyPetShopDataContext();
  var results = from r in db.Product
                orderby r.UnitCost descending
                select r;
  gvProduct.DataSource = results;
  gvProduct.DataBind();
}
```

4. 分组

分组使用 group…by 子句。与原始集合不同，分组后的结果集合将采用集合的集合形式。外集合中的每个元素包括键值及根据该键值分组的元素集合。因此，要访问分组后的结果集合中的元素，必须使用嵌套的循环语句。外循环用于循环访问外集合中的每个元素（即每个组），内循环用于循环访问内集合中的元素（即每个组中的元素）。

若要引用分组操作的结果，可以使用 into 子句创建用于进一步查询的标识符。

实例 7-5

实例 7-5　利用 LINQ to SQL 实现分组

本实例根据 CategoryId 分组，并显示 CategoryId 值为 5 的集合。

源程序：LinqSqlQuery.aspx.cs 中的 BtnGroup_Click ()部分

```
protected void BtnGroup_Click(object sender, EventArgs e)
{
  MyPetShopDataContext db = new MyPetShopDataContext();
  //根据 CategoryId 分组，再将结果存入 results
  var results = from r in db.Product
                group r by r.CategoryId;
  foreach (var g in results)//results 为外集合，g 为外集合中的一个元素并且 g 也是
                            //一个集合
  {
    if (g.Key == 5)         //获取键值等于 5 的外集合元素
    {
      var results2 = from r in g  //r 为键值等于 5 的组中的一个元素
                     select r;
      gvProduct.DataSource = results2;
      gvProduct.DataBind();
    }
  }
}
```

5. 聚合

聚合主要涉及 Count()、Max()、Min()、Average()等方法。当使用 Max()、Min()、Average()等方法时，参数常使用 Lambda 表达式。Lambda 表达式的语法格式如下：

(输入参数) => {语句块}

其中“输入参数”可以为空、一个或多个。当输入一个参数时，可省略括号；“=>”称为 Lambda 运算符，读作 goes to；语句块表示 Lambda 表达式的结果。

当把 Lambda 表达式应用于 Max()、Min()、Average()等聚合方法时，编译器会自动推断输入参数的数据类型。

实例 7-6

实例 7-6　利用 LINQ to SQL 实现聚合操作

本实例根据 CategoryId 分组统计每组的个数，ListPrice 的最大值、最小值和平均值。

源程序：LinqSqlQuery.aspx.cs 中的 BtnPolymerize_Click ()部分

```
protected void BtnPolymerize_Click(object sender, EventArgs e)
{
  MyPetShopDataContext db = new MyPetShopDataContext();
  var results = from r in db.Product
                group r by r.CategoryId into g
                select new
                {
                   Key = g.Key,
                   Count = g.Count(),
                   MaxPrice = g.Max(p => p.ListPrice),
                   MinPrice = g.Min(p => p.ListPrice),
```

```
                AvgPrice = g.Average(p => p.ListPrice)
              };
  gvProduct.DataSource = results;
  gvProduct.DataBind();
}
```

6. 连接

实例 7-7

多表连接查询使用 join 子句。但对于具有外键约束的多表，可以直接通过引用对象的形式进行查询，也可以使用 join 子句实现。

实例 7-7　利用 LINQ to SQL 实现直接引用对象连接

本实例通过直接引用对象形式查询产品的分类名称。

源程序：LinqSqlQuery.aspx.cs 中的 BtnQuote_Click ()部分

```
protected void BtnQuote_Click(object sender, EventArgs e)
{
  MyPetShopDataContext db = new MyPetShopDataContext();
  var results = from r in db.Product
                select new
                {
                  r.ProductId,
                  r.CategoryId,
                  CategoryName = r.Category.Name  //直接引用 Category 对象
                };
  gvProduct.DataSource = results;
  gvProduct.DataBind();
}
```

实例 7-8

实例 7-8　利用 LINQ to SQL 实现 join 连接

本实例实现与实例 7-7 一样的功能，主要适用于连接未建立外键关联的两个表。

源程序：LinqSqlQuery.aspx.cs 中的 BtnJoin_Click ()部分

```
protected void BtnJoin_Click(object sender, EventArgs e)
{
  MyPetShopDataContext db = new MyPetShopDataContext();
  var results = from product in db.Product
                join category in db.Category on product.CategoryId equals
                  category.CategoryId
                select new
                {
                  product.ProductId,
                  product.CategoryId,
                  CategoryName = category.Name
                };
  gvProduct.DataSource = results;
```

```
  gvProduct.DataBind();
}
```

7. 模糊查询

实例 7-9

模糊查询应用广泛，使用时需调用 System.Data.Linq.SqlClient.SqlMethods.Like()方法。

实例 7-9　利用 LINQ to SQL 实现模糊查询

本实例查询商品名称中包含 fly 的商品。

源程序：LinqSqlQuery.aspx.cs 中的 BtnFuzzy_Click ()部分

```
protected void BtnFuzzy_Click(object sender, EventArgs e)
{
  MyPetShopDataContext db = new MyPetShopDataContext();
  var results = from r in db.Product
                where System.Data.Linq.SqlClient.SqlMethods.Like(r.Name, "%fly%")
                select r;
  gvProduct.DataSource = results;
  gvProduct.DataBind();
}
```

7.4.4　利用 LINQ to SQL 管理数据

1. 插入数据

插入数据利用 InsertAllOnSubmit()和 InsertOnSubmit()方法实现，前者用于插入实体对象集合，后者用于插入单个实体对象。

实例 7-10

实例 7-10　利用 LINQ to SQL 插入数据

本实例将通过文本框获取 Name 和 Descn 属性的值，再插入到 Category 表中。因为 Category 表在设计时已将 CategoryId 属性设置为会自动递增的标识，所以在插入数据时不需要插入 CategoryId 属性值。

源程序：LinqSqlManageData.aspx.cs 中的 BtnInsert_Click()部分

```
protected void BtnInsert_Click(object sender, EventArgs e)
{
  Category category = new Category();     //建立 Category 类实例 category
  category.Name = txtName.Text;
  category.Descn = txtDescn.Text;
  db.Category.InsertOnSubmit(category);  //db 是 MyPetShopDataContext 类实例
  db.SubmitChanges();                     //提交更改
  Bind();                         //调用自定义方法，用于在 gvCategory 中显示最新结果
}
```

源程序：LinqSqlManageData.aspx.cs 中的 Bind()部分

```
protected void Bind()
{
```

```
    var results = from r in db.Category
                  select r;
    gvCategory.DataSource = results;
    gvCategory.DataBind();
}
```

2. 修改数据

修改数据时需要根据某种信息找到需要修改的数据，如个人信息的修改需先通过身份验证，再根据身份标识获取个人信息实现数据的修改。

实例 7-11

实例 7-11　利用 LINQ to SQL 修改数据

本实例将获取根据输入的 CategoryId 确定的数据，再进行修改操作。因为 CategoryId 是标识，该值不能修改。

源程序：LinqSqlManageData.aspx.cs 中的 BtnUpdate_Click()部分

```
protected void BtnUpdate_Click(object sender, EventArgs e)
{
  var results = from r in db.Category
                where r.CategoryId == int.Parse(txtCategoryId.Text)
                select r;
  if (results != null)
  {
    foreach (Category r in results)
    {
      r.Name = txtName.Text;
      r.Descn = txtDescn.Text;
    }
    db.SubmitChanges();
    Bind();  //调用自定义方法，用于在 gvCategory 中显示最新结果
  }
}
```

3. 删除数据

删除数据利用 DeleteAllOnSubmit()和 DeleteOnSubmit()方法实现，前者用于删除实体对象集合，后者用于删除单个实体对象。

实例 7-12

实例 7-12　利用 LINQ to SQL 删除数据

本实例将根据输入的 CategoryId 删除数据。

源程序：LinqSqlManageData.aspx.cs 中的 BtnDelete_Click()部分

```
protected void BtnDelete_Click(object sender, EventArgs e)
{
  var results = from r in db.Category
                where r.CategoryId == int.Parse(txtCategoryId.Text)
                select r;
  db.Category.DeleteAllOnSubmit(results);
```

```
    db.SubmitChanges();
    Bind();  //调用自定义方法，用于在 gvCategory 中显示最新结果
}
```

4. 存储过程

要使用原来 SQL Server 中定义的存储过程，需要在建立 MyPetShop.dbml 时将存储过程拖入到对象关系设计器的右窗口中，然后，VSC 2017 会自动建立与存储过程对应的方法。在具体使用存储过程时，只要调用对象的方法就可以了。

实例 7-13　利用 LINQ to SQL 调用存储过程

本实例将利用存储过程实现数据插入操作。首先在 MyPetShop 数据库中建立 CategoryInsert 存储过程，之后在 MyPetShop.dbml 中生成对应的 CategoryInsert()方法。

实例 7-13

源程序：存储过程 CategoryInsert

```
CREATE PROCEDURE dbo.CategoryInsert
  (
    @Name varchar(80),
    @Descn varchar(255)
  )
AS
  INSERT INTO Category(Name,Descn) VALUES (@Name,@Descn);
  RETURN
```

源程序：LinqSqlManageData.aspx.cs 中的 BtnProcedure_Click()部分

```
protected void BtnProcedure_Click(object sender, EventArgs e)
{
  db.CategoryInsert(txtName.Text.ToString(), txtDescn.Text.ToString());
  Bind();  //调用自定义方法，用于在 gvCategory 中显示最新结果
}
```

7.4.5　LINQ to XML 概述

LINQ to XML 可以在.NET 编程语言中处理 XML 结构的数据。它提供了新的 XML 文档对象模型并支持 LINQ 查询表达式。它将 XML 结构文档保存到内存中，可以方便地实现查询、插入、修改、删除等操作。

常用的 LINQ to XML 类包括：

- XDocument 类——用于操作 XML 文档。调用其 Save()方法可建立 XML 文档。
- XDeclaration 类——用于操作 XML 文档中的声明，包括版本、编码等。
- XComment 类——用于操作 XML 文档中的注释。
- XElement 类——用于操作 XML 文档中可包含任意多级别子元素的元素。其中，Name 属性用于获取元素名称；Value 属性用于获取元素的值；Load()方法用于导入 XML 文档到内存，并创建 XElement 实例；Save()方法用于保存 XElement 实例到 XML 文档；Attribute()方法用于获取元素的属性；Remove()方法用于删除一个元素；ReplaceNodes()

方法用于替换元素的内容；SetAttributeValue()方法用于设置元素的属性值。

- XAttribute 类——用于操作 XML 元素的属性，是一个与 XML 元素关联的“名称/值”对。

7.4.6 利用 LINQ to XML 管理 XML 文档

1. 创建 XML 文档

创建 XML 文档主要利用 XDocument 对象。在建立时，要按照 XML 文档的格式，分别把 XML 文档的声明、元素、注释等内容添加到 XDocument 对象中，再用 Save()方法保存到 Web 服务器硬盘上。需要注意的是，Save()方法必须使用物理路径。

实例 7-14

实例 7-14 利用 LINQ to XML 创建 XML 文档

本实例创建如图 7-7 所示内容的 XML 文档 BookLinq.xml。

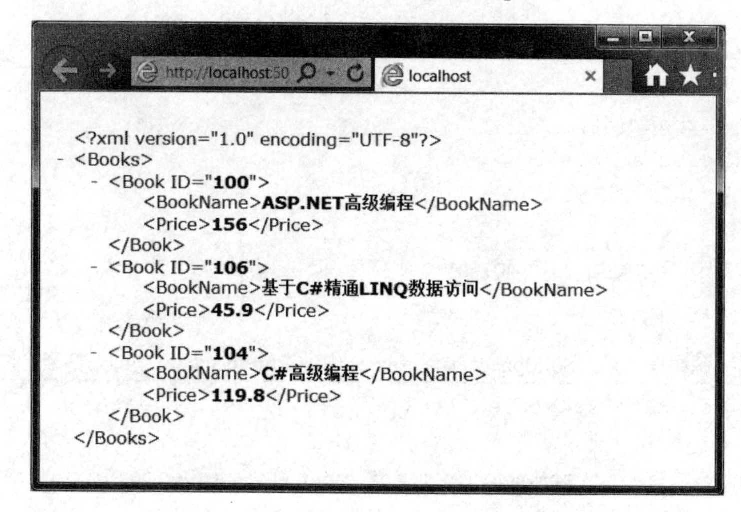

图 7-7 BookLinq.xml 浏览效果

源程序：LinqXml.aspx.cs 中的 BtnCreate_Click()部分

```
protected void BtnCreate_Click(object sender, EventArgs e)
{
  string xmlFilePath = Server.MapPath("~/Chap7/BookLinq.xml");
                                                    //要建立的 XML 文件路径
  XDocument doc = new XDocument                     //建立 XDocument 类实例 doc
    (
      new XDeclaration("1.0", "utf-8", "yes"),
      new XComment("Book 示例"),
      new XElement("Books",
        new XElement("Book",
          new XAttribute("ID", "100"),
          new XElement("BookName", "ASP.NET 高级编程"),
          new XElement("Price", 156)
                  ),
```

```
        new XElement("Book",
          new XAttribute("ID", "101"),
          new XElement("BookName", "精通 LINQ 数据访问"),
          new XElement("Price", 39.8)
                    ),
        new XElement("Book",
          new XAttribute("ID", "102"),
          new XElement("BookName", "ASP.NET 教程"),
          new XElement("Price", 41.6)
                    )
                  )
    );
  doc.Save(xmlFilePath);                          //保存到 XML 文件
  Response.Redirect("~/Chap7/BookLinq.xml");  //以重定向方式显示 BookLinq.xml
}
```

2. 查询 XML 文档

使用 LINQ 查询表达式可方便地读取 XML 文档、查询根元素、查询指定名称的元素、查询指定属性的元素、查询指定元素的子元素等。

实例 7-15　利用 LINQ to XML 查询指定属性的元素

实例 7-15

本实例查询 BookName 元素值为“ASP.NET 高级编程”的元素，最后输出该元素的属性值、下一级子元素 BookName 和 Price 的值。

源程序：LinqXml.aspx.cs 中的 BtnQuery_Click()部分

```
protected void BtnQuery_Click(object sender, EventArgs e)
{
  string xmlFilePath = Server.MapPath("~/Chap7/BookLinq.xml");
  XElement els = XElement.Load(xmlFilePath); //导入 XML 文件
  //查询 BookName 元素值为“ASP.NET 高级编程”的元素
  var elements = from el in els.Elements("Book")
                 where (string)el.Element("BookName") == "ASP.NET 高级编程"
                 select el;
  foreach (XElement el in elements)
  {
    //输出元素 ID 属性的值
    Response.Write(el.Name + "的 ID 为:" + el.Attribute("ID").Value + "<br />");
    //输出 BookName 元素的值
    Response.Write("书名为:" + el.Element("BookName").Value + "<br />");
    //输出 Price 元素的值
    Response.Write("价格为:" + el.Element("Price").Value);
  }
}
```

3. 插入元素

要插入元素，首先需建立一个 XElement 实例，并添加相应内容，再利用 Add()方法添加到上一级元素中。最后利用 Save()方法保存到 XML 文档。

实例 7-16

实例 7-16　利用 LINQ to XML 插入元素

本实例在 BookLinq.xml 文档中插入一个新元素。

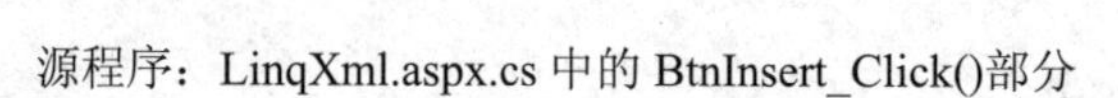
源程序：LinqXml.aspx.cs 中的 BtnInsert_Click()部分

```
protected void BtnInsert_Click(object sender, EventArgs e)
{
  string xmlFilePath = Server.MapPath("~/Chap7/BookLinq.xml");
  XElement els = XElement.Load(xmlFilePath);
  //新建 Book 元素
  XElement el = new XElement
    ("Book",
      new XAttribute("ID", "104"),
      new XElement("BookName", "C#高级编程"),
      new XElement("Price", 119.8)
    );
  els.Add(el);  //添加 Book 元素到 XElement 对象 els 中
  els.Save(xmlFilePath);
  Response.Redirect("~/Chap7/BookLinq.xml");
}
```

4. 修改元素

要修改元素，首先需要根据关键字查找到该元素，再利用 SetAttributeValue()方法设置属性值和 ReplaceNodes()方法修改元素的内容，最后利用 Save()方法保存到 XML 文档。

实例 7-17

实例 7-17　利用 LINQ to XML 修改元素

本实例修改 ID 属性值为 101 的元素内容。

源程序：LinqXml.aspx.cs 中的 BtnUpdate_Click()部分

```
protected void BtnUpdate_Click(object sender, EventArgs e)
{
  string xmlFilePath = Server.MapPath("~/Chap7/BookLinq.xml");
  XElement els = XElement.Load(xmlFilePath);
  var elements = from el in els.Elements("Book")
                 where el.Attribute("ID").Value == "101"
                 select el;
  foreach (XElement el in elements)
  {
    el.SetAttributeValue("ID", "106");  //设置 ID 属性值
    //修改 Book 元素的子元素
    el.ReplaceNodes
      (
        new XElement("BookName", "基于 C#精通 LINQ 数据访问"),
        new XElement("Price", 45.9)
```

```
    );
  }
  els.Save(xmlFilePath);
  Response.Redirect("~/Chap7/BookLinq.xml");
}
```

5. 删除元素

要删除元素，首先需要根据关键字查找到该元素，再利用 Remove()方法删除元素，最后利用 Save()方法保存到 XML 文档中。

实例 7-18

实例 7-18 利用 LINQ to XML 删除元素

本实例删除 ID 属性值为 102 的元素。

源代码：LinqXml.aspx.cs 中的 BtnDelete_Click()部分

```
protected void BtnDelete_Click(object sender, EventArgs e)
{
  string xmlFilePath = Server.MapPath("~/Chap7/BookLinq.xml");
  XElement els = XElement.Load(xmlFilePath);
  var elements = from el in els.Elements("Book")
                 where el.Attribute("ID").Value == "102"
                 select el;
  foreach (XElement el in elements)
  {
    el.Remove();  //删除一个节点元素
  }
  els.Save(xmlFilePath);
  Response.Redirect("~/Chap7/BookLinq.xml");
}
```

7.5 小　结

本章主要介绍了建立 SSE 2016 数据库的方法，以及利用 LINQ 技术实现数据访问的方法。LINQ 技术完全与编程语言整合，将其中的数据作为对象处理，符合数据访问技术的发展。它非常简洁地实现了数据查询、插入、删除、修改等操作。实际上，充分理解利用 LINQ 技术，能满足任何数据访问的需求，这也是 Microsoft 用于数据访问的主要技术。

7.6 习　题

1. 填空题

（1）SQL Server 数据库的验证方式包括_______和_______。

（2）连接数据库的信息通常保存在 Web.config 文件的_______元素中。

（3）VSC 2017 中，若要访问 LocalDB 数据库实例，则需将 Data Source 属性值设置为_______。

（4）连接字符串中常使用_______表示网站的 App_Data 文件夹。

（5）基于 VSC 2017 的 ASP.NET 提供的数据源控件包括_______、_______、_______、_______、_______、_______。

（6）根据要访问的不同数据源，LINQ 类型可分为_______、_______、_______、_______、_______。

（7）在 LINQ to SQL 中，将 SQL Server 数据库映射为_______类，表映射为_______，存储过程映射为_______。

2. 是非题

（1）包含 LocalDB 数据库的 ASP.NET 网站不需要修改配置就能发布到 IIS 7.5 中并正常运行。（　　）

（2）经过配置，使用访问 SQLEXPRESS 数据库实例的方法能访问 LocalDB 数据库实例。（　　）

（3）访问 LocalDB 和 SQLEXPRESS 数据库实例的连接字符串是一样的。（　　）

（4）利用 LINQ 查询表达式可建立匿名对象。（　　）

（5）LINQ 查询表达式的值必须要指定数据类型。（　　）

（6）在 LINQ 查询中使用 group 子句分组后，其结果集合与原集合的结构相同。（　　）

（7）VSC 2017 中建立的数据库可以通过“服务器资源管理器”窗口进行管理。（　　）

3. 选择题

（1）下面有关在 VSC 2017 中建立数据库的描述中错误的是（　　）。

A．数据库的默认排序规则是 Chinese_PRC_CS_AS

B．数据库默认属于 LocalDB 数据库实例

C．在使用 CREATE DATABASE 语句建立数据库时可指定排序规则

D．能将数据库附加到 SQLEXPRESS 数据库服务器中

（2）下面有关 LINQ to SQL 的描述中错误的是（　　）。

A．LINQ to SQL 查询返回的结果是一个集合

B．LINQ to SQL 可处理任何类型数据

C．利用 LINQ to SQL 要调用 SQL Server 中定义的存储过程只需调用映射后的方法

D．LINQ to SQL 中聚合方法的参数常使用 Lambda 表达式

（3）下面有关 LINQ to XML 的描述中错误的是（　　）。

A．可插入、修改、删除、查询元素

B．可读取整个 XML 文档

C．不能创建 XML 文档

D．需要导入 System.Xml.Linq 命名空间

4. 上机操作题

（1）建立并调试本章的所有实例。

（2）仿照 MyPetShop 数据库在 VSC 2017 中建立 TestMyPetShop 数据库，建立访问 TestMyPetShop 数据库的连接字符串。再建立一个测试页能访问和管理表中的数据。

（3）在实例 7-5 的“gvProduct.DataSource = results2;”语句处设置断点，按 F5 键启动调试，理解分组结果。

（4）设计一个查询页面，利用 LINQ to SQL 查询商品名称中有字符 c 且价格在 30 元以

上的商品。

（5）查找资料，利用 LINQ 的“标准查询运算符”方法实现第（4）题的功能。

（6）设计后台管理页面，利用 LINQ to SQL 添加、删除、修改商品。

（7）使用存储过程实现第（5）题的功能。

（8）利用 LINQ 技术将 Product 表转换成 XML 文档。

（9）利用 LINQ to XML 根据文本框中的输入值添加、查询、删除、修改 XML 元素。

（10）查找资料，配置一个以 SQL Server 用户方式访问 SQLEXPRESS 数据库实例的网站，使得该网站能发布到 IIS 7.5 中并正常运行。

第 8 章

数据绑定

本章要点：

- 熟练掌握 ListControl 类控件与数据源的绑定。
- 熟练掌握 GridView 控件与数据源的绑定。
- 掌握 DetailsView 控件与数据源的绑定。

8.1 数据绑定概述

数据源控件和 LINQ 技术实现了数据访问，而要把访问到的数据显示出来，就需要数据绑定控件。图 8-1 给出了数据绑定控件对应类的继承关系的层次结构。

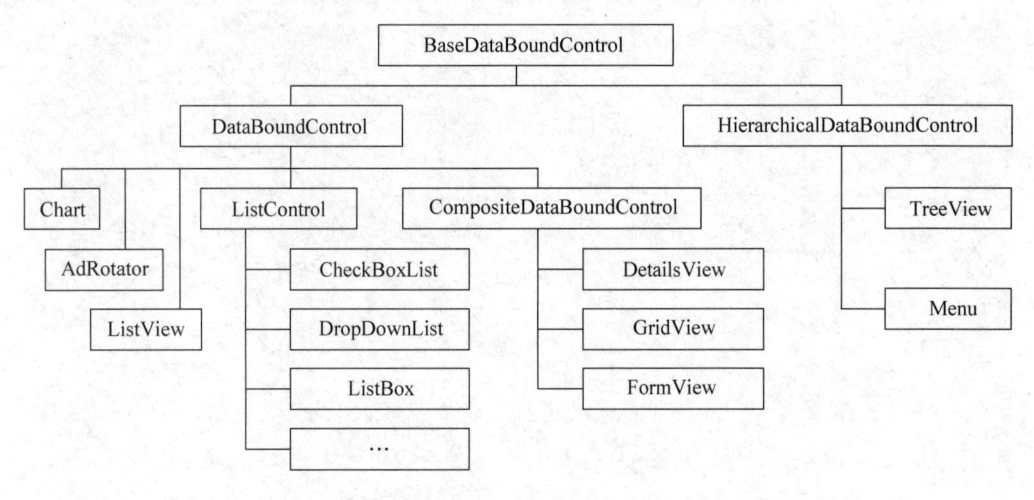

图 8-1 数据绑定控件对应类的继承关系的层次结构

数据绑定控件若与数据源控件结合显示数据，则需设置 DataSourceID 属性值为数据源控件的 ID；若与 LINQ 技术结合，则需设置 DataSource 属性值为 LINQ 查询结果值，并调用 DataBind()方法显示数据。

8.2 ListControl 类控件

ListControl 类控件使用频繁，第 4 章已介绍 ListControl 类控件的使用，本节主要介绍如何在 ListControl 类控件中显示数据库数据。

在 ListControl 类控件中，与数据库数据显示有关的属性主要包括 AppendDataBoundItems、DataSourceID、DataSource、DataTextField、DataValueField。其中，AppendDataBoundItems

用于将数据绑定项追加到静态声明的列表项上；DataTextField 绑定的字段用于显示列表项；DataValueField 绑定的字段用于设置列表项的值。

实例 8-1　结合使用 DropDownList 和 LINQ 显示数据

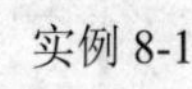

实例 8-1

如图 8-2 和图 8-3 所示，DropDownList 控件中显示的是 Category 表的 Name 字段值，而列表项的值对应的是 CategoryId 字段值。

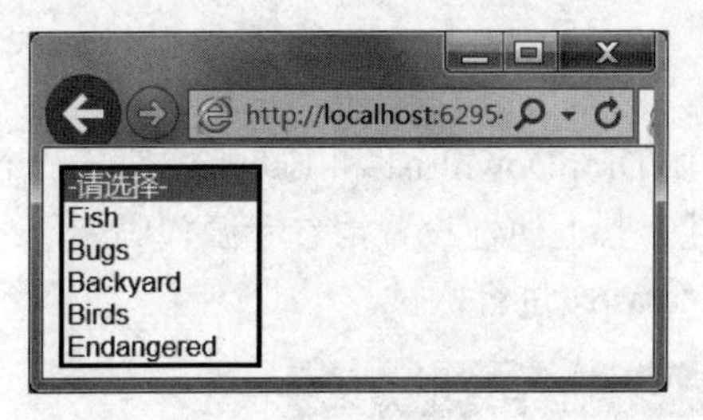

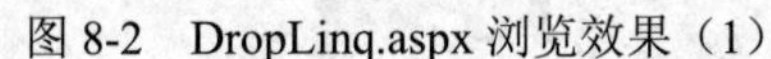

图 8-2　DropLinq.aspx 浏览效果（1）

图 8-3　DropLinq.aspx 浏览效果（2）

源程序：DropLinq.aspx 部分代码

```
<%@ Page Language="C#" AutoEventWireup="true" CodeFile="DropLinq.aspx.cs"
 Inherits="Chap8_DropLinq" %>
…（略）
<form id="form1" runat="server">
  <div>
    <asp:DropDownList ID="ddlCategory" runat="server" AppendDataBoundItems= "True"
     AutoPostBack="True" DataTextField="Name" DataValueField="CategoryId"
     OnSelectedIndexChanged="DdlCategory_SelectedIndexChanged">
      <asp:ListItem>-请选择-</asp:ListItem>
    </asp:DropDownList>
    <asp:Label ID="lblMsg" runat="server"></asp:Label>
  </div>
</form>
…（略）
```

源程序：DropLinq.aspx.cs

```
using System;
using System.Linq;
public partial class Chap8_DropLinq : System.Web.UI.Page
{
  protected void Page_Load(object sender, EventArgs e)
  {
    if (!IsPostBack)
    {
      MyPetShopDataContext db = new MyPetShopDataContext();
      var results = from r in db.Category
                    select r;
      ddlCategory.DataSource = results;
      ddlCategory.DataBind();
```

```
      }
    }
    protected void DdlCategory_SelectedIndexChanged(object sender, EventArgs e)
    {
      lblMsg.Text = "您选择的 CategoryId 为：" + ddlCategory.SelectedValue;
    }
  }
```

操作步骤：

（1）在 Chap8 文件夹中建立 DropLinq.aspx。添加 DropDownList 和 Label 控件各一个。如图 8-4 所示，设置 DropDownList 控件的 Items 属性。其他属性设置请参考源代码。

（2）建立 DropLinq.aspx.cs。最后，浏览 DropLinq.aspx 进行测试。

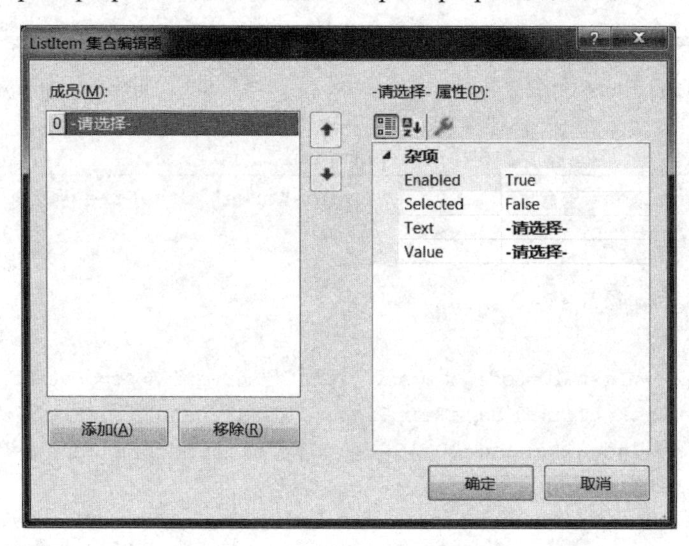

图 8-4　设置 Items 属性

程序说明：

页面载入时触发 Page.Load 事件，执行 Page_Load()方法代码。若为首次载入，则利用 LINQ 技术查询 Category 表，再将查询结果绑定到 ddlCategory 控件。当选择一个列表项后，触发 SelectedIndexChanged 事件，执行对应的事件处理代码，显示选中列表项的 CategoryId 字段值。

实例 8-2

实例 8-2　根据选择项填充列表框内容

如图 8-5 所示，当选择单选按钮对应的商品分类名称时，在列表框中显示该分类中的所有商品名称。

图 8-5　RdoListLinq.aspx 浏览效果

源程序：RdoListLinq.aspx 部分代码

```
<%@ Page Language="C#" AutoEventWireup="true" CodeFile="RdoListLinq.aspx.cs"
 Inherits="Chap8_RdoListLinq" %>
…（略）
<form id="form1" runat="server">
  <div>
    <asp:RadioButtonList ID="rdoltCategory" runat="server" AutoPostBack="True"
     DataTextField="Name" DataValueField="CategoryId" RepeatDirection="Horizontal"
     OnSelectedIndexChanged="RdoltCategory_SelectedIndexChanged">
    </asp:RadioButtonList>
    <asp:ListBox ID="lstProduct" runat="server" DataTextField="Name"
     DataValueField="ProductId"></asp:ListBox>
  </div>
</form>
…（略）
```

源程序：RdoListLinq.aspx.cs

```
using System;
using System.Linq;
public partial class Chap8_RdoListLinq : System.Web.UI.Page
{
  MyPetShopDataContext db = new MyPetShopDataContext();
  protected void Page_Load(object sender, EventArgs e)
  {
    //页面首次载入时查询 Category 表并将查询结果绑定到 rdoltCategory
    if (!IsPostBack)
    {
      var results = from r in db.Category
                    select r;
      rdoltCategory.DataSource = results;
      rdoltCategory.DataBind();
    }
  }
  protected void RdoltCategory_SelectedIndexChanged(object sender, EventArgs e)
  {
    //查询 Product 表中 CategoryId 字段值与选中单选按钮对应的 Category 表中 CategoryId
    //字段值相同的记录
    var results = from r in db.Product
                  where r.CategoryId == int.Parse(rdoltCategory.SelectedValue)
                  select r;
    lstProduct.DataSource = results;
    lstProduct.DataBind();
  }
}
```

8.3 GridView 控件

GridView 控件用于显示二维表格式的数据，可以方便地实现数据绑定、分页、排序、行选择、更新、删除等功能。

8.3.1 分页和排序

要实现分页功能需要设置 AllowPaging 属性值为 True。分页的效果可在 PagerSettings 属性集合中设置。例如，用于设置分页类型的 Mode 属性，用于设置“第一页”按钮图片 URL 的 FirstPageImageUrl 属性等。要实现排序功能需要设置 AllowSorting 属性值为 True。

实例 8-3

实例 8-3 分页和排序 GridView 中数据

如图 8-6 所示，单击标题栏中的字段能按该字段实现排序功能，用户选择每页显示条数后可改变 GridView 中显示的记录数，同时显示当前的页码和总页数。

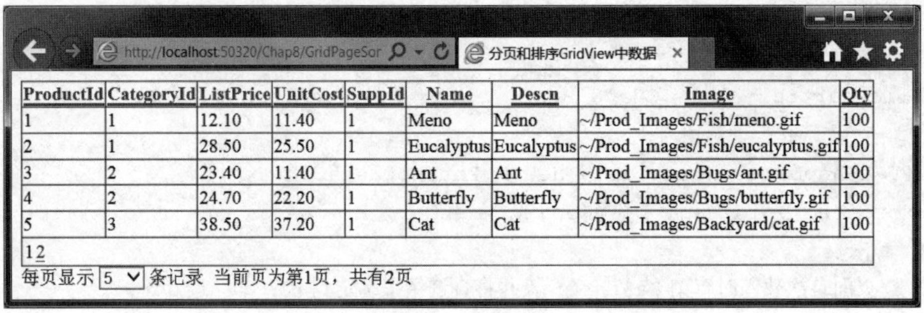

http://localhost:50320/Chap8/GridPageSor　分页和排序GridView中数据

ProductId	CategoryId	ListPrice	UnitCost	SuppId	Name	Descn	Image	Qty
1	1	12.10	11.40	1	Meno	Meno	~/Prod_Images/Fish/meno.gif	100
2	1	28.50	25.50	1	Eucalyptus	Eucalyptus	~/Prod_Images/Fish/eucalyptus.gif	100
3	2	23.40	11.40	1	Ant	Ant	~/Prod_Images/Bugs/ant.gif	100
4	2	24.70	22.20	1	Butterfly	Butterfly	~/Prod_Images/Bugs/butterfly.gif	100
5	3	38.50	37.20	1	Cat	Cat	~/Prod_Images/Backyard/cat.gif	100

12

每页显示 5 条记录 当前页为第1页，共有2页

图 8-6 GridPageSort.aspx 浏览效果

源程序：GridPageSort.aspx 部分代码

```
<%@ Page Language="C#" AutoEventWireup="true" CodeFile="GridPageSort.aspx.cs"
 Inherits="Chap8_GridPageSort" %>
…（略）
<form id="form1" runat="server">
  <div>
    <asp:GridView ID="gvProduct" runat="server" AllowPaging="True"
     AllowSorting="True" AutoGenerateColumns="False"
     DataKeyNames="ProductId" DataSourceID="ldsProduct"
     PageSize="5" OnRowDataBound="GvProduct_RowDataBound">
      <Columns>
        <asp:BoundField DataField="ProductId" HeaderText="ProductId"
         InsertVisible="False" ReadOnly="True" SortExpression="ProductId" />
        <asp:BoundField DataField="CategoryId" HeaderText="CategoryId"
         SortExpression="CategoryId" />
        <asp:BoundField DataField="ListPrice" HeaderText="ListPrice"
         SortExpression="ListPrice" />
```

```
        <asp:BoundField DataField="UnitCost" HeaderText="UnitCost"
         SortExpression="UnitCost" />
        <asp:BoundField DataField="SuppId" HeaderText="SuppId"
         SortExpression="SuppId" />
        <asp:BoundField DataField="Name" HeaderText="Name"
         SortExpression="Name" />
        <asp:BoundField DataField="Descn" HeaderText="Descn"
         SortExpression="Descn" />
        <asp:BoundField DataField="Image" HeaderText="Image"
         SortExpression="Image" />
        <asp:BoundField DataField="Qty" HeaderText="Qty" SortExpression="Qty" />
      </Columns>
    </asp:GridView>
    <asp:LinqDataSource ID="ldsProduct" runat="server"
     ContextTypeName="MyPetShopDataContext" TableName="Product">
    </asp:LinqDataSource>
    每页显示
    <asp:DropDownList ID="ddlPageSize" runat="server" AutoPostBack="True"
     OnSelectedIndexChanged="DdlPageSize_SelectedIndexChanged">
      <asp:ListItem>5</asp:ListItem>
      <asp:ListItem>10</asp:ListItem>
    </asp:DropDownList>
    条记录  <asp:Label ID="lblMsg" runat="server"></asp:Label>
  </div>
</form>
…（略）
```

源程序：GridPageSort.aspx.cs

```
using System;
using System.Web.UI.WebControls;
public partial class Chap8_GridPageSort : System.Web.UI.Page
{
  protected void DdlPageSize_SelectedIndexChanged(object sender, EventArgs e)
  {
    gvProduct.PageSize = int.Parse(ddlPageSize.SelectedValue);
    gvProduct.DataBind();
  }
  protected void GvProduct_RowDataBound(object sender, GridViewRowEventArgs e)
  {
    lblMsg.Text = "当前页为第" + (gvProduct.PageIndex + 1).ToString() + "页，共有"
                + (gvProduct.PageCount).ToString() + "页";
  }
}
```

操作步骤：

（1）在 Chap8 文件夹中建立 GridPageSort.aspx。添加 GridView、DropDownList、Label 和 LinqDataSource 控件各一个，参考源程序分别设置各控件的 ID 属性值。

（2）配置 LinqDataSource 控件的数据源为 Product 表。

（3）参考源程序设置 GridView 的 AllowPaging、AllowSorting、DataSourceID、PageSize 等属性以及其他控件的属性。

（4）建立 GridPageSort.aspx.cs。最后，浏览 GridPageSort.aspx 进行测试。

程序说明：

页面载入时，GridView 根据设置的每页显示条数显示结果。

当用户选择每页显示条数后，触发 SelectedIndexChanged 事件，执行对应的事件处理代码后改变 GridView 的 PageSize 属性值，再重新绑定数据。

GridView 的 RowDataBound 事件在对行进行数据绑定后被触发，因此，当改变当前页或改变每页显示条数时都会触发该事件。此时，获取 GridView 的 PageIndex 属性值即为当前页码，但要注意 PageIndex 的编号从 0 开始；获取 PageCount 属性值即为总页数。

8.3.2 定制数据绑定列

GridView 为开发人员提供了灵活的列定制功能，如增加复选框列、显示图片列等。在使用该功能时，需要设置 AutoGenerateColumns 属性值为 False。实际上，GridView 中的每一列都是一个 DataControlField 类，并从该类派生出不同类型的子类。表 8-1 给出了 GridView 中不同类型的绑定列。

表 8-1 GridView 中不同类型的数据绑定列对应表

类 型	说 明
BoundField	用于显示普通文本内容。其 DataField 属性用于设置绑定的数据列名称；HeaderText 属性用于设置表头的列名称，如将原来为英文的字段名用中文显示
CheckBoxField	用于显示布尔类型数据
CommandField	用于创建命令按钮列。其 ShowEditButton、ShowDeleteButton、ShowCancelButton 和 ShowSelectButton 等属性用于设置是否显示对应类型的按钮
DynamicField	用于绑定动态数据列
ImageField	用于显示图片列。其 DataImageUrlField 属性用于设置绑定图片路径的数据列；DataImageUrlFormatString 属性用于设置图片列中每个图片的 URL 的格式
HyperLinkField	用于显示超链接列。其 DataTextField 属性将绑定的数据列显示为超链接的文字；DataNavigateUrlFields 属性将绑定的数据列作为超链接的 URL 地址；DataNavigateUrlFormatString 属性用于设置超链接列中每个链接的格式
ButtonField	定义按钮列，与 CommandField 列不同的是：ButtonField 所定义的按钮与 GridView 没有直接关系，可以自定义相应的操作
TemplateField	以模板的形式自定义数据列

实例 8-4 自定义 GridView 数据绑定列

如图 8-7 所示，GridView 呈现 Product 表的部分数据，其中表头信息以中文表示，显示图片的列为 ImageField 列。

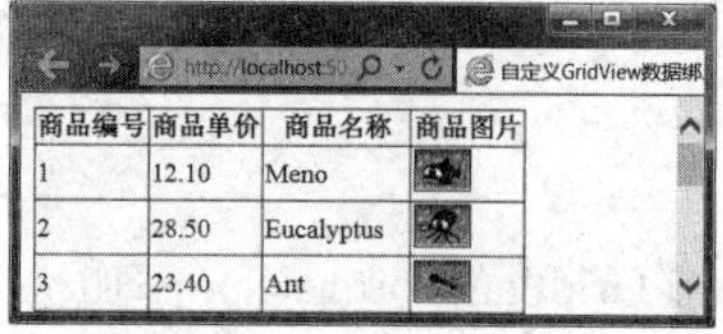

实例 8-4

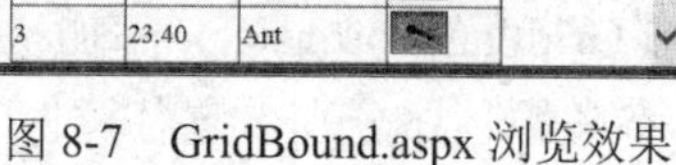
图 8-7 GridBound.aspx 浏览效果

源程序：GridBound.aspx 部分代码

```
<%@ Page Language="C#" AutoEventWireup="true" CodeFile="GridBound.aspx.cs"
 Inherits="Chap8_GridBound" %>
…（略）
<form id="form1" runat="server">
  <div>
    <asp:GridView ID="gvProduct" runat="server" AutoGenerateColumns="False"
     DataSourceID="ldsProduct">
      <Columns>
        <asp:BoundField DataField="ProductId" HeaderText="商品编号" />
        <asp:BoundField DataField="ListPrice" HeaderText="商品单价" />
        <asp:BoundField DataField="Name" HeaderText="商品名称" />
        <asp:ImageField DataImageUrlField="Image" HeaderText="商品图片">
          <ControlStyle Height="25px" Width="35px" />
        </asp:ImageField>
      </Columns>
    </asp:GridView>
    <asp:LinqDataSource ID="ldsProduct" runat="server"
     ContextTypeName="MyPetShopDataContext" TableName="Product">
    </asp:LinqDataSource>
  </div>
</form>
…（略）
```

操作步骤：

（1）在 Chap8 文件夹中建立 GridBound.aspx。添加 GridView 和 LinqDataSource 控件各一个，参考源程序分别设置各控件的 ID 属性值。

（2）设置 LinqDataSource 控件的数据源为 Product 表。

（3）参考源程序设置 GridView 的 DataSourceID 属性值。如图 8-8 所示，设置 Columns 属性。在图 8-8 中，可根据需要添加不同类型的列，再对添加的列分别设置属性。最后，浏览 GridBound.aspx 查看效果。

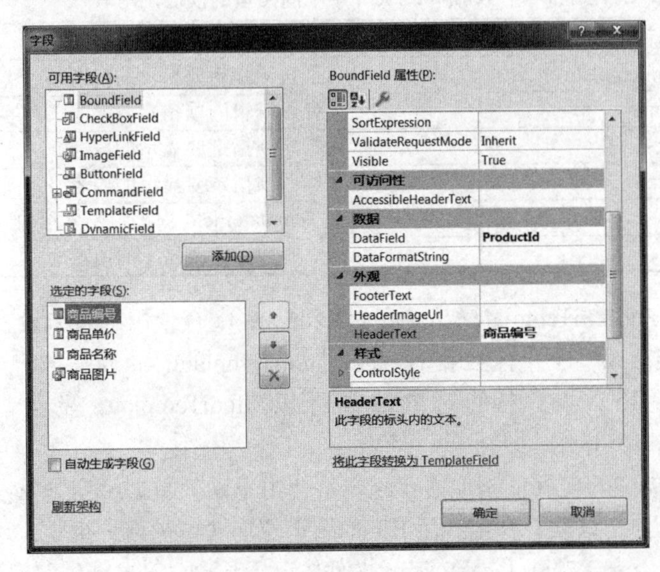

图 8-8　设置 Columns 属性

程序说明：

本实例使用的 Product 表的 Image 字段存储了对应图片的路径，此时要在 GridView 中显示图片，只需设置 ImageField 列的 DataImageUrlField 属性值为字段名 Image 即可，但若在数据库中存储图片信息时仅存储了图片的文件名，则还需配合使用 DataImageUrlFormatString 属性。例如，假设图片统一存放在网站根文件夹下的 Images 文件夹，Image 字段存储的是图片的文件名，则要能正确地显示图片，相关属性应设置如下：

```
<asp:ImageField DataImageUrlField="Image" HeaderText="图片"
 DataImageUrlFormatString="~\Images\{0}">
</asp:ImageField>
```

其中{0}在页面浏览时会被 DataImageUrlField 属性设置的 Image 字段值代替。

8.3.3 使用模板列

在实际工程中，仅使用标准列常不能满足要求，如在 GridView 中以 DropDownList 形式提供数据输入，在编辑字段时提供数据验证功能等。通过使用模板列能很好地解决这些问题。

在创建 TemplateField 时，需根据不同状态和位置的行提供不同的模板，如图 8-9 所示。不同类型模板说明如表 8-2 所示。

□全选	商品编号	商品分类编号	商品单价	商品名称	商品库存		
□	1	1	12.10	Meno	100	编辑	ItemTemplate
□	2	1	28.50	Eucalyptus	100	编辑	AlternatingItemTemplate
□	3	Backyard	23.40	Ant	100	更新 取消	EditItemTemplate
□	4	2	24.70	Butterfly	100	编辑	
□	5	3	38.50	Cat	100	编辑	
							FooterTemplate
1 2							PagerTemplate

（表头行对应 HeaderTemplate）

图 8-9　各种类型的模板

表 8-2　TemplateField 中不同类型的模板说明表

模　板	说　明
AlternatingItemTemplate	为交替项指定要显示的内容
EditItemTemplate	为处于编辑的项指定要显示的内容
FooterTemplate	为脚注项指定要显示的内容
HeaderTemplate	为标题项指定要显示的内容
ItemTemplate	为 TemplateField 列指定要显示的内容
PagerTemplate	为页码项指定要显示的内容

其中，AlternatingItemTemplate 需与 ItemTemplate 配合使用。若未设置 AlternatingItemTemplate，则 GridView 的所有数据行都以 ItemTemplate 显示；若已设置 AlternatingItemTemplate，则 GridView 中的奇数数据行以 ItemTemplate 显示，偶数数据行以 AlternatingItemTemplate 显示。

在为各种不同类型的模板中添加内容时，常使用不同的数据绑定方法 Eval()和 Bind()。其中，Eval()用于单向（只读）绑定，而 Bind()用于双向（可更新）绑定。这些方法在使用时需要包含在<%#…%>中。实际上，在.aspx 文件中，通过<%#…%>还可绑定变量、集合、表达式等。例如，若 name 是在.aspx.cs 文件中定义的公共变量，则在.aspx 文件中使用<%# name %>并通过在.aspx.cs 文件中调用 Page.DataBind()方法后即能在浏览页面中显示 name 变量值。

实例 8-5

实例 8-5　运用 GridView 模板列

如图 8-10 所示，复选框列和“商品分类编号”列为模板列。

□全选	商品编号	商品分类编号	商品单价	商品名称	商品库存	
□	1	1	12.10	Meno	100	编辑
□	2	1	28.50	Eucalyptus	100	编辑
□	3	Bugs	23.40	Ant	100	更新 取消
□	4	2	24.70	Butterfly	100	编辑
□	5	3	38.50	Cat	100	编辑
1 2						

确定

图 8-10　GridTemplate.aspx 浏览效果

源程序：GridTemplate.aspx 部分代码

```
<%@ Page Language="C#" AutoEventWireup="true" CodeFile="GridTemplate.aspx.cs"
 Inherits="Chap8_GridTemplate" %>
…（略）
<form id="form1" runat="server">
  <div>
    <asp:GridView ID="gvProduct" runat="server" AllowPaging="True"
     AutoGenerateColumns="False" DataKeyNames="ProductId"
     DataSourceID="ldsProduct" PageSize="5">
      <Columns>
        <asp:TemplateField>
          <ItemTemplate>
            <asp:CheckBox ID="chkItem" runat="server" />
          </ItemTemplate>
          <HeaderTemplate>
            <asp:CheckBox ID="chkAll" runat="server" AutoPostBack="True"
             Text="全选" OnCheckedChanged="ChkAll_CheckedChanged" />
          </HeaderTemplate>
        </asp:TemplateField>
        <asp:BoundField DataField="ProductId" HeaderText="商品编号"
         InsertVisible="False" ReadOnly="True" />
        <asp:TemplateField HeaderText="商品分类编号">
          <ItemTemplate>
            <asp:Label ID="lblCategoryId" runat="server"
             Text='<%# Bind("CategoryId") %>'></asp:Label>
          </ItemTemplate>
          <EditItemTemplate>
            <asp:DropDownList ID="ddlCategory" runat="server"
```

```
        DataSourceID="ldsCategory" DataTextField="Name"
        DataValueField="CategoryId"
        SelectedValue='<%# Bind("CategoryId") %>'>
       </asp:DropDownList>
       <asp:LinqDataSource ID="ldsCategory" runat="server"
        ContextTypeName="MyPetShopDataContext" TableName="Category">
       </asp:LinqDataSource>
     </EditItemTemplate>
   </asp:TemplateField>
   <asp:BoundField DataField="ListPrice" HeaderText="商品单价" />
   <asp:BoundField DataField="Name" HeaderText="商品名称" />
   <asp:BoundField DataField="Qty" HeaderText="商品库存" />
   <asp:CommandField ShowEditButton="True" />
  </Columns>
 </asp:GridView>
 <asp:LinqDataSource ID="ldsProduct" runat="server"
  ContextTypeName="MyPetShopDataContext" EnableUpdate="True"
  TableName="Product">
 </asp:LinqDataSource>
 <asp:Button ID="btnSubmit" runat="server" Text="确定"
  OnClick="BtnSubmit_Click" />
 <asp:Label ID="lblProductId" runat="server"></asp:Label>
</div>
</form>
…（略）
```

源程序：GridTemplate.aspx.cs

```
using System;
using System.Web.UI.WebControls;
public partial class Chap8_GridTemplate : System.Web.UI.Page
{
  protected void ChkAll_CheckedChanged(object sender, EventArgs e)
  {
    //获取 GridView 标题行中的 chkAll 对象
    CheckBox chkAll = (CheckBox)sender;
    foreach (GridViewRow gvRow in gvProduct.Rows)
    {
      //获取 GridView 数据行中的 chkItem 对象
      CheckBox chkItem = (CheckBox)gvRow.FindControl("chkItem");
      chkItem.Checked = chkAll.Checked;
    }
  }
  protected void BtnSubmit_Click(object sender, EventArgs e)
  {
    lblProductId.Text = "您选择的 ProductId 为：";
    foreach (GridViewRow gvRow in gvProduct.Rows)
```

```
            {
              CheckBox chkItem = (CheckBox)gvRow.FindControl("chkItem");
              if (chkItem.Checked)
              {
                lblProductId.Text += gvRow.Cells[1].Text + "、";
              }
            }
        }
    }
```

操作步骤：

（1）在 Chap8 文件夹中建立 GridTemplate.aspx。添加 GridView、LinqDataSource、Button 和 Label 控件各一个，参考源程序分别设置各控件的 ID 属性值。

（2）设置 LinqDataSource 控件的数据源为 Product 表，再设置 EnableUpdate 属性值为 True 后绑定到 GridView。

（3）在设置 GridView 的 Columns 属性对话框中，添加一列带编辑、更新和取消的 CommandField 及一列 TemplateField，调整 TemplateField 列位置，再将 CategoryId 列转换为 TemplateField。

（4）单击 GridView 的智能标记，选择“编辑模板”→“Column[0]”选项，呈现如图 8-11 所示的界面。在 ItemTemplate 和 HeaderTemplate 内容区各添加 CheckBox 控件一个，参考源程序设置各控件属性。

（5）选择“Column[2]-商品分类编号”选项，呈现如图 8-12 所示的界面。在 ItemTemplate 内容区中，设置 Label 控件的 ID 属性。在 EditItemTemplate 内容区中，删除原来的 TextBox 控件，添加 DropDownList 和 LinqDataSource 控件各一个，参考源程序设置各控件的 ID 属性。设置 LinqDataSource 数据源为 Category 表并绑定到 DropDownList。其中 DropDownList 中显示的数据字段为 Name，值的数据字段为 CategoryId（属于 Category 表）。单击 DropDownList 控件的智能标记，选择“编辑 DataBindings”选项，呈现如图 8-13 所示的对话框。在图 8-13 中输入自定义绑定代码表达式 Bind("CategoryId")将 SelectedValue 属性绑定到 CategoryId（属于 Product 表），单击“确定”按钮完成绑定。

（6）建立 GridTemplate.aspx.cs。最后，浏览 GridTemplate.aspx 进行测试。

gvProduct - Column[0]
ItemTemplate
[chkItem]
AlternatingItemTemplate
EditItemTemplate
HeaderTemplate
全选

图 8-11 “Column[0]”模板编辑界面

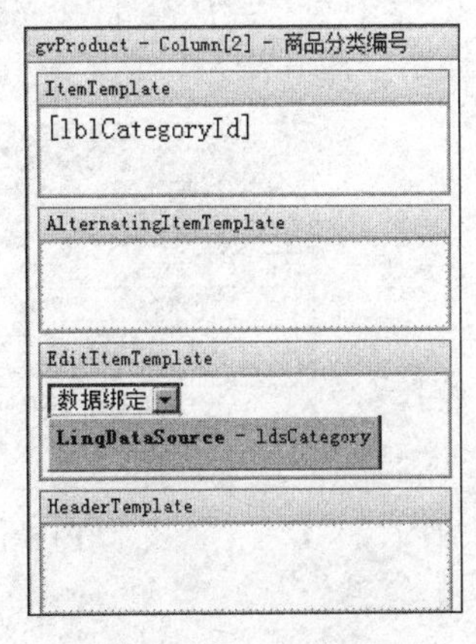

图 8-12 “Column[2]-商品分类编号”模板编辑界面

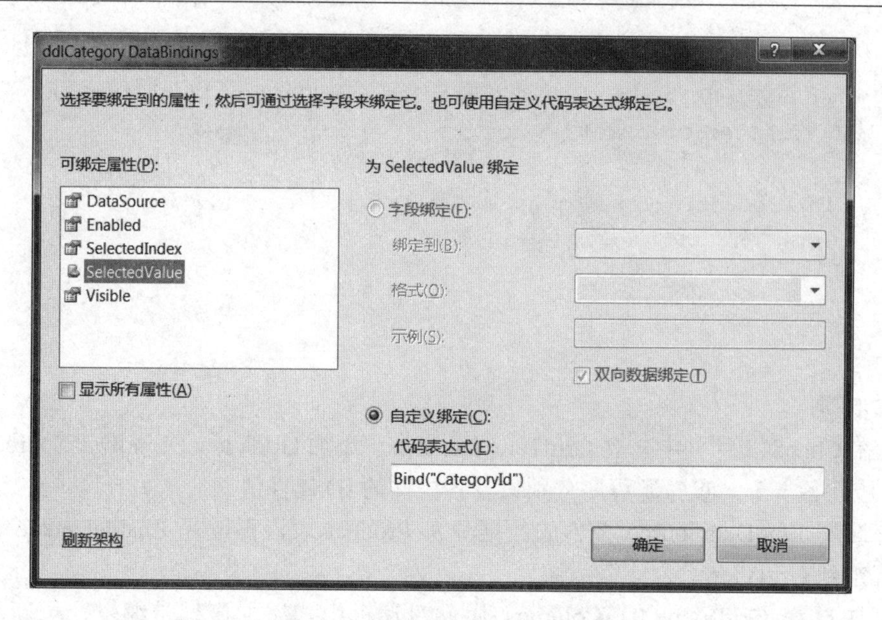

图 8-13　编辑 DataBindings 界面

程序说明：

ChkAll_CheckedChanged()方法将 GridView 数据行中所有复选框的状态设置为与 GridView 标题行中复选框相同的状态。BtnSubmit_Click()方法获取所有选中商品的编号。

在模板列中不能直接访问各模板中的控件，需使用 FindControl()方法在 GridView 控件的 GridViewRow 对象中找到后才能访问这些控件。

8.3.4　利用 GridView 编辑、删除数据

单击 GridView 的智能标记，选择“启用编辑”和“启用删除”选项，可提供编辑和删除数据功能。当然，绑定至 GridView 的数据源控件也要提供更新、删除功能。这时，当用户单击“删除”链接按钮时，系统不会给出提示信息就直接删除表中数据，这样容易导致误操作。这种问题可以通过添加 JavaScript 代码解决。

实例 8-6

实例 8-6　为 GridView 中“删除”链接按钮添加客户端提示信息

如图 8-14 所示，当用户单击“删除”链接按钮试图删除某行数据时，系统会给出提示信息让用户确认。

CategoryId	Name	Descn	编辑	删除
1	Fish	Fish	编辑	删除
2	Bugs	Bugs	编辑	删除
3	Backyard	Backyard	编辑	删除
4	Birds	Birds	编辑	删除
5	Endangered	Endangered	编辑	删除
6	Cats	有点像老虎	编辑	删除

来自网页的消息

您真要删除分类名为Cats的记录吗?

确定　取消

图 8-14　GridDelete.aspx 浏览效果

源程序：GridDelete.aspx 部分代码

```
<%@ Page Language="C#" AutoEventWireup="true" CodeFile="GridDelete.aspx.cs"
```

```
 Inherits="Chap8_GridDelete" %>
…（略）
<form id="form1" runat="server">
<div>
  <asp:GridView ID="gvCategory" runat="server" AutoGenerateColumns="False"
   DataKeyNames="CategoryId" DataSourceID="ldsCategory"
   OnRowDataBound="GvCategory_RowDataBound">
    <Columns>
      <asp:BoundField DataField="CategoryId" HeaderText="CategoryId"
       InsertVisible="False" ReadOnly="True" />
      <asp:BoundField DataField="Name" HeaderText="Name" />
      <asp:BoundField DataField="Descn" HeaderText="Descn" />
      <asp:CommandField ShowEditButton="True" HeaderText="编辑" />
      <asp:CommandField HeaderText="删除" ShowDeleteButton="True" />
    </Columns>
  </asp:GridView>
  <asp:LinqDataSource ID="ldsCategory" runat="server"
   ContextTypeName="MyPetShopDataContext" EnableDelete="True"
   EnableUpdate="True" TableName="Category">
  </asp:LinqDataSource>
</div>
</form>
…（略）
```

源程序：GridDelete.aspx.cs

```
using System.Web.UI.WebControls;
public partial class Chap8_GridDelete : System.Web.UI.Page
{
  protected void GvCategory_RowDataBound(object sender, GridViewRowEventArgs e)
  {
    if (e.Row.RowType == DataControlRowType.DataRow)   //判断数据行
    {
      try
      {
        //获取“删除”链接按钮
        LinkButton lnkbtnDelete = (LinkButton)e.Row.Cells[4].Controls[0];
        //添加 JavaScript 代码实现客户端信息的提示
        lnkbtnDelete.OnClientClick = "return confirm('您真要删除分类名为"
         + e.Row.Cells[1].Text + "的记录吗?');";
      }
      catch
      {
        //若 try 块有异常，则不做任何操作
      }
    }
```

```
    }
}
```

操作步骤：

（1）在 Chap8 文件夹中建立 GridDelete.aspx。添加 LinqDataSource 和 GridView 控件各一个，参考源程序分别设置各控件的 ID 属性值。

（2）设置 LinqDataSource 控件的数据源为 Category 表，再设置 EnableDelete 和 EnableUpdate 属性值为 True，最后绑定到 GridView。

（3）在设置 GridView 的 Columns 属性对话框中，添加两列 CommandField，其中一列为“编辑、更新、取消”列，另一列为“删除”列。

（4）建立 GridDelete.aspx.cs。最后，浏览 GridDelete.aspx 进行测试。

程序说明：

Category 表中的 CategoryId 字段为主键，该信息包含于 GridView 的 DataKeyNames 属性中。另外，CategoryId 字段已设置为标识，该字段值会自动生成，不能被编辑，因此，该字段对应的绑定列应设置 InsertVisible="False"且 ReadOnly="True"。

GridView 的 RowDataBound 事件在数据被分别绑定到行时触发。由于单击“编辑”链接按钮后，“删除”链接按钮将消失，此时就不能获取“删除”链接按钮对象，所以通过使用 try…catch 结构使得用户单击“编辑”链接按钮时将执行 catch 块中的操作（catch 块为空，因此不做任何操作）。事件处理代码中的 e.Row 返回“删除”链接按钮的所在行对象。RowType 返回 GridView 中行的类型，值包括 DataRow（数据行）、Footer（脚注行）、Header（标题行）、EmptyDataRow（空行）、Pager（导航行）和 Separator（分隔符行）共六种类型。Cells 集合返回指定行中的所有单元格对象，Controls 集合返回指定单元格中的所有控件对象。

实例 8-7

实例 8-7 结合 GridView 和独立页修改数据

如图 8-15 和图 8-16 所示，当单击“修改”链接后，在另一个独立的页面中修改对应行的数据。

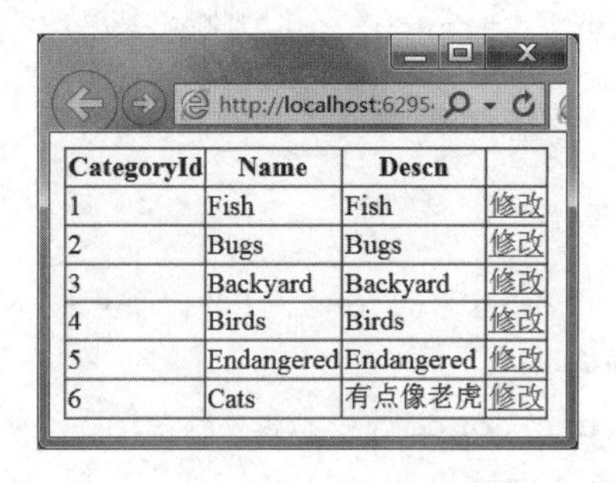

图 8-15 GridUpdate.aspx 浏览效果

图 8-16 独立页修改数据界面

源程序：GridUpdate.aspx 部分代码

```
<%@ Page Language="C#" AutoEventWireup="true" CodeFile="GridUpdate.aspx.cs"
 Inherits="Chap8_GridUpdate" %>
…（略）
<form id="form1" runat="server">
```

```
  <div>
    <asp:GridView ID="gvCategory" runat="server" AutoGenerateColumns="False">
      <Columns>
        <asp:BoundField DataField="CategoryId" HeaderText="CategoryId" />
        <asp:BoundField DataField="Name" HeaderText="Name" />
        <asp:BoundField DataField="Descn" HeaderText="Descn" />
        <asp:HyperLinkField DataNavigateUrlFields="CategoryId"
         DataNavigateUrlFormatString="~/Chap8/Update.aspx?CategoryId={0}"
         Text="修改" />
      </Columns>
    </asp:GridView>
  </div>
</form>
…（略）
```

源程序：GridUpdate.aspx.cs

```
using System;
using System.Linq;
public partial class Chap8_GridUpdate : System.Web.UI.Page
{
  protected void Page_Load(object sender, EventArgs e)
  {
    MyPetShopDataContext db = new MyPetShopDataContext();
    var results = from r in db.Category
                  select r;
    gvCategory.DataSource = results;
    gvCategory.DataBind();
  }
}
```

源程序：Update.aspx 部分代码

```
<%@ Page Language="C#" AutoEventWireup="true" CodeFile="Update.aspx.cs"
  Inherits="Chap8_Update" %>
…（略）
<form id="form1" runat="server">
  <div>
    分类ID：<asp:TextBox ID="txtCategoryId" runat="server"></asp:TextBox><br />
    分类名：<asp:TextBox ID="txtName" runat="server"></asp:TextBox><br />
    描述：<asp:TextBox ID="txtDescn" runat="server" TextMode="MultiLine">
         </asp:TextBox><br />
    <asp:Button ID="btnUpdate" runat="server" Text="修改"
     OnClick="BtnUpdate_Click" />
  </div>
</form>
…（略）
```

源程序：Update.aspx.cs

```
using System;
using System.Linq;
public partial class Chap8_Update : System.Web.UI.Page
{
  protected void Page_Load(object sender, EventArgs e)
  {
    if (!IsPostBack & Request.QueryString["CategoryId"] != null)
    {
      int categoryId = int.Parse(Request.QueryString["CategoryId"]);
      MyPetShopDataContext db = new MyPetShopDataContext();
      //获取要修改的记录对象
      var category = (from r in db.Category
                      where r.CategoryId == categoryId
                      select r).First();
      //分类编号是标识，不能更改
      txtCategoryId.ReadOnly = true;
      txtCategoryId.Text = category.CategoryId.ToString();
      txtName.Text = category.Name;
      txtDescn.Text = category.Descn;
    }
  }
  protected void BtnUpdate_Click(object sender, EventArgs e)
  {
    MyPetShopDataContext db = new MyPetShopDataContext();
    var category = (from r in db.Category
                    where r.CategoryId == int.Parse(txtCategoryId.Text)
                    select r).First();
    category.Name = txtName.Text;
    category.Descn = txtDescn.Text;
    db.SubmitChanges();
    Response.Redirect("~/Chap8/GridUpdate.aspx");
  }
}
```

操作步骤：

（1）在 Chap8 文件夹中建立 GridUpdate.aspx。添加一个 GridView 控件，参考源程序分别设置 ID 和 AutoGenerateColumns 属性值。

（2）在设置 GridView 的 Columns 属性对话框中，添加三列 BoundField 和一列 HyperLinkField，参考源程序设置各列的属性。

（3）建立 GridUpdate.aspx.cs。

（4）在 Chap8 文件夹中建立 Update.aspx，参考源程序添加各个控件并设置各控件属性值。

（5）建立 Update.aspx.cs。最后，浏览 GridUpdate.aspx 进行测试。

程序说明：

GridUpdate.aspx 页面首次载入时利用 LINQ 技术查询 Category 表并将结果绑定到

gvCategory。HyperLinkField 列的 DataNavigateUrlFormatString 属性值确定了目标 URL 的格式，其中{0}在页面浏览时会被 DataNavigateUrlFields 对应的字段值代替。例如，若单击 CategoryId 值为 13 所在行的“修改”链接后，页面跳转到~/Chap8/Update.aspx?CategoryId=13，其中{0}已被 CategoryId 值所代替。

在 Update.aspx 页面首次载入且查询字符串中的 CategoryId 值非空时，利用 LINQ 技术根据查询字符串中的 CategoryId 值查询要修改的记录，再将该记录中各字段的值显示在对应的文本框中。当用户完成修改并单击图 8-16 所示中的“修改”按钮后，利用 LINQ 技术根据 txtCategoryId 中的 CategoryId 值查询要修改的记录，再根据 txtName 和 txtDescn 文本框中的值修改对应的属性，最后将修改结果提交到数据库进行保存。

8.3.5 显示主从表

需要显示主从表的情形常与数据库中的“一对多”联系对应，如一种商品分类包含多种商品，一个供应商供应多种商品等。这种情形在数据库中根据规范化理论应该设计成多张表，要显示多张表就涉及表的同步问题。例如，若使用一个 GridView 显示商品分类表，那么当选择某种商品分类时，另一个 GridView 能同步显示该商品分类中包含的所有商品。

显示主从表根据实际需求可分为在同一页或不同页两种情况。

实例 8-8

实例 8-8 在同一页显示主从表

如图 8-17 所示，当单击“选择”链接按钮时，“从表”中将显示“主表”中不同商品分类包含的所有商品。

http://localhost:62954/Chap8/GridM 在同一页显示主从表

主表

CategoryId	Name	Descn	
1	Fish	Fish	选择
2	Bugs	Bugs	选择
3	Backyard	Backyard	选择
1 2			

从表

ProductId	CategoryId	ListPrice	UnitCost	SuppId	Name	Descn	Image	Qty
1	1	12.10	11.40	1	Meno	Meno	~/Prod_Images/Fish/meno.gif	100
2	1	28.50	25.50	1	Eucalyptus	Eucalyptus	~/Prod_Images/Fish/eucalyptus.gif	100

图 8-17 GridMainSub.aspx 浏览效果

源代码：GridMainSub.aspx 部分代码

```
<%@ Page Language="C#" AutoEventWireup="true" CodeFile="GridMainSub.aspx.cs"
 Inherits="Chap8_GridMainSub" %>
…（略）
<form id="form1" runat="server">
  <div>
    主表
    <asp:GridView ID="gvCategory" runat="server" AllowPaging="True"
```

```
    AutoGenerateColumns="False" DataKeyNames="CategoryId"
    DataSourceID="ldsCategory" PageSize="3">
     <Columns>
       <asp:BoundField DataField="CategoryId" HeaderText="CategoryId"
         InsertVisible="False" ReadOnly="True" />
       <asp:BoundField DataField="Name" HeaderText="Name" />
       <asp:BoundField DataField="Descn" HeaderText="Descn" />
       <asp:CommandField ShowSelectButton="True" />
     </Columns>
   </asp:GridView>
   从表
   <asp:GridView ID="gvProduct" runat="server" AutoGenerateColumns="False"
    DataKeyNames="ProductId" DataSourceID="ldsProduct">
     <Columns>
       <asp:BoundField DataField="ProductId" HeaderText="ProductId"
        InsertVisible="False" ReadOnly="True" />
       <asp:BoundField DataField="CategoryId" HeaderText="CategoryId" />
       <asp:BoundField DataField="ListPrice" HeaderText="ListPrice" />
       <asp:BoundField DataField="UnitCost" HeaderText="UnitCost" />
       <asp:BoundField DataField="SuppId" HeaderText="SuppId" />
       <asp:BoundField DataField="Name" HeaderText="Name" />
       <asp:BoundField DataField="Descn" HeaderText="Descn" />
       <asp:BoundField DataField="Image" HeaderText="Image" />
       <asp:BoundField DataField="Qty" HeaderText="Qty" />
     </Columns>
   </asp:GridView>
   <asp:LinqDataSource ID="ldsCategory" runat="server"
    ContextTypeName="MyPetShopDataContext" TableName="Category">
   </asp:LinqDataSource>
   <asp:LinqDataSource ID="ldsProduct" runat="server"
     ContextTypeName="MyPetShopDataContext" TableName="Product"
     Where="CategoryId == @CategoryId">
     <WhereParameters>
       <asp:ControlParameter ControlID="gvCategory" DefaultValue="1"
        Name="CategoryId" PropertyName="SelectedValue" Type="Int32" />
     </WhereParameters>
   </asp:LinqDataSource>
 </div>
</form>
…（略）
```

操作步骤：

（1）在 Chap8 文件夹中建立 GridMainSub.aspx。添加 GridView 和 LinqDataSource 控件各两个，参考源程序分别设置各控件的 ID 属性值。

（2）设置 ldsCategory 控件的数据源为 Category 表并绑定到 gvCategory 控件。单击 gvCategory 控件的智能标记，选择“启用选定内容”选项。gvCategory 控件的其他属性设置请参考源程序。

（3）设置 ldsProduct 控件的数据源为 Product 表，如图 8-18 所示配置 Where 表达式。配置完成后再将 ldsProduct 绑定到 gvProduct 控件。最后，浏览 GridMainSub.aspx 进行测试。

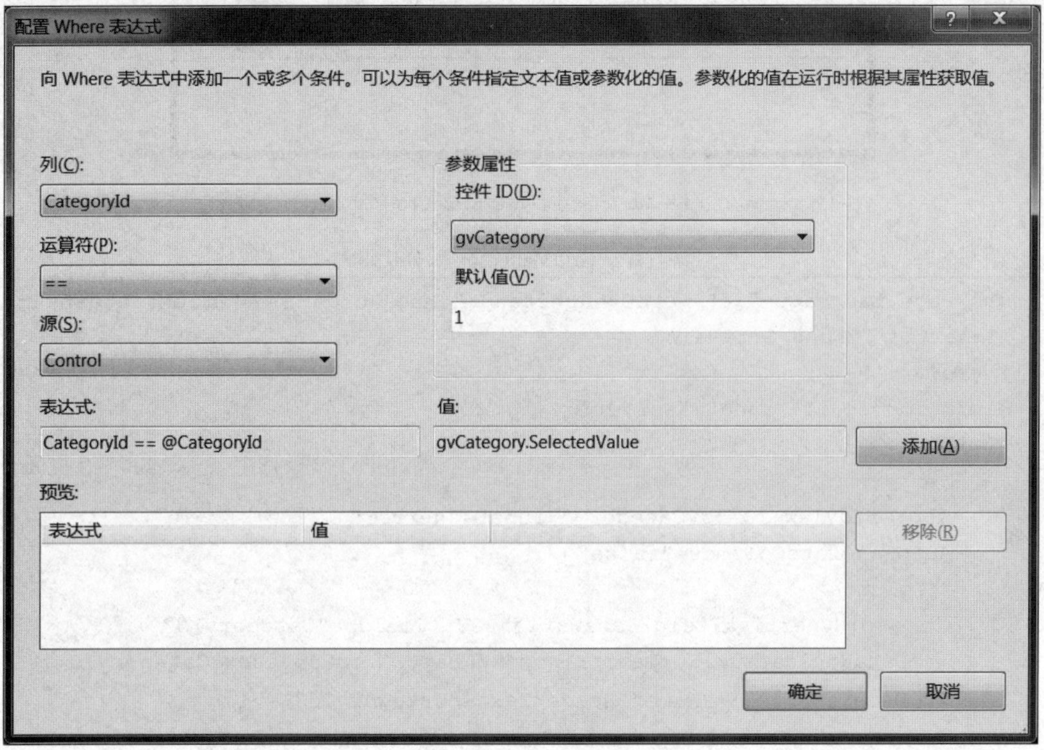

图 8-18　ldsProduct 控件中“配置 Where 表达式”对话框

程序说明：

当单击“选择”链接按钮时，gvCategory.SelectedValue 属性返回选择行所对应的主键 CategoryId 值，再将该值传递给 ldsProduct 中查询语句的参数@CategoryId。

实例 8-9　在不同页显示主从表

如图 8-19 和图 8-20 所示，当单击 CategoryId 列中的链接时，在另一个页面显示该商品分类中包含的所有商品。

实例 8-9

主表

CategoryId	Name	Descn
Fish	Fish	Fish
Bugs	Bugs	Bugs
Backyard	Backyard	Backyard
Birds	Birds	Birds
Endangered	Endangered	Endangered
Cats	Cats	有点像老虎

图 8-19　在不同页显示主从表（1）

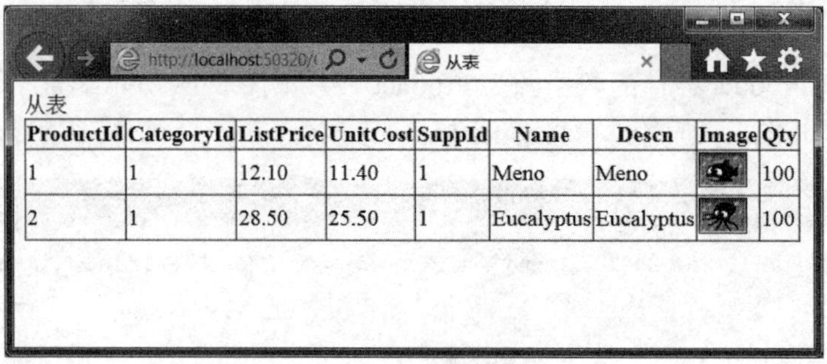

从表

ProductId	CategoryId	ListPrice	UnitCost	SuppId	Name	Descn	Image	Qty
1	1	12.10	11.40	1	Meno	Meno		100
2	1	28.50	25.50	1	Eucalyptus	Eucalyptus		100

图 8-20　在不同页显示主从表（2）

源程序：GridMain.aspx 部分代码

```
<%@ Page Language="C#" AutoEventWireup="true" CodeFile="GridMain.aspx.cs"
 Inherits="Chap8_GridMain" %>
…（略）
<form id="form1" runat="server">
  <div>
    主表
    <asp:GridView ID="gvCategory" runat="server"
     AutoGenerateColumns="false">
      <Columns>
        <asp:HyperLinkField DataNavigateUrlFields="CategoryId"
         DataNavigateUrlFormatString="~/Chap8/GridSub.aspx?CategoryId={0}"
         DataTextField="Name" HeaderText="CategoryId" />
        <asp:BoundField DataField="Name" HeaderText="Name" />
        <asp:BoundField DataField="Descn" HeaderText="Descn" />
      </Columns>
    </asp:GridView>
  </div>
</form>
…（略）
```

源程序：GridMain.aspx.cs

```
using System;
using System.Linq;
public partial class Chap8_GridMain : System.Web.UI.Page
{
  protected void Page_Load(object sender, EventArgs e)
  {
    if (!IsPostBack)
    {
      MyPetShopDataContext db = new MyPetShopDataContext();
      var results = from r in db.Category
                    select r;
      gvCategory.DataSource = results;
      gvCategory.DataBind();
```

```
    }
  }
}
```

源程序：GridSub.aspx 部分代码

```
<%@ Page Language="C#" AutoEventWireup="true" CodeFile="GridSub.aspx.cs"
  Inherits="Chap8_GridSub" %>
…（略）
<form id="form1" runat="server">
  <div>
    从表
    <asp:GridView ID="gvProduct" runat="server" AutoGenerateColumns="false">
      <Columns>
        <asp:BoundField DataField="ProductId" HeaderText="ProductId" />
        <asp:BoundField DataField="CategoryId" HeaderText="CategoryId" />
        <asp:BoundField DataField="ListPrice" HeaderText="ListPrice" />
        <asp:BoundField DataField="UnitCost" HeaderText="UnitCost" />
        <asp:BoundField DataField="SuppId" HeaderText="SuppId" />
        <asp:BoundField DataField="Name" HeaderText="Name" />
        <asp:BoundField DataField="Descn" HeaderText="Descn" />
        <asp:ImageField DataImageUrlField="Image" HeaderText="Image">
          <ControlStyle Height="25px" Width="35px" />
        </asp:ImageField>
        <asp:BoundField DataField="Qty" HeaderText="Qty" />
      </Columns>
    </asp:GridView>
  </div>
</form>
…（略）
```

源程序：GridSub.aspx.cs

```
using System;
using System.Linq;
public partial class Chap8_GridSub : System.Web.UI.Page
{
  protected void Page_Load(object sender, EventArgs e)
  {
      MyPetShopDataContext db = new MyPetShopDataContext();
      var results = from r in db.Product
                    where r.CategoryId == int.Parse(Request.QueryString
                      ["CategoryId"])
                    select r;
      gvProduct.DataSource = results;
      gvProduct.DataBind();
  }
}
```

操作步骤：

（1）在 Chap8 文件夹中建立 GridMain.aspx。添加一个 GridView 控件，参考源程序分别设置 ID 和 AutoGenerateColumns 属性值。

（2）在设置 gvCategory 控件的 Columns 属性对话框中，添加一列 HyperLinkField 和两列 BoundField，参考源程序分别设置各列的属性。

（3）建立 GridMain.aspx.cs。

（4）在 Chap8 文件夹中建立 GridSub.aspx。添加一个 GridView 控件，参考源程序分别设置 ID 和 AutoGenerateColumns 属性值。

（5）在设置 gvProduct 控件的 Columns 属性对话框中，添加八列 BoundField 和一列 ImageField，参考源程序分别设置各列的属性。

（6）建立 GridSub.aspx.cs。最后，浏览 GridMain.aspx 进行测试。

程序说明：

当单击“主表”页面中的链接时，相应的查询字符串传递到“从表”页面，再根据其中的 CategoryId 值利用 LINQ 技术查询 Product 表，并将查询结果绑定到 gvProduct 进行显示。

8.4 DetailsView 控件

DetailsView 控件以表格形式显示和处理来自数据源的单条记录，其表格只包含两个数据列。一个数据列逐行显示各字段名，另一个数据列显示对应字段名的数据值。与 GridView 相比较，DetailsView 增加了数据插入的功能。

实例 8-10

实例 8-10 结合 GridView 和 DetailsView 管理数据

如图 8-21 所示，当单击 GridView 中“详细资料”链接按钮后，在 DetailsView 中显示“详细资料”链接按钮所在行对应的记录的详细信息，然后在 DetailsView 中可根据需要进行编辑、删除、新建记录等操作。

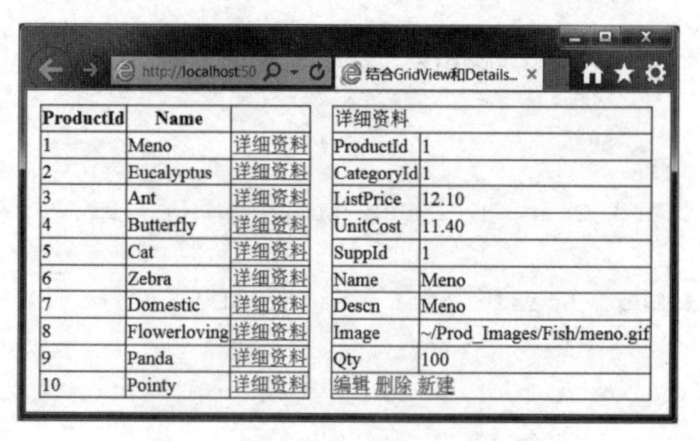

ProductId	Name	
1	Meno	详细资料
2	Eucalyptus	详细资料
3	Ant	详细资料
4	Butterfly	详细资料
5	Cat	详细资料
6	Zebra	详细资料
7	Domestic	详细资料
8	Flowerloving	详细资料
9	Panda	详细资料
10	Pointy	详细资料

详细资料	
ProductId	1
CategoryId	1
ListPrice	12.10
UnitCost	11.40
SuppId	1
Name	Meno
Descn	Meno
Image	~/Prod_Images/Fish/meno.gif
Qty	100
编辑 删除 新建	

图 8-21 GridDetails.aspx 浏览效果

源程序：GridDetails.aspx 部分代码

```
<%@ Page Language="C#" AutoEventWireup="true" CodeFile="GridDetails.aspx.cs"
 Inherits="Chap8_GridDetails" %>
…（略）
<form id="form1" runat="server">
  <div>
```

```
<table>
  <tr>
    <td class="tdStyle">
      <asp:GridView ID="gvProduct" runat="server" AutoGenerateColumns="False"
        DataKeyNames="ProductId" DataSourceID="ldsGrid">
        <Columns>
          <asp:BoundField DataField="ProductId" HeaderText="ProductId" />
          <asp:BoundField DataField="Name" HeaderText="Name" />
          <asp:CommandField SelectText="详细资料" ShowSelectButton="True" />
        </Columns>
      </asp:GridView>
    </td>
    <td>
      <asp:DetailsView ID="dvProduct" runat="server" AutoGenerateRows="False"
        DataKeyNames="ProductId" DataSourceID="ldsDetails"
        HeaderText="详细资料" OnItemDeleted="DvProduct_ItemDeleted"
        OnItemInserted="DvProduct_ItemInserted">
        <Fields>
          <asp:BoundField DataField="ProductId" HeaderText="ProductId"
            InsertVisible="false" />
          <asp:BoundField DataField="CategoryId" HeaderText="CategoryId" />
          <asp:BoundField DataField="ListPrice" HeaderText="ListPrice" />
          <asp:BoundField DataField="UnitCost" HeaderText="UnitCost" />
          <asp:BoundField DataField="SuppId" HeaderText="SuppId" />
          <asp:BoundField DataField="Name" HeaderText="Name" />
          <asp:BoundField DataField="Descn" HeaderText="Descn" />
          <asp:BoundField DataField="Image" HeaderText="Image" />
          <asp:BoundField DataField="Qty" HeaderText="Qty" />
          <asp:CommandField ShowDeleteButton="True" ShowEditButton="True"
            ShowInsertButton="True" />
        </Fields>
      </asp:DetailsView>
    </td>
  </tr>
</table>
<asp:LinqDataSource ID="ldsGrid" runat="server"
 ContextTypeName="MyPetShopDataContext" TableName="Product">
</asp:LinqDataSource>
<asp:LinqDataSource ID="ldsDetails" runat="server"
 ContextTypeName="MyPetShopDataContext" EnableDelete="True"
 EnableInsert="True" EnableUpdate="True" TableName="Product"
 Where="ProductId == @ProductId">
  <WhereParameters>
    <asp:ControlParameter ControlID="gvProduct" DefaultValue="1"
     Name="ProductId" PropertyName="SelectedValue" Type="Int32" />
  </WhereParameters>
```

```
      </asp:LinqDataSource>
    </div>
  </form>
  …（略）
```

源程序：GridDetails.aspx.cs

```
using System.Web.UI.WebControls;
public partial class Chap8_GridDetails : System.Web.UI.Page
{
  protected void DvProduct_ItemDeleted(object sender, DetailsViewDeletedEventArgs e)
  {
    gvProduct.DataBind();
  }
  protected void DvProduct_ItemInserted(object sender, DetailsViewInsertedEventArgs e)
  {
    gvProduct.DataBind();
  }
}
```

操作步骤：

（1）在 Chap8 文件夹中建立 GridDetails.aspx。插入一个用于页面布局的 1 行 2 列表格。在两个单元格中分别添加一个 GridView 控件和一个 DetailsView 控件。在表格外添加两个 LinqDataSource 控件，参考源程序分别设置各控件的 ID 属性值。

（2）设置 ldsGrid 控件的数据源为 Product 表并绑定到 gvProduct 控件。选择 gvProduct 的“启用选定内容”选项。在 gvProduct 的 Columns 属性设置对话框中删除其他绑定字段，仅保留 ProductId 和 Name 列。

（3）设置 ldsDetails 控件的数据源为 Product 表，如图 8-22 所示配置 Where 表达式。配置完成后再将 ldsDetails 绑定到 dvProduct 控件。单击 DetailsView 的智能标记，选择“启用插入”“启用删除”和“启用编辑”选项。

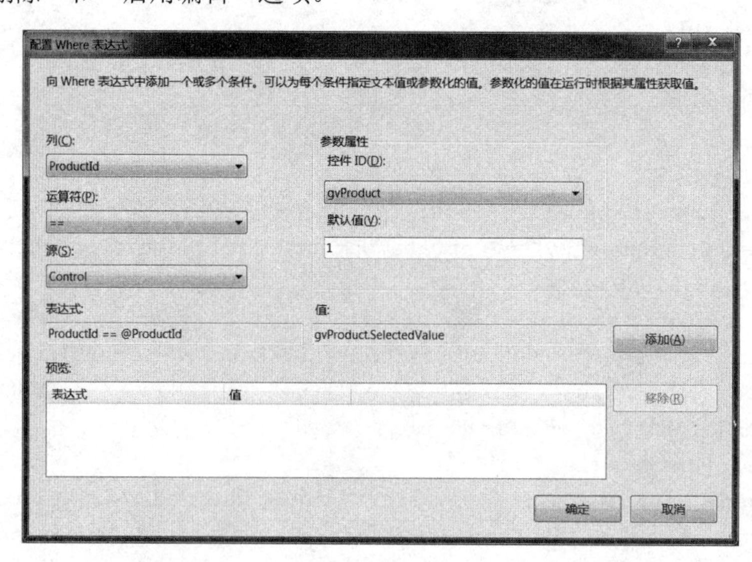

图 8-22　ldsDetails 控件中“配置 Where 表达式”对话框

（4）建立 GridDetails.aspx.cs。最后，浏览 GridDetails.aspx 进行测试。

程序说明：

ItemDeleted 事件在删除记录后被触发，此时，需要重新刷新 gvProduct 中的数据。ItemInserted 事件在插入记录后被触发，此时，需要重新刷新 gvProduct 中的数据。

8.5　小　　结

本章介绍了 ListControl 类、GridView 和 DetailsView 等数据绑定控件的使用。

ListControl 类提供了以列表显示数据的形式；GridView 提供了以二维表格显示数据的形式；DetailsView 提供了以单条记录显示数据的形式。熟练掌握这些数据绑定控件能胜任绝大部分数据显示的情形。

当然，基于 VSC 2017 的 ASP.NET 还提供了其他的多种数据绑定控件。如能显示多条记录的 ListView。与 GridView 相比，ListView 的数据显示完全通过模板实现。若掌握了 GridView 中模板列的操作，再学习 ListView 不会有困难。又如完全使用模板的数据列表控件 DataList，与 GridView 中模板针对某一列不同的是，DataList 的模板针对某一行进行设置。还有显示单条记录的 FormView，其数据显示也是完全通过模板实现的。

8.6　习　　题

1. 填空题

（1）数据绑定控件通过_______属性与数据源控件实现绑定。

（2）数据绑定控件通过_______属性与 LINQ 查询返回的结果实现绑定。

（3）ListControl 类控件中的_______属性用于将数据绑定项追加到静态声明的列表项上。

（4）GridView 的_______属性确定是否分页。

（5）在自定义 GridView 的数据绑定列时，必须设置_______属性值为 False。

（6）若设置了 ImageField 列的属性 DataImageUrlFormatString="~/Pic/{0}"，其中的{0}由_______属性值确定。

（7）模板列中实现数据绑定时，_______方法用于单向绑定，_______方法用于双向绑定。

（8）实现不同页显示主从表常利用_______传递数据。

2. 是非题

（1）需要调用 Page.DataBind()方法才能在页面上使用<%# loginName %>显示 loginName 变量值。（　　）

（2）GridView 中内置了插入数据的功能。（　　）

（3）在模板列中可添加任何类型的控件。（　　）

（4）模板列中的绑定方法必须写成<%Eval("Name")%>或<%Bind("Name")%>形式。（　　）

（5）经过设置，DetailsView 能同时显示多条记录。（　　）

3. 选择题

（1）如果希望在 GridView 中显示“上一页”和“下一页”的导航栏，则 PagerSettings 属性集合中的 Mode 属性值应设为（　　）。

A．Numeric　　B．NextPrevious　　C．Next Prev　　D．上一页，下一页

（2）如果要对定制数据列后的 GridView 实现排序功能，除设置 GridView 的 AllowSorting 属性值为 True 外，还应设置（　　）属性。

A．SortExpression　　B．Sort　　C．SortField　　D．DataFieldText

（3）利用 GridView 和 DetailsView 显示主从表数据时，DetailsView 中插入了一条记录需要刷新 GridView，则应把 GridView 中 DataBind()方法的调用置于（　　）事件处理代码中。

A．GridView 的 ItemInserting　　B．GridView 的 ItemInserted

C．DetailsView 的 ItemInserting　　D．DetailsView 的 ItemInserted

4. 上机操作题

（1）建立并调试本章的所有实例。

（2）如图 8-23 所示，当在 DropDownList 中选择不同的商品分类后，显示该分类中包含的所有商品。

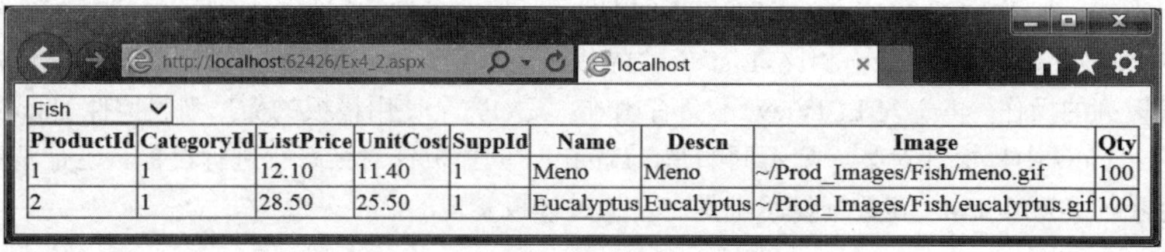

http://localhost:62426/Ex4_2.aspx　localhost

Fish

ProductId	CategoryId	ListPrice	UnitCost	SuppId	Name	Descn	Image	Qty
1	1	12.10	11.40	1	Meno	Meno	~/Prod_Images/Fish/meno.gif	100
2	1	28.50	25.50	1	Eucalyptus	Eucalyptus	~/Prod_Images/Fish/eucalyptus.gif	100

图 8-23　第 8 章习题 4（2）浏览效果

（3）如图 8-24 所示，默认显示 OrderItem 表中订单编号（OrderId）为 4 的所有商品及该订单所有商品的总价。当选中商品后，单击“删除”按钮删除这些选中的商品，单击“计算”按钮计算这些选中商品的总金额。

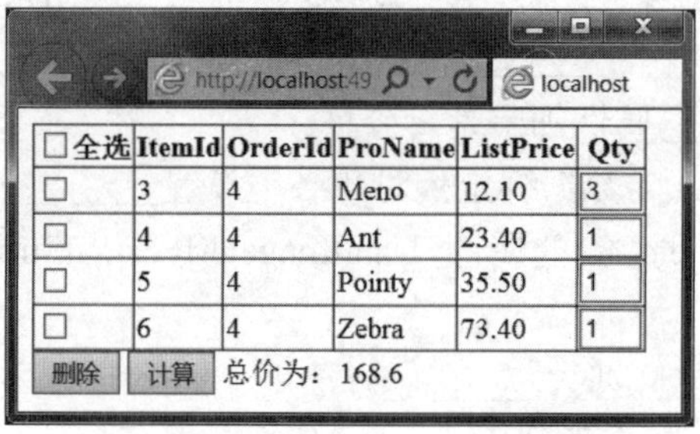

http://localhost:49　localhost

□全选	ItemId	OrderId	ProName	ListPrice	Qty
□	3	4	Meno	12.10	3
□	4	4	Ant	23.40	1
□	5	4	Pointy	35.50	1
□	6	4	Zebra	73.40	1

删除　计算　总价为：168.6

图 8-24　第 8 章习题 4（3）浏览效果

（4）结合使用 GridView 和 DetailsView 控件在不同页显示 Product 表。DetailsView 需要实现插入、编辑、删除等操作，并且在插入数据时涉及的外键数据以下拉列表框形式进行选择输入。

（5）查找资料，利用 ListView 控件显示和编辑 Product 表数据，同时提供分页功能（提示：分页需配合使用 DataPager 控件）。

（6）查找资料，利用 FormView 控件显示、编辑 Order 表中满足条件的某条记录，其中条件自定。

（7）查找资料，结合 Repeater 和 AspNetPager 控件显示和编辑 Product 表数据，同时提供分页功能（提示：AspNetPager 控件属于第三方控件，用于实现分页功能）。

第9章

ASP.NET 三层架构

本章要点：

- 理解 ASP.NET 三层架构并能熟练运用 ASP.NET 三层架构。
- 理解并掌握基于 ASP.NET 三层架构的用户管理方法。

9.1 ASP.NET 三层架构概述

在代码隐藏页模型中，一个 Web 窗体包含用于界面显示代码的.aspx 文件和用于事件处理等代码的.aspx.cs 文件，其实质是一个典型的二层架构。这种架构采取用户界面直接与数据库进行交互的方式，同时进行业务逻辑处理等工作，具有数据访问效率高、Web 应用程序开发复杂性低的特点，因此，适用于业务处理不复杂的场景。然而，这种二层架构也具有耦合度高、系统可扩展性差以及不利于项目团队分工和合作的特点，因此，对于业务处理复杂的场景而言，通常会在二层架构中增加一个中间层，用来实现业务逻辑处理，从而形成三层架构。

如图 9-1 所示，使用 ASP.NET 三层架构将 Web 应用程序分成三层：表示层（Web）、业务逻辑层（BLL）和数据访问层（DAL）。其中，表示层用于接收用户的数据输入，再根据用户的请求调用业务逻辑层中不同的业务逻辑，最后显示业务逻辑处理的结果。业务逻辑层由表示层调用，用于获取用户在表示层输入的数据，再进行业务逻辑处理，此时若涉及数据访问，则调用数据访问层完成数据查找、插入、更新和删除等操作，最后向表示层返回业务逻辑处理结果。数据访问层由业务逻辑层调用，用于操作数据库以实现业务逻辑层要求的数据访问操作。

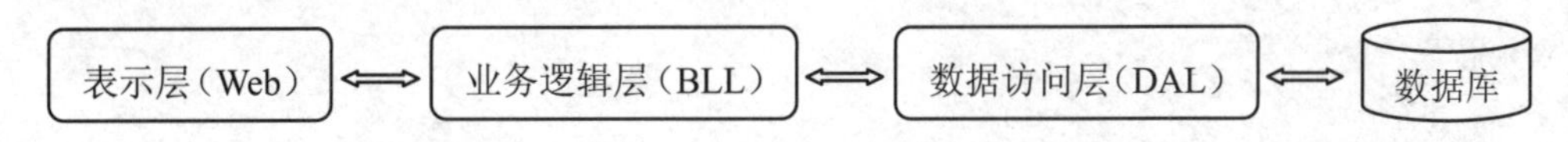

图 9-1　ASP.NET 三层架构图

对采用不同数据访问技术开发的 Web 应用程序，ASP.NET 三层架构除表示层、业务逻辑层和数据访问层外，还可能会包括一些其他成员。例如，若使用 ADO.NET 中的 Connection、Command、DataReader、DataAdapter、DataSet 等对象操作数据库，则通常会增加业务实体类项目 Model、数据库访问通用类项目 DBUtility 等成员。而若使用 LINQ to SQL 技术操作数据库，由于 LINQ to SQL 已对数据查找、插入、更新和删除等操作进行了封装，所以，不再需要另外增加业务实体类 Model、数据库访问通用类 DBUtility 等成员。

9.2　搭建 ASP.NET 三层架构

本节以第 15 章的 MyPetShop 应用程序开发为例说明基于 ASP.NET 三层架构的 Web 应用程序搭建过程，其中的数据访问使用 LINQ 技术。

实例 9-1

实例 9-1　搭建基于 ASP.NET 三层架构的 MyPetShop

如图 9-2 所示，基于 ASP.NET 三层架构的 MyPetShop 包含 MyPetShop.Web 表示层项目、MyPetShop.BLL 业务逻辑层项目、MyPetShop.DAL 数据访问层项目。

图 9-2　MyPetShop 三层架构图

操作步骤：

（1）新建 ChapMyPetShop 解决方案。为了避免跟 MyPetShop 应用程序的解决方案重名，在 D:\ASPNET 文件夹中新建一个 ChapMyPetShop 解决方案，如图 9-3 所示。

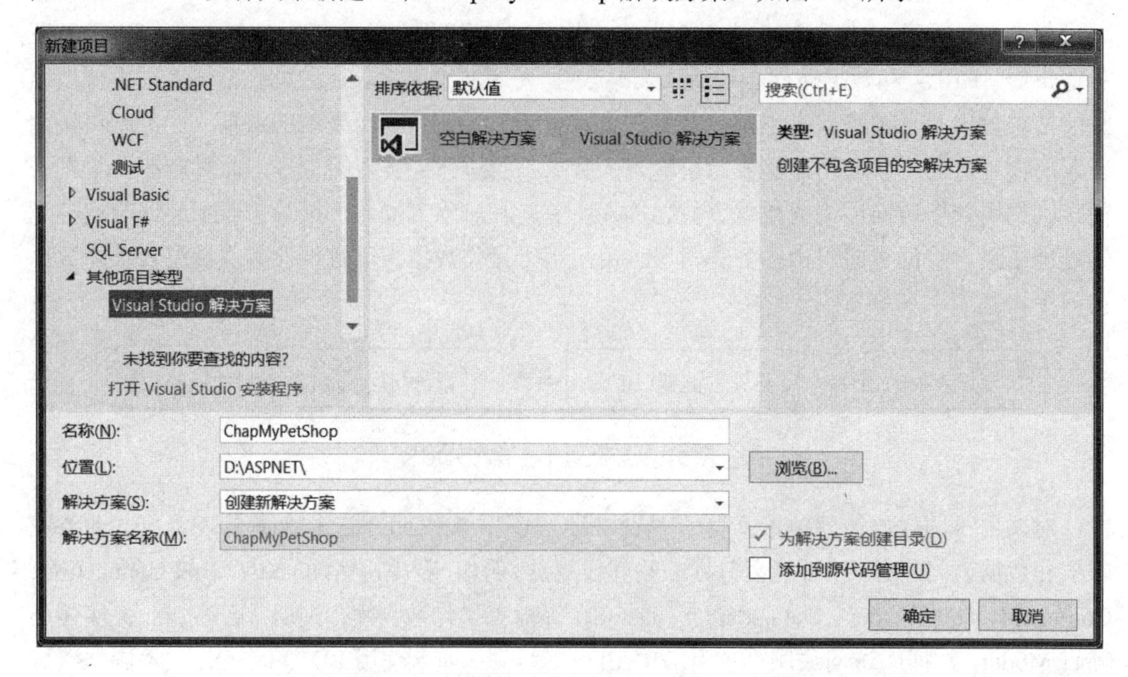

图 9-3　新建 ChapMyPetShop 解决方案图

（2）添加 MyPetShop.Web 表示层项目。通过选择"ASP.NET 空网站"模板在 ChapMyPetShop 解决方案中添加 MyPetShop.Web 表示层项目，如图 9-4 所示。

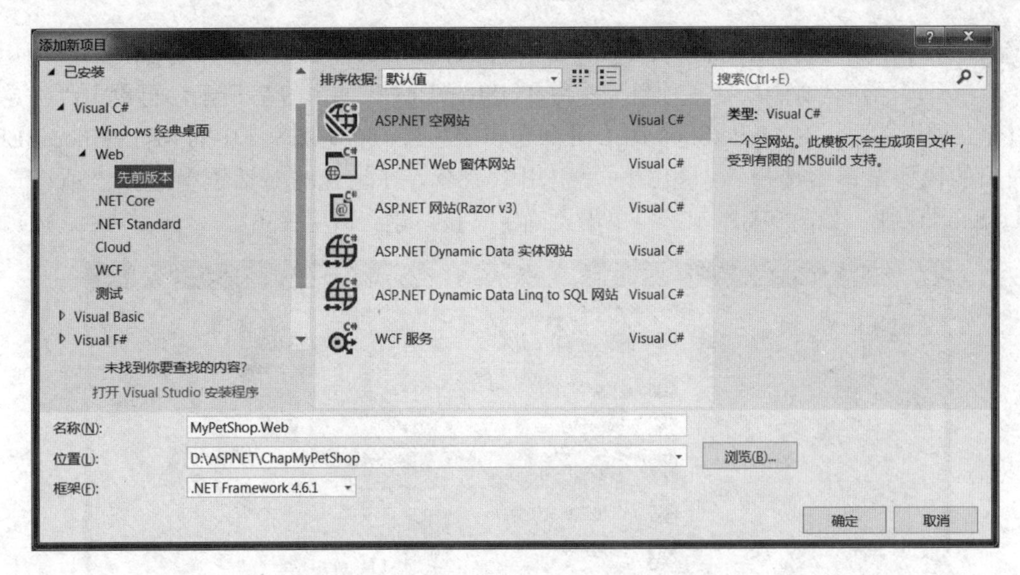

图 9-4　添加 MyPetShop.Web 表示层项目图

（3）添加 MyPetShop.BLL 业务逻辑层项目。在“解决方案资源管理器”窗口中右击“解决方案 ChapMyPetShop”，在弹出的快捷菜单中选择“添加”→“新建项目”命令，然后在呈现的对话框中选择 Visual C#→“类库(.NET Framework)”模板，输入名称 MyPetShop.BLL，如图 9-5 所示。最后单击“确定”按钮，添加 MyPetShop.BLL 业务逻辑层项目。

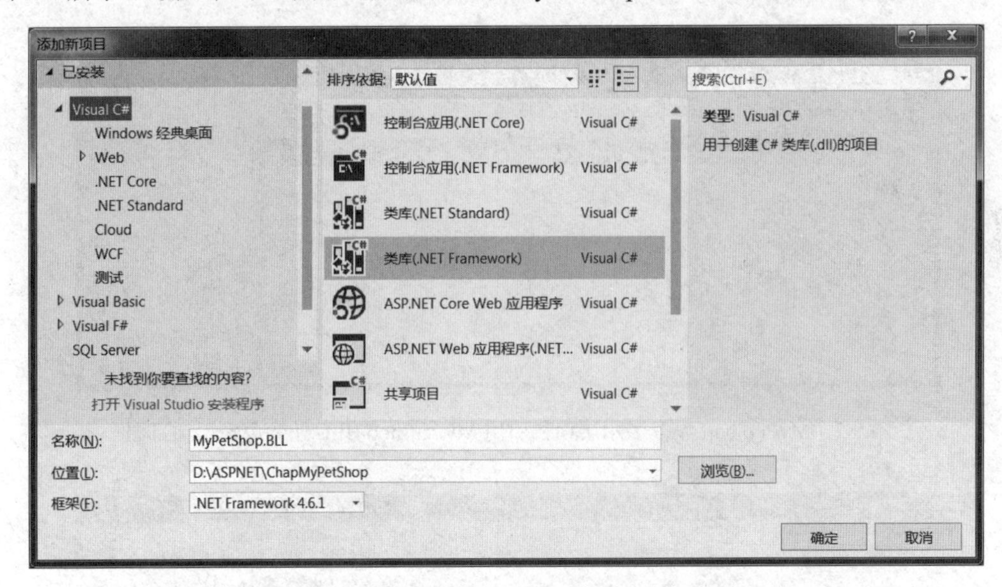

图 9-5　添加 MyPetShop.BLL 业务逻辑层项目图

（4）添加 MyPetShop.DAL 数据访问层项目。与添加 MyPetShop.BLL 业务逻辑层项目过程类似，修改其中的项目名称为 MyPetShop.DAL，如图 9-6 所示，再单击“确定”按钮，从而在 ChapMyPetShop 解决方案中添加 MyPetShop.DAL 数据访问层项目。

（5）添加各层项目之间的引用。根据 ASP.NET 三层架构原理，ChapMyPetShop 解决方案中的 MyPetShop.Web 表示层项目需要引用 MyPetShop.BLL 业务逻辑层项目，而 MyPetShop.BLL 业务逻辑层项目需要引用 MyPetShop.DAL 数据访问层项目。具体操作时，对 MyPetShop.Web 表示层项目，右击图 9-2 中的 MyPetShop.Web，选择“添加”→“引用”命令，在呈现的对话框中选择“项目”→MyPetShop.BLL，如图 9-7 所示，再单击“确定”按钮建立调用关系。对 MyPetShop.BLL 业务逻辑层项目，右击图 9-2 中的 MyPetShop.BLL，在弹出的快捷菜单中选择“添加”→“引用”命令，在呈现的对话框中选择“项目”→MyPetShop.DAL，如图 9-8 所示，再单击“确定”按钮建立调用关系。

图 9-6　添加 MyPetShop.DAL 数据访问层项目图

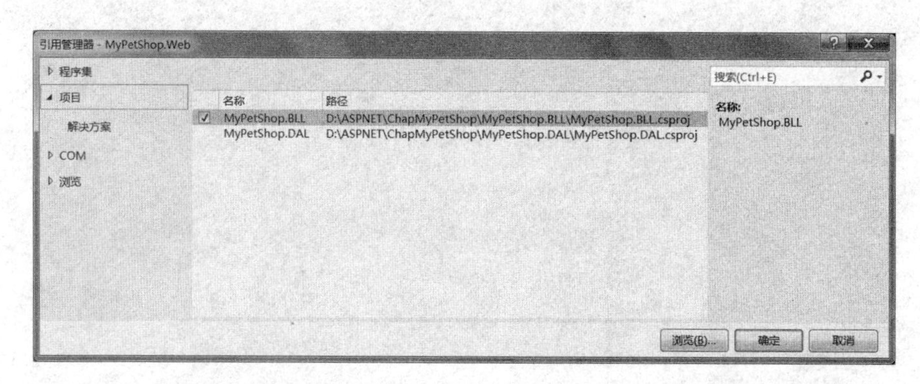

图 9-7　MyPetShop.Web 表示层项目引用 MyPetShop.BLL 业务逻辑层项目图

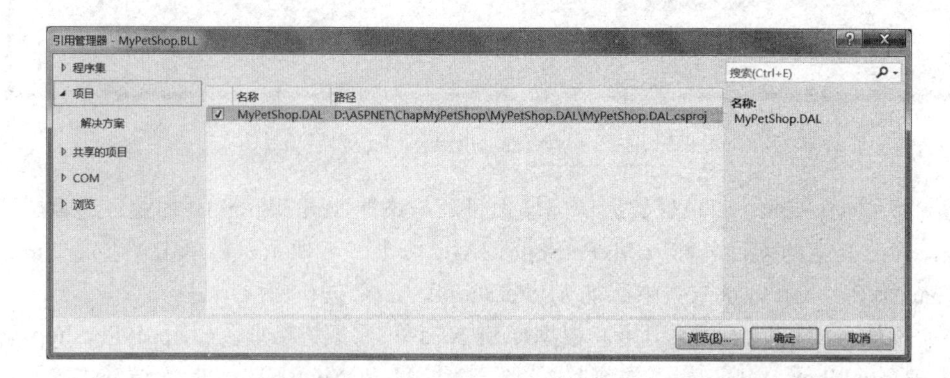

图 9-8　MyPetShop.BLL 业务逻辑层项目引用 MyPetShop.DAL 数据访问层项目图

9.3　基于 ASP.NET 三层架构的用户管理

用户管理可以说是任何一个 Web 应用程序必须包含的功能，本节通过用户管理的实现来掌握 ASP.NET 三层架构编程思想。

9.3.1　用户注册

一个 Web 应用程序通常需要根据不同的用户提供不同的功能，因此，用户注册是 Web 应用程序正常使用的前提。具体实现时，用户注册需要首先从表示层获取用户名、邮箱、密码等注册信息，再通过业务逻辑层中的用户名检查、用户添加等方法调用数据访问层中相应的方法实现数据库中的用户名重名查询、用户记录插入等操作。

实例 9-2　实现 MyPetShop 的用户注册功能

在图 9-9 中，用户名、邮箱、密码、确认密码都是必填信息，输入的邮箱地址必须符合规则，输入的密码和确认密码必须一致。当单击“立即注册”按钮后，将检查输入的用户名是否跟 MyPetShop 数据库中包含的用户名重名，若重名，则显示“用户名已存在!”信息，否则向 MyPetShop 数据库插入新的用户记录。当单击“我要登录”链接时，跳转到用户登录页面 Login.aspx，同时将注册的用户名传递给 Login.aspx。

实例 9-2

图 9-9　MyPetShop 用户注册界面

源程序：CustomerService.cs

```
using MyPetShop.DAL;  //引用 MyPetShop.DAL 数据访问层
using System.Collections.Generic;
using System.Linq;
namespace MyPetShop.BLL
{
  public class CustomerService
  {
    //新建 MyPetShop.DAL 数据访问层中的 MyPetShopDataContext 类实例 db
    MyPetShopDataContext db = new MyPetShopDataContext();
    /// <summary>
```

```
    /// 判断输入的用户名是否重名
    /// </summary>
    /// <param name="name">输入的用户名</param>
    /// <returns>当用户名重名时返回 true，否则返回 false</returns>
    public bool IsNameExist(string name)
    {
      //通过 MyPetShop.DAL 数据访问层中的 Customer 类查询输入的用户名是否重名，若重名则
      //返回用户对象，否则返回 null
      Customer customer = (from c in db.Customer
                           where c.Name == name
                           select c).FirstOrDefault();
      if (customer != null)
      {
        return true;
      }
      else
      {
        return false;
      }
    }
    /// <summary>
    /// 向 MyPetShop 数据库中的 Customer 表插入新用户记录
    /// </summary>
    /// <param name="name">用户名</param>
    /// <param name="password">密码</param>
    /// <param name="email">电子邮件地址</param>
    public void Insert(string name, string password, string email)
    {
      Customer customer = new Customer
      {
        Name = name,
        Password = password,
        Email = email
      };
      db.Customer.InsertOnSubmit(customer);
      db.SubmitChanges();
    }
  }
}
```

源程序：NewUser.aspx

```
<%@ Page Language="C#" AutoEventWireup="true" CodeFile="NewUser.aspx.cs"
 Inherits="NewUser" %>
<!DOCTYPE html>
<html xmlns="http://www.w3.org/1999/xhtml">
<head runat="server">
```

```
  <meta http-equiv="Content-Type" content="text/html; charset=utf-8" />
  <title>用户注册</title>
  <link href="~/Styles/Style.css" rel="stylesheet" type="text/css" />
</head>
<body>
  <form id="form1" runat="server">
    <div class="leftside">
      <table style="border-collapse: collapse;">
        <tr>
          <td class="tdcenter" colspan="2">注册</td>
        </tr>
        <tr>
          <td class="tdright">用户名:</td>
          <td>
            <asp:TextBox ID="txtName" runat="server"></asp:TextBox></td>
          <td>
            <asp:RequiredFieldValidator ControlToValidate="txtName"
              Display="Dynamic" ForeColor="Red" ID="rfvName" runat="server"
              ErrorMessage="必填"></asp:RequiredFieldValidator></td>
        </tr>
        <tr>
          <td class="tdright">邮箱:</td>
          <td>
            <asp:TextBox ID="txtEmail" runat="server"></asp:TextBox></td>
          <td>
            <asp:RequiredFieldValidator ControlToValidate="txtEmail"
              Display="Dynamic" ForeColor="Red" ID="rfvEmail" runat="server"
              ErrorMessage="必填"></asp:RequiredFieldValidator></td>
        </tr>
        <tr>
          <td class="tdright" colspan="2">
            <asp:RegularExpressionValidator ID="revEmail" runat="server"
             ErrorMessage="邮箱格式不正确！" ControlToValidate="txtEmail"
             Display="Dynamic" ForeColor="Red"
             ValidationExpression="\w+([-+.']\w+)*@\w+([-.]\w+)*\.\w+([-.]\w
               +)*"></asp:RegularExpressionValidator></td>
        </tr>
        <tr>
          <td class="tdright">密码:</td>
          <td>
            <asp:TextBox ID="txtPwd" runat="server" TextMode="Password">
            </asp:TextBox></td>
          <td>
            <asp:RequiredFieldValidator ControlToValidate="txtPwd"
              Display="Dynamic" ForeColor="Red" ID="rfvPwd" runat="server"
              ErrorMessage="必填"></asp:RequiredFieldValidator></td>
```

```
        </tr>
        <tr>
          <td class="tdright">确认密码:</td>
          <td>
            <asp:TextBox ID="txtPwdAgain" runat="server"
             TextMode="Password"></asp:TextBox></td>
          <td>
            <asp:RequiredFieldValidator ControlToValidate="txtPwdAgain"
              Display="Dynamic" ForeColor="Red" ID="rfvPwdAgain"
              runat="server" ErrorMessage="必填"></asp:RequiredFieldValidator>
          </td>
        </tr>
        <tr>
          <td class="tdright" colspan="2">
            <asp:CompareValidator ControlToValidate="txtPwdAgain"
              ControlToCompare="txtPwd" Display="Dynamic" ForeColor="Red"
              ID="cvPwd" runat="server" ErrorMessage="2 次密码不一致">
           </asp:CompareValidator></td>
        </tr>
        <tr>
          <td class="tdright" colspan="2">
            <asp:Button ID="btnReg" runat="server" Text="立即注册"
              OnClick="BtnReg_Click" /></td>
        </tr>
        <tr>
          <td><a href="Login.aspx">我要登录</a></td>
          <td>
            <asp:Label ID="lblMsg" runat="server" ForeColor="Red">
            </asp:Label></td>
        </tr>
      </table>
    </div>
  </form>
</body>
</html>
```

源程序：NewUser.aspx.cs

```
using MyPetShop.BLL;  //引用 MyPetShop.BLL 业务逻辑层
using System;
using System.Web.UI;
public partial class NewUser : System.Web.UI.Page
{
  //建立 MyPetShop.BLL 业务逻辑层中的 CustomerService 类实例 customerSrv
  CustomerService customerSrv = new CustomerService();
  protected void BtnReg_Click(object sender, EventArgs e)
  {
```

```
        if (Page.IsValid)
        {
          //调用 CustomerService 类中的 IsNameExist()方法判断用户名是否重名
          if (customerSrv.IsNameExist(txtName.Text.Trim()))
          {
            lblMsg.Text = "用户名已存在！";
          }
          else
          {
            //调用 CustomerService 类中的 Insert()方法插入新用户记录
            customerSrv.Insert(txtName.Text.Trim(), txtPwd.Text.Trim(),
                 txtEmail.Text.Trim());
            Response.Redirect("Login.aspx?name=" + txtName.Text);
          }
        }
      }
    }
```

操作步骤：

（1）由于需要使用 ASP.NET 验证，因此，参考 5.1 节配置需要 jQuery 支持的隐式验证方法。其中，jQuery 安装也可以使用直接复制方式，即先在 MyPetShop.Web 表示层项目中新建 Scripts 文件夹，再将 jquery-3.2.1.min.js 和 jquery-3.2.1.min.map（其中版本号由安装的 jQuery 版本号确定）文件复制到 Scripts 文件夹。

（2）在 MyPetShop.Web 表示层项目中新建 App_Data 文件夹，再参考 7.2 节在该文件夹中添加 MyPetShop 数据库。

（3）在 MyPetShop.Web 表示层项目中新建 Styles 文件夹，再将本书源程序包中 MyPetShop\MyPetShop.Web\Styles 文件夹下的 Style.css 文件复制到新建的 Styles 文件夹。

（4）在 MyPetShop.DAL 数据访问层项目中新建 LINQ to SQL 类 MyPetShop.dbml 文件，再打开 MyPetShop 数据库，将所有数据表拖动到 MyPetShop.dbml 的对象关系设计器的左窗口中，从而建立各个数据表相对应的各个实体类。

（5）如图 9-10 所示，在 MyPetShop.BLL 业务逻辑层项目中添加 System.Data.Linq 程序集（命名空间），从而能使用 LINQ to SQL 访问 MyPetShop 数据库。

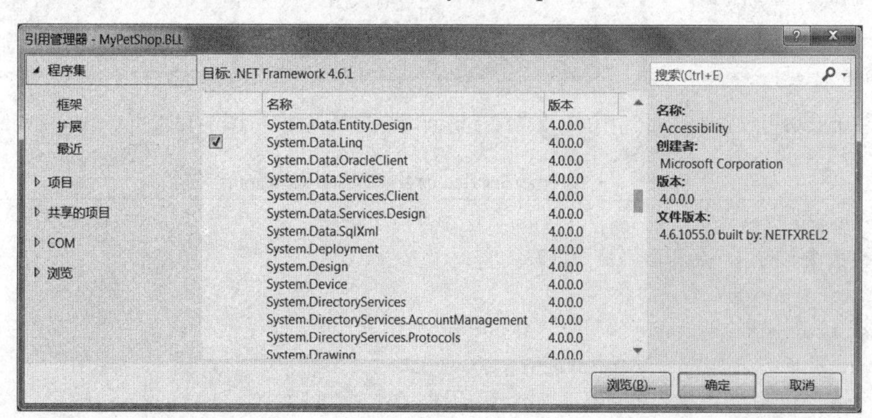

图 9-10　MyPetShop.BLL 业务逻辑层项目中添加 System.Data.Linq 程序集图

（6）在 MyPetShop.BLL 业务逻辑层项目中新建 CustomerService.cs 类文件。

（7）在 MyPetShop.Web 表示层项目中新建 NewUser.aspx，参考源程序附加 Styles 文件夹下的 Style.css 样式表，再分别添加<Table>元素、各个控件和<a>元素，设置<div>、<Table>、<a>元素以及各个控件的属性。

（8）建立 NewUser.aspx.cs。

（9）右击 MyPetShop.Web 表示层项目，选择“生成网站”命令，从而编译 MyPetShop.Web 表示层项目以及与之关联的 MyPetShop.BLL 业务逻辑层和 MyPetShop.DAL 数据访问层项目。

（10）浏览 NewUser.aspx 进行测试。

9.3.2 用户登录

通常，用户登录有两种情况。一是用户注册成功后从用户注册页面重定向到用户登录页面，此时用户登录页面中的用户文本框应自动填入注册成功后的用户名；二是直接访问用户登录页面，此时需要在用户登录页面中输入用户名和密码。具体实现时，用户登录需要首先从表示层获取用户名、密码等登录信息，再通过业务逻辑层中的用户名和密码检查方法调用数据访问层中相应的方法实现数据库中的用户登录信息查询操作。

实例 9-3 实现 MyPetShop 的用户登录功能

当用户注册成功（以用户名 jack 为例）并单击图 9-9 中“我要登录”链接后，显示如图 9-11 所示的界面；当用户直接访问登录页面时，显示如图 9-12 所示的界面；当用户名或密码输入错误后，显示如图 9-13 所示的界面；当管理员用户正确输入用户名和密码再单击“立即登录”按钮时，页面跳转到~/Admin/Default.aspx；当一般用户正确输入用户名和密码再单击“立即登录”按钮时，页面跳转到~/Default.aspx。另外，用户登录界面还包括“我要注册!”和“忘记密码？”链接，单击后分别跳转到 NewUser.aspx 和 GetPwd.aspx 页面。

实例 9-3

图 9-11 注册成功用户登录界面

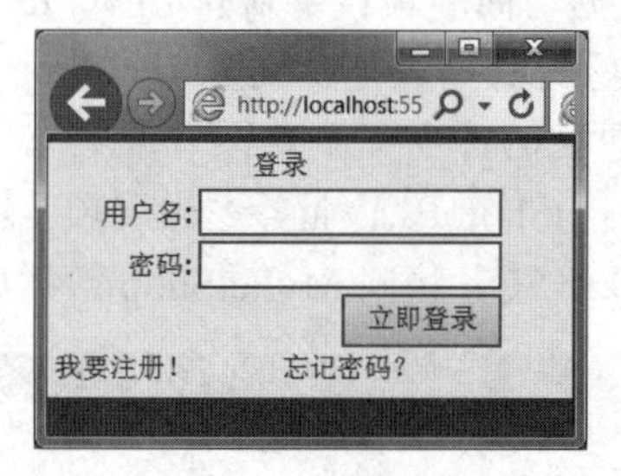

图 9-12 直接访问用户登录界面

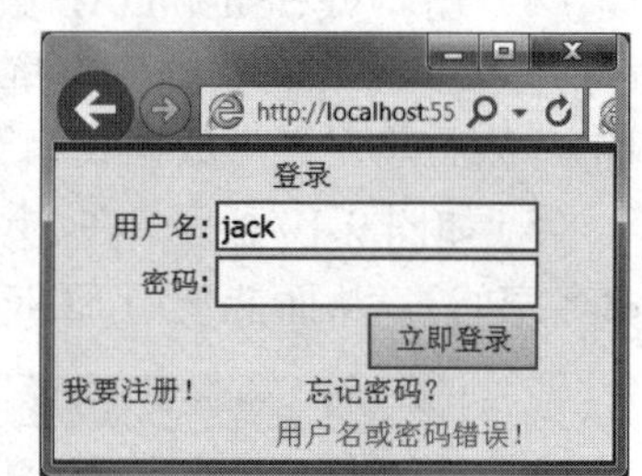

图 9-13 用户名或密码错误界面

源程序：CustomerService.cs 中的 CheckLogin()方法

```
/// <summary>
/// 检查输入的用户名和密码是否正确
/// </summary>
/// <param name="name">用户名</param>
/// <param name="password">密码</param>
/// <returns>若用户名和密码正确则返回用户 Id，否则返回 0</returns>
public int CheckLogin(string name, string password)
```

```
{
  //通过 MyPetShop.DAL 数据访问层中的 Customer 类查询输入的用户名和密码是否正确,若正确
  //则返回相应的用户对象，否则返回 null
  Customer customer = (from c in db.Customer
                       where c.Name == name && c.Password == password
                       select c).FirstOrDefault();
  if (customer != null)                 //用户名和密码正确
  {
    return customer.CustomerId;
  }
  else                                  //用户名或密码错误
  {
    return 0;
  }
}
```

源程序：Login.aspx

```
<%@ Page Language="C#" AutoEventWireup="true" CodeFile="Login.aspx.cs"
 Inherits="Login" %>
<!DOCTYPE html>
<html xmlns="http://www.w3.org/1999/xhtml">
<head runat="server">
  <meta http-equiv="Content-Type" content="text/html; charset=utf-8" />
  <title>用户登录</title>
  <link href="~/Styles/Style.css" rel="stylesheet" type="text/css" />
</head>
<body>
  <form id="form1" runat="server">
    <div class="leftside">
      <table style="border-collapse: collapse;">
        <tr>
          <td class="tdcenter" colspan="2">登录</td>
        </tr>
        <tr>
          <td class="tdright">用户名:</td>
          <td>
            <asp:TextBox ID="txtName" runat="server"></asp:TextBox></td>
          <td>
            <asp:RequiredFieldValidator ControlToValidate="txtName"
             Display="Dynamic" ForeColor="Red" ID="rfvName" runat="server"
             ErrorMessage="必填"></asp:RequiredFieldValidator></td>
        </tr>
        <tr>
          <td class="tdright">密码:</td>
          <td>
            <asp:TextBox ID="txtPwd" runat="server" TextMode="Password">
```

```
          </asp:TextBox></td>
        <td>
          <asp:RequiredFieldValidator ControlToValidate="txtPwd"
           Display="Dynamic" ForeColor="Red" ID="rfvPwd" runat="server"
           ErrorMessage="必填"></asp:RequiredFieldValidator></td>
      </tr>
      <tr>
        <td colspan="2" class="tdright">
          <asp:Button ID="btnLogin" runat="server" Text="立即登录"
           OnClick="BtnLogin_Click" /></td>
      </tr>
      <tr>
        <td><a href="NewUser.aspx">我要注册！</a></td>
        <td class="tdcenter"><a href="GetPwd.aspx">忘记密码？</a></td>
      </tr>
      <tr>
        <td colspan="2" class="tdright">
          <asp:Label ID="lblMsg" runat="server" ForeColor="Red">
          </asp:Label></td>
      </tr>
    </table>
  </div>
 </form>
</body>
</html>
```

源程序：Login.aspx.cs

```
using MyPetShop.BLL;
using System;
using System.Web.UI;
public partial class Login : System.Web.UI.Page
{
  CustomerService customerSrv = new CustomerService();
  protected void Page_Load(object sender, EventArgs e)
  {
    if (!IsPostBack)
    {
      //NewUser.aspx 页面传递过来的查询字符串变量 name 值非空
      if (Request.QueryString["name"] != null)
      {
        txtName.Text = Request.QueryString["name"];
        lblMsg.Text = "注册成功，请登录!";
      }
    }
  }
  protected void BtnLogin_Click(object sender, EventArgs e)
```

```
{
  if (Page.IsValid)
  {
    //调用 CustomerService 类中的 CheckLogin()方法检查输入的用户名和密码是否正确
    int customerId = customerSrv.CheckLogin(txtName.Text.Trim(),
         txtPwd.Text.Trim());
    if (customerId > 0)                         //用户名和密码正确
    {
      Session.Clear();                          //清理 Session 中保存的内容
      if (txtName.Text.Trim() == "admin")       //管理员登录
      {
        Session["AdminId"] = customerId;
        Session["AdminName"] = txtName.Text;
        Response.Redirect("~/Admin/Default.aspx");
      }
      else                                      //一般用户登录
      {
        Session["CustomerId"] = customerId;
        Session["CustomerName"] = txtName.Text;
        Response.Redirect("~/Default.aspx");
      }
    }
    else                                        //用户名或密码错误
    {
      lblMsg.Text = "用户名或密码错误！";
    }
  }
 }
}
```

操作步骤：

（1）在 MyPetShop.BLL 业务逻辑层项目中的 CustomerService.cs 类文件中添加 CheckLogin()方法。

（2）在 MyPetShop.Web 表示层项目中新建 Login.aspx，参考源程序附加 Styles 文件夹下的 Style.css 样式表，再分别添加<Table>元素、各个控件和<a>元素，设置<div>、<Table>、<a>元素以及各个控件的属性。

（3）建立 Login.aspx.cs。

（4）右击 MyPetShop.Web 表示层项目，执行“生成网站”命令。

（5）分别浏览 NewUser.aspx 和 Login.aspx 进行注册成功用户登录和直接访问用户登录的测试。

9.3.3　用户登录状态和权限

在一个 Web 应用程序中，通常需要根据匿名用户、一般用户、管理员用户呈现不同的用户登录状态和权限。具体实现时，若用户权限信息未保存于数据库，则只需要在表示层中先获取用户名信息，再呈现相应的用户登录状态和权限信息。

实例 9-4　根据不同用户呈现不同的登录状态和权限

当用户未登录时，呈现如图 9-14 所示的界面。当一般用户成功登录时，呈现如图 9-15 所示的界面，分别单击“密码修改”“购物记录”链接按钮，则分别跳转到~/ChangePwd.aspx、~/OrderList.aspx，单击“退出登录”链接按钮，则清空 Session 变量并跳转到~/Default.aspx。当管理员用户成功登录时，呈现如图 9-16 所示的界面，单击“系统管理”链接按钮，则跳转到~/Admin/Default.aspx，单击“退出登录”链接按钮执行与一般用户相同的功能。

实例 9-4

您还未登录！

图 9-14　匿名用户界面

您好, jack 密码修改 购物记录 退出登录

图 9-15　一般用户界面

您好, admin 系统管理 退出登录

图 9-16　管理员用户界面

源程序：Default.aspx

```
<%@ Page Language="C#" AutoEventWireup="true" CodeFile="Default.aspx.cs"
 Inherits="_Default" %>
<!DOCTYPE html>
<html xmlns="http://www.w3.org/1999/xhtml">
<head runat="server">
  <meta http-equiv="Content-Type" content="text/html; charset=utf-8" />
  <title>用户登录状态和权限</title>
  <link href="~/Styles/Style.css" rel="stylesheet" type="text/css" />
</head>
<body>
  <form id="form1" runat="server">
    <header class="header">
      <div class="status">
        <asp:Label ID="lblWelcome" runat="server" Text="您还未登录！">
        </asp:Label>
        <asp:LinkButton ID="lnkbtnPwd" runat="server" ForeColor="White"
         Visible="False" PostBackUrl="~/ChangePwd.aspx">密码修改
        </asp:LinkButton>
        <asp:LinkButton ID="lnkbtnManage" runat="server" ForeColor="White"
         Visible="False" PostBackUrl="~/Admin/Default.aspx">系统管理
        </asp:LinkButton>
        <asp:LinkButton ID="lnkbtnOrder" runat="server" ForeColor="White"
         Visible="False" PostBackUrl="~/OrderList.aspx">购物记录
        </asp:LinkButton>
        <asp:LinkButton ID="lnkbtnLogout" runat="server" ForeColor="White"
         Visible="False" OnClick="LnkbtnLogout_Click">退出登录
        </asp:LinkButton>
      </div>
    </header>
  </form>
```

```
</body>
</html>
```

源程序：Default.aspx.cs

```
using System;
public partial class _Default : System.Web.UI.Page
{
  protected void Page_Load(object sender, EventArgs e)
  {
    //用户已登录
    if (Session["AdminId"] != null || Session["CustomerId"] != null)
    {
      if (Session["AdminId"] != null)           //管理员用户
      {
        lblWelcome.Text = "您好，" + Session["AdminName"].ToString();
        lnkbtnManage.Visible = true;
      }
      else if (Session["CustomerId"] != null)  //一般用户
      {
        lblWelcome.Text = "您好，" + Session["CustomerName"].ToString();
        lnkbtnPwd.Visible = true;
        lnkbtnOrder.Visible = true;
      }
      lnkbtnLogout.Visible = true;
    }
  }
  protected void LnkbtnLogout_Click(object sender, EventArgs e)
  {
    Session.Clear();
    Response.Redirect("~/Default.aspx");
  }
}
```

操作步骤：

（1）在 MyPetShop.Web 表示层项目中新建 Default.aspx，参考源程序附加 Styles 文件夹下的 Style.css 样式表，再分别添加<header>元素以及各个控件，设置<header>、<div>元素以及各个控件的属性。

（2）建立 Default.aspx.cs。

（3）在 MyPetShop.Web 表示层项目中新建 Admin 文件夹，复制 Default.aspx 和 Default.aspx.cs 到 Admin 文件夹。

（4）对于匿名用户，直接浏览 Default.aspx 进行测试；对于一般用户和管理员用户，浏览 Login.aspx，正确输入用户名和密码，再单击“立即登录”按钮后进行测试。

程序说明：

由于体现用户登录状态和权限信息是每个用户都需要的功能，所以，本实例中匿名用户和一般用户访问的~/Default.aspx 跟管理员用户访问的~/Admin/Default.aspx 相同。待下一章学习用户控件和母版后，可考虑将体现用户登录状态和权限的功能做成用户控件，再在母版页中添加用户控件从而实现代码重用，当然，也可将体现用户登录状态和权限功能的代码直接放入母版页中。

那为什么这里需要不同文件夹下的 Default.aspx 呢？因为除共用功能外，不同用户访问 Default.aspx 需要呈现不一样的内容。例如，对于电子商务网站，匿名用户和一般用户访问 Default.aspx 还需要实现商品浏览等功能，而管理员用户访问 Default.aspx 还需要实现系统管理等功能。

9.3.4 用户密码修改

通常，用户密码修改功能只有在用户登录成功后才会提供。具体实现时，首先从表示层获取原密码、新密码、确认新密码等信息，再通过业务逻辑层中的方法调用数据访问层中相应的方法实现数据库中的原密码查询操作，若输入的原密码正确，则再通过业务逻辑层中的方法调用数据访问层中相应的方法实现数据库中的密码修改操作。

实例 9-5

实例 9-5 修改已登录一般用户的密码

当一般用户成功登录后，单击图 9-15 中的“密码修改”链接按钮将实现修改用户密码功能，界面如图 9-17 所示。

图 9-17 修改用户密码界面

源程序：CustomerService.cs 中的 ChangePassword()方法

```
/// <summary>
/// 修改用户 Id 对应用户的密码
/// </summary>
/// <param name="customerId">用户 Id</param>
/// <param name="password">新密码</param>
public void ChangePassword(int customerId, string password)
{
  Customer customer = (from c in db.Customer
                       where c.CustomerId == customerId
                       select c).First();
  customer.Password = password;
  db.SubmitChanges();
}
```

源程序：ChangePwd.aspx

```
<%@ Page Language="C#" AutoEventWireup="true" CodeFile="ChangePwd.aspx.cs"
 Inherits="ChangePwd" %>
<!DOCTYPE html>
<html xmlns="http://www.w3.org/1999/xhtml">
<head runat="server">
  <meta http-equiv="Content-Type" content="text/html; charset=utf-8" />
  <title>用户密码修改</title>
  <link href="~/Styles/Style.css" rel="stylesheet" type="text/css" />
</head>
<body>
  <form id="form1" runat="server">
    <div class="leftside">
      <table style="border-collapse: collapse;">
        <tr>
          <td class="tdcenter" colspan="2">修改密码</td>
        </tr>
        <tr>
          <td class="tdright">原密码:</td>
          <td>
            <asp:TextBox ID="txtOldPwd" runat="server" TextMode="Password">
            </asp:TextBox></td>
          <td>
            <asp:RequiredFieldValidator ControlToValidate="txtOldPwd"
             Display="Dynamic" ForeColor="Red" ID="rfvOldPwd" runat="server"
             ErrorMessage="必填"></asp:RequiredFieldValidator></td>
        </tr>
        <tr>
          <td class="tdright">新密码:</td>
          <td>
            <asp:TextBox ID="txtPwd" runat="server" TextMode="Password">
            </asp:TextBox></td>
          <td>
            <asp:RequiredFieldValidator ControlToValidate="txtPwd"
             Display="Dynamic" ForeColor="Red" ID="rfvPwd" runat="server"
             ErrorMessage="必填"></asp:RequiredFieldValidator></td>
        </tr>
        <tr>
          <td class="tdright">确认新密码:</td>
          <td>
            <asp:TextBox ID="txtPwdAgain" runat="server" TextMode="Password">
            </asp:TextBox></td>
          <td>
            <asp:RequiredFieldValidator ControlToValidate="txtPwdAgain"
             Display="Dynamic" ForeColor="Red" ID="rfvPwdAgain"
             runat="server" ErrorMessage="必填"></asp:RequiredFieldValidator>
          </td>
        </tr>
```

```
        <tr>
          <td class="tdright" colspan="2">
            <asp:CompareValidator ControlToValidate="txtPwdAgain"
             ControlToCompare="txtPwd" Display="Dynamic" ForeColor="Red"
             ID="cvPwd" runat="server" ErrorMessage="2 次新密码不一致">
            </asp:CompareValidator></td>
        </tr>
        <tr>
          <td class="tdright" colspan="2">
            <asp:Button ID="btnChangePwd" runat="server" Text="确认修改"
             OnClick="BtnChangePwd_Click" /></td>
        </tr>
        <tr>
          <td colspan="2">
            <asp:Label ID="lblMsg" runat="server" ForeColor="Red">
            </asp:Label></td>
        </tr>
      </table>
    </div>
  </form>
</body>
</html>
```

源程序：ChangePwd.aspx.cs

```
using MyPetShop.BLL;
using System;
using System.Web.UI;
public partial class ChangePwd : System.Web.UI.Page
{
  CustomerService customerSrv = new CustomerService();
  protected void Page_Load(object sender, EventArgs e)
  {
    if (Session["CustomerId"] == null)  //用户未登录
    {
      Response.Redirect("~/Login.aspx");
    }
  }
  protected void BtnChangePwd_Click(object sender, EventArgs e)
  {
    if (Page.IsValid)
    {
      //调用 CustomerService 类中的 CheckLogin()方法检查 Session 变量 CustomerName
      //关联的用户名和输入的原密码，返回值大于 0 表示输入的原密码正确
      if (customerSrv.CheckLogin(Session["CustomerName"].ToString(),
       txtOldPwd.Text) > 0)
      {
        customerSrv.ChangePassword(Convert.ToInt32(Session["CustomerId"]),
          txtPwd.Text);
        lblMsg.Text = "密码修改成功！";
      }
      else  //输入的原密码不正确
```

```
            {
              lblMsg.Text = "原密码不正确！";
            }
        }
    }
}
```

操作步骤：

（1）在 MyPetShop.BLL 业务逻辑层项目中的 CustomerService.cs 类文件中添加 ChangePassword()方法。

（2）在 MyPetShop.Web 表示层项目中新建 ChangePwd.aspx，参考源程序附加 Styles 文件夹下的 Style.css 样式表，再分别添加<Table>元素以及各个控件，设置<div>、<Table>元素以及各个控件的属性。

（3）建立 ChangePwd.aspx.cs。

（4）右击 MyPetShop.Web 表示层项目，执行“生成网站”命令。

（5）浏览 ChangePwd.aspx 进行测试。

9.3.5　用户密码重置

显然，用户密码重置功能用于用户遗忘密码的情形。本书使用以下的实现思路，首先从表示层获取用户名、邮箱等信息，再通过业务逻辑层中的方法调用数据访问层中相应的方法实现数据库中的用户名和邮箱查询操作，若输入的用户名和邮箱正确，则通过业务逻辑层中的方法调用数据访问层中相应的方法，将数据库中的用户密码重置为相应的用户名，再调用表示层中自定义的类，向相应用户的邮箱发送密码重置邮件。用户收到密码重置邮件后，就可获取重置后的密码进行登录。

实例 9-6　重置用户密码

实例 9-6

当用户试图登录但忘记密码时，单击图 9-11 或图 9-12 中的“忘记密码？”链接，将跳转到重置用户密码页面 GetPwd.aspx，浏览效果如图 9-18 所示。在图 9-18 中输入正确的用户名和邮箱，单击“找回密码”按钮，呈现如图 9-19 所示的窗口。

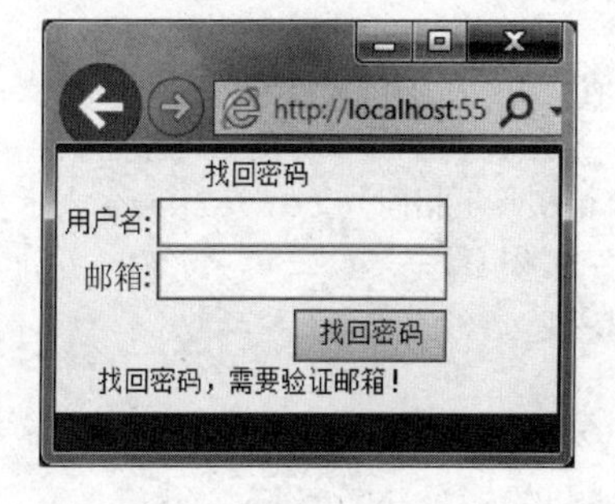

图 9-18　重置用户密码窗口（1）

图 9-19　重置用户密码窗口（2）

源程序：CustomerService.cs 中的 IsEmailExist()和 ResetPassword()方法

```
/// <summary>
```

```
/// 判断 Customer 表中是否存在输入的用户名和邮箱
/// </summary>
/// <param name="name">输入的用户名</param>
/// <param name="email">输入的邮箱</param>
/// <returns>当输入的用户名和邮箱存在时返回 true，否则返回 false</returns>
public bool IsEmailExist(string name, string email)
{
  Customer customer = (from c in db.Customer
                       where c.Name == name && c.Email == email
                       select c).FirstOrDefault();
  if (customer != null)
  {
    return true;
  }
  else
  {
    return false;
  }
}
/// <summary>
/// 将用户密码重置为相应的用户名
/// </summary>
/// <param name="name">输入的用户名</param>
/// <param name="email">输入的邮箱</param>
public void ResetPassword(string name, string email)
{
  Customer customer = (from c in db.Customer
                       where c.Name == name && c.Email == email
                       select c).First();
  customer.Password = name;
  db.SubmitChanges();
}
```

源程序：Web.config 中的<appSettings>配置节

```
<appSettings>
  <!--设置发件人邮箱（以 QQ 邮箱为例）信息，注意请使用自己的邮箱并修改相应的键值。其中，
  MailFromAddress 表示发件人邮箱，UseSsl 值为 true 表示使用 SSL 协议连接，UserName 表
  示发件人邮箱的账户名，Password 表示授权码（跟邮箱密码不相同），ServerName 表示发送邮件
  的 SMTP 服务器名，ServerPort 表示 SMTP 服务器名的端口号-->
  <add key ="MailFromAddress" value="3272344648@qq.com"/>
  <add key ="UseSsl" value="true"/>
  <add key ="UserName" value="3272344648"/>
  <add key ="Password" value="srzwlgkfypxddaga"/>
  <add key ="ServerName" value="smtp.qq.com"/>
  <add key ="ServerPort" value="587"/>
</appSettings>
```

源程序：自定义的 EmailSender.cs

```
using System.Configuration;
using System.Net;
using System.Net.Mail;
public class EmailSender
{
  //从 Web.config 中的<appSettings>配置节获取相应的键值
  private string mailFromAddress =
   ConfigurationManager.AppSettings["MailFromAddress"];
  private bool useSsl =
   bool.Parse(ConfigurationManager.AppSettings["UseSsl"]);
  private string userName = ConfigurationManager.AppSettings["UserName"];
  private string password = ConfigurationManager.AppSettings["Password"];
  private string serverName =
   ConfigurationManager.AppSettings["ServerName"];
  private int serverPort =
    int.Parse(ConfigurationManager.AppSettings["ServerPort"]);
  private string findPassword;            //重置后的密码
  private string mailToAddress = "";      //收件人邮箱
  /// <summary>
  /// 构造函数
  /// </summary>
  /// <param name="address">收件人邮箱</param>
  /// <param name="pwd">重置后的密码</param>
  public EmailSender(string address, string pwd)
  {
    mailToAddress = address;
    findPassword = pwd;
  }
  /// <summary>
  /// 自定义方法，根据设置的 SMTP 服务器名、端口号、账户名、授权码等信息发送给定发件人邮
      箱、收件人邮箱、电子邮件主题、电子邮件内容等信息的邮件
  /// </summary>
  public void Send()
  {
    //新建 SmtpClient 类实例 smtpClient 对象，using 语句块结束时释放 smtpClient 对象
    using (var smtpClient = new SmtpClient())
    {
      //设置是否使用 SSL 协议连接
      smtpClient.EnableSsl = useSsl;
      //设置 SMTP 服务器名
      smtpClient.Host = serverName;
      //设置 SMTP 服务器的端口号
      smtpClient.Port = serverPort;
      //设置 SMTP 服务器发送邮件的凭据（用户名和授权码）
      smtpClient.Credentials = new NetworkCredential(userName, password);
```

```
      string body = "您登录 MyPetShop 的密码已重置为：" + findPassword;
      MailMessage mailMessage = new MailMessage(
                        mailFromAddress,            // 发件人邮箱
                        mailToAddress,              // 收件人邮箱
                        "MyPetShop 用户密码重置",     // 电子邮件主题
                        body);                      // 电子邮件内容
      //调用 smtpClient 对象的 Send()方法发送邮件
      smtpClient.Send(mailMessage);
    }
  }
}
```

源程序：GetPwd.aspx

```
<%@ Page Language="C#" AutoEventWireup="true" CodeFile="GetPwd.aspx.cs"
 Inherits="GetPwd" %>
<!DOCTYPE html>
<html xmlns="http://www.w3.org/1999/xhtml">
<head runat="server">
  <meta http-equiv="Content-Type" content="text/html; charset=utf-8" />
  <title>重置用户密码</title>
  <link href="~/Styles/Style.css" rel="stylesheet" type="text/css" />
</head>
<body>
  <form id="form1" runat="server">
    <div class="leftside">
      <table style="border-collapse: collapse;">
        <tr>
          <td class="tdcenter" colspan="2">找回密码</td>
        </tr>
        <tr>
          <td class="tdright">用户名:</td>
          <td>
            <asp:TextBox ID="txtName" runat="server"></asp:TextBox></td>
          <td>
            <asp:RequiredFieldValidator ControlToValidate="txtName"
             Display="Dynamic" ForeColor="Red" ID="rfvName" runat="server"
             ErrorMessage="必填"></asp:RequiredFieldValidator></td>
        </tr>
        <tr>
          <td class="tdright">邮箱:</td>
          <td>
            <asp:TextBox ID="txtEmail" runat="server"></asp:TextBox></td>
          <td>
            <asp:RequiredFieldValidator ControlToValidate="txtEmail"
             Display="Dynamic" ForeColor="Red" ID="rfvEmail" runat="server"
             ErrorMessage="必填"></asp:RequiredFieldValidator></td>
```

```
        </tr>
        <tr>
          <td class="tdright" colspan="2">
            <asp:RegularExpressionValidator ID="revEmail" runat="server"
              ErrorMessage="邮箱格式不正确！" ControlToValidate="txtEmail"
              Display="Dynamic" ForeColor="Red"
              ValidationExpression="\w+([-+.']\w+)*@\w+([-.]\w+)*\.\w+([-.]
              \w+)*"></asp:RegularExpressionValidator></td>
        </tr>
        <tr>
          <td class="tdright" colspan="2">
            <asp:Button ID="btnResetPwd" runat="server" Text="找回密码"
             OnClick="BtnResetPwd_Click" /></td>
        </tr>
        <tr>
          <td colspan="2">找回密码，需要验证邮箱！</td>
        </tr>
        <tr>
          <td colspan="2">
            <asp:Label ID="lblMsg" runat="server" ForeColor="Red">
            </asp:Label></td>
        </tr>
      </table>
    </div>
  </form>
</body>
</html>
```

源程序：GetPwd.aspx.cs

```
using MyPetShop.BLL;
using System;
using System.Web.UI;
public partial class GetPwd : System.Web.UI.Page
{
  CustomerService customerSrv = new CustomerService();
  protected void BtnResetPwd_Click(object sender, EventArgs e)
  {
    if (Page.IsValid)
    {
      //调用 CustomerService 类中的 IsNameExist()方法判断输入的用户名是否存在
      if (!customerSrv.IsNameExist(txtName.Text.Trim()))
      {
        lblMsg.Text = "用户名不存在！";
      }
```

```
        else
        {
          //调用 CustomerService 类中的 IsEmailExist()方法判断输入的用户名和邮箱是否存在
          if (!customerSrv.IsEmailExist(txtName.Text.Trim(),
           txtEmail.Text.Trim()))
          {
            lblMsg.Text = "邮箱不正确！";
          }
          else
          {
            //调用 CustomerService 类中的 ResetPassword()方法重置用户密码为用户名
            customerSrv.ResetPassword(txtName.Text.Trim(),
              txtEmail.Text.Trim());
            //新建自定义的 EmailSender 类实例 emailSender 对象
            EmailSender emailSender = new EmailSender(txtEmail.Text.Trim(),
              txtName.Text.Trim());
            //调用自定义的 EmailSender 类中的 Send()方法发送邮件
            emailSender.Send();
            lblMsg.Text = "密码已发送至邮箱！";
          }
        }
      }
    }
  }
```

操作步骤：

（1）在 MyPetShop.BLL 业务逻辑层项目的 CustomerService.cs 类文件中添加 IsEmailExist()、ResetPassword()方法。

（2）在 Web.config 中的<configuration>配置节下添加<appSettings>配置节。

（3）在 MyPetShop.Web 表示层项目中添加 ASP.NET 文件夹 App_Code，再在该文件夹中新建自定义的 EmailSender.cs。

（4）在 MyPetShop.Web 表示层项目中新建 GetPwd.aspx，参考源程序附加 Styles 文件夹下的 Style.css 样式表，再分别添加<Table>元素以及各个控件，设置<div>、<Table>元素以及各个控件的属性。

（5）建立 GetPwd.aspx.cs。

（6）右击 MyPetShop.Web 表示层项目，执行“生成网站”命令。

（7）浏览 Login.aspx，再单击“忘记密码？”链接进行测试。

程序说明：

<appSettings>配置节中的 Password 对于不同的邮箱账户要使用不同的密码形式。对于 QQ 邮箱，使用的授权码是专用于登录第三方客户端的密码，与 QQ 账户密码不同，这种方法的好处是在不泄漏 QQ 账户密码的前提下使用了 QQ 邮箱的 SMTP 邮件发送服务，从而保证了 QQ 账号的安全。但对于其他如 126 等邮箱，Password 值应为相应账户的密码。

注意：发件人邮箱要先启用 POP3/SMTP 服务，才能测试本实例。

9.4　小　　结

本章以每个 Web 应用程序中必不可少的用户管理为例，介绍了 ASP.NET 三层架构编程思想。ASP.NET 三层架构包括表示层、业务逻辑层和数据访问层，是企业进行 Web 应用程序开发的主流技术之一，因此，理解并熟练运用 ASP.NET 三层架构对自己未来适应商业软件开发有重要作用。用户管理通常包括用户注册、用户登录、用户状态呈现、用户密码修改和重置等，在实际工程开发时，还需要进一步补充基于角色的用户权限管理等功能。

9.5　习　　题

1. 填空题

（1）在代码隐藏页模型中，一个 Web 窗体包含用于界面显示代码的.aspx 文件和用于事件处理等代码的.aspx.cs 文件，其实质是一个典型的_______层架构。

（2）ASP.NET 三层架构将 Web 应用程序分成三层：_______、_______、_______。

（3）ASP.NET 三层架构中，_______需要引用_______，_______需要引用_______。

（4）用户注册需要首先从_______获取用户名等注册信息，再通过_______中的用户名检查等方法调用_______中相应的方法实现数据库中的用户名查询等操作。

2. 是非题

（1）表示层既用于接收用户的数据输入，又用于显示业务逻辑处理的结果。（　　）

（2）业务逻辑层可以直接访问数据库完成数据查找、插入、更新和删除等操作。（　　）

（3）当使用 LINQ to SQL 技术操作数据库时，ASP.NET 三层架构可以只包括表示层、业务逻辑层和数据访问层。（　　）

（4）表示层项目可以直接引用数据访问层项目。（　　）

（5）从数据访问角度看，用户登录只涉及数据查询操作。（　　）

3. 选择题

（1）在 ASP.NET 三层架构中，下面（　　）不是必须的。

A．表示层　　B．Model　　C．业务逻辑层　　D．数据访问层

（2）在 ASP.NET 三层架构中，下面（　　）是错误的。

A．表示层项目实质是一个网站或 Web 应用程序项目

B．业务逻辑层项目实质是一个类库项目

C．除表示层、业务逻辑层、数据访问层外，一定要包含业务实体类 Model 和数据库访问通用类 DBUtility

D．数据访问层项目实质是一个类库项目

（3）关于用户管理，下面（　　）是错误的。

A．呈现用户状态和权限只需要使用表示层

B．注册用户肯定要使用表示层、业务逻辑层、数据访问层

C．修改用户密码肯定要使用表示层、业务逻辑层、数据访问层

D．用户登录肯定要使用表示层、业务逻辑层、数据访问层

4. 上机操作题

（1）建立并调试本章的所有实例。

（2）查找资料，在实例 9-2 和实例 9-3 中增加验证码功能。

（3）在实例 9-4 中，增加能删除一般用户的用户管理功能。

（4）请分别使用自行申请的 QQ 邮箱和 126 邮箱，分别修改实例 9-6 中 Web.config 文件的<appSettings>配置节，分别进行用户密码重置测试。

（5）修改实例 9-6，将其中的密码重置为 10 位随机字符。

第 10 章

主题、母版和用户控件

本章要点：

- 掌握建立和使用主题的方法。
- 理解母版页并能建立母版页。
- 掌握利用母版页创建一致页面布局的方法。
- 掌握建立和使用用户控件的方法。

10.1 主　　题

在 Web 应用程序中，通常所有的页面都有统一的外观和操作方式。ASP.NET 通过应用主题来提供统一的外观。主题包括外观文件、CSS 文件和图片文件等。

10.1.1 主题概述

和 CSS 类似，主题包含了定义页面和控件外观的属性集合，可以认为主题是 CSS 的扩展。主题至少应包含外观文件，另外，还可以包括 CSS 文件、图片文件及其他资源。主题在存储时与一个主题文件夹对应。当存在多个主题文件夹时，就可以选择不同的主题显示不同的网站风格。

主题类型中最常用的是应用于单个 Web 应用程序的应用程序主题。它存储于网站根文件夹下的 App_Themes 文件夹中，也就是说，App_Themes 文件夹中的每个子文件夹都对应一个应用程序主题。

10.1.2 自定义主题

1. 主题和外观文件

一个主题必须包含外观文件。下面以创建 Red 主题和 Red.skin 外观文件为例说明，操作步骤如下：

（1）为清晰地理解本章实例，在 Book 解决方案中新建一个 Chap10Site 网站。

（2）右击 Chap10Site 网站，在弹出的快捷菜单中选择“添加”→“添加 ASP.NET 文件夹”→“主题”命令，VSC 2017 会在网站根文件夹下自动创建 App_Themes 文件夹，并在该文件夹下建立主题文件夹。之后输入主题名 Red。

（3）右击主题文件夹 Red，在弹出的快捷菜单中选择“添加”→“外观文件”命令，然后在呈现的对话框中输入外观文件名 Red.skin。

（4）打开 Red.skin 文件，可为不同类型的控件添加仅对外观属性进行定义的外观样式。

利用 SkinID 属性可以为同种类型控件定义多种外观，没有 SkinID 的则为默认外观，有 SkinID 的称为已命名外观。在使用时，同一主题中不允许同种类型控件有重复的 SkinID 值。

下面的示例代码为 Label 类型控件定义了三种外观样式：

```
<asp:Label runat="server" ForeColor="#FF0000" Font-Size="X-Small" />
<asp:Label runat="server" ForeColor="#00FF00" Font-Size="X-Small"
 SkinID="LabelGreen" />
<asp:Label runat="server" ForeColor="#0000FF" Font-Size="X-Small"
 SkinID="LabelBlue" />
```

当为同种类型控件定义多种外观样式后，在页面中使用主题时应通过控件的属性 SkinID 进行区分，如：

```
<asp:Label ID="lblMsg" runat="server" ForeColor="#0000FF" Font-Size="X-Small"
  SkinID="LabelBlue" />
```

表示 lblMsg 控件使用 LabelBlue 外观样式。

2. 添加 CSS 到主题

外观文件只能定义与服务器控件相关的样式，如果要设置 XHTML 元素的样式，则要通过在主题中添加 CSS 文件来实现。操作时，可右击主题文件夹 Red，在弹出的快捷菜单中选择“添加”→“样式表”命令，然后在呈现的对话框中输入样式文件名 Red.css。之后在 Red.css 中添加 XHTML 元素的样式。

3. 添加图片文件到主题

在主题中添加图片文件，可以创建更好的控件外观。通常在主题文件夹中创建 Images 子文件夹，再添加合适的图片文件到 Images 文件夹。要使用 Images 文件夹中的图片文件，可以通过控件的用于链接图片文件的 URL 属性进行访问。

10.1.3 使用主题

自定义或从网上下载主题后，就可以在 Web 应用程序中使用主题。使用时，可以在单个页面中应用主题，也可以在网站或网站的部分页面中应用主题。

1. 对单个页面应用主题

对单个页面应用主题，需要使用@ Page 指令的 Theme 或 StylesheetTheme 属性。示例代码如下：

```
<%@ Page Theme="ThemeName" %>
<%@ Page StylesheetTheme="ThemeName" %>
```

其中，StylesheetTheme 属性表示主题为本地控件的从属设置。也就是说，如果在页面上为某个控件设置了本地属性，则主题中与该控件本地属性相同的属性将不起作用。而若使用 Theme 属性，则本地属性值会被主题中设置的属性值所覆盖。

2. 对网站应用主题

可以通过修改网站的 Web.config 文件，将主题应用于整个网站。示例代码如下：

```
<configuration>
  <system.web>
    <pages theme="ThemeName"></pages>
  </system.web>
```

```
</configuration>
```

此时，网站中所有的 ASP.NET 页面都将应用 ThemeName 主题。

如果要对网站中的部分页面应用某主题，一种方法是将这些页面放在一个文件夹中，然后在该文件夹中建立 Web.config 文件实现主题的配置。另一种方法是在根文件夹下的 Web.config 文件中通过<location>元素指定子文件夹。例如，为子文件夹 SubDir 设置主题的示例代码如下：

```
<configuration>
  <location path="SubDir">
    <system.web>
      <pages theme="ThemeName"></pages>
    </system.web>
  </location>
</configuration>
```

3. 禁用主题

默认情况下，主题将重写页面和控件外观的本地设置。若希望单独给某些控件或页面预定义外观，而不希望主题改变预设的属性，就可以通过禁用主题来实现。具体实现时，是否禁用主题由控件和页面的 EnableTheming 属性确定。例如，在页面中禁用主题的示例代码如下：

```
<%@ Page EnableTheming="False" %>
```

在控件中禁用主题的示例代码如下：

```
<asp:Label ID="lblMsg" runat="server" EnableTheming="False"></asp:Label>
```

实例 10-1　动态切换主题

在图 10-1 中，当选择不同的主题后，页面中的控件将呈现不同的外观。

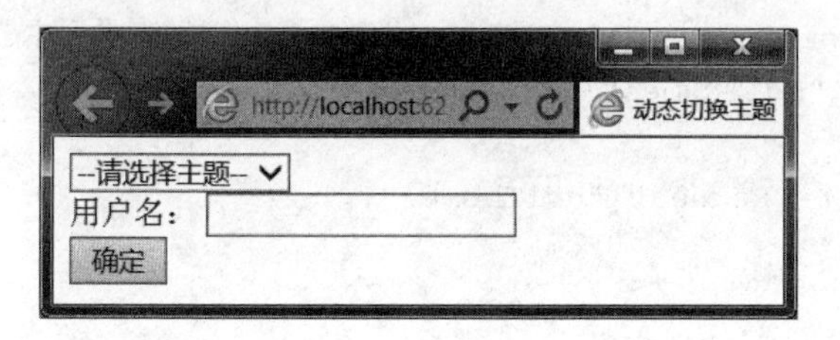

实例 10-1

图 10-1　Theme.aspx 浏览效果

源程序：Blue.skin

```
<asp:Label runat="server" ForeColor="Blue" />
<asp:TextBox runat="server" ForeColor="Blue" />
<asp:Button runat="server" ForeColor="Blue" />
```

源程序：Green.skin

```
<asp:Label runat="server" ForeColor="Green" />
<asp:TextBox runat="server" ForeColor="Green" />
```

```
<asp:Button runat="server" ForeColor="Green" />
```

源程序：Theme.aspx 部分代码

```
<%@ Page Language="C#" AutoEventWireup="true" CodeFile="Theme.aspx.cs"
 Inherits="Theme" %>
…（略）
<form id="form1" runat="server">
  <div>
    <asp:DropDownList ID="ddlThemes" runat="server" AutoPostBack="True">
      <asp:ListItem Value="0">--请选择主题--</asp:ListItem>
      <asp:ListItem>Blue</asp:ListItem>
      <asp:ListItem>Green</asp:ListItem>
    </asp:DropDownList><br />
    <asp:Label ID="lblName" runat="server" EnableTheming="True" Text="用户名：">
    </asp:Label>
    <asp:TextBox ID="txtName" runat="server" EnableTheming="True">
    </asp:TextBox><br/>
    <asp:Button ID="btnSubmit" runat="server" EnableTheming="False"
     Text="确定" />
  </div>
</form>
…（略）
```

源程序：Theme.aspx.cs

```
using System;
using System.Web.UI;
public partial class Theme : System.Web.UI.Page
{
  protected void Page_PreInit(object sender, EventArgs e)
  {
    //当选择 ddlThemes 下拉列表框中的 Blue 或 Green 时改变页面主题
    if (Request["ddlThemes"] != "0")
    {
      Page.Theme = Request["ddlThemes"];
    }
  }
}
```

操作步骤：

（1）在 Chap10Site 网站中建立 Blue 主题，之后在 Blue 主题中建立 Blue.skin 文件。

（2）在 Chap10Site 网站中建立 Green 主题，之后在 Green 主题中建立 Green.skin 文件。

（3）在 Chap10Site 网站的根文件夹下建立 Theme.aspx，并添加 DropDownList、Label、TextBox、Button 控件各一个，参考源程序设置控件属性。

（4）建立 Theme.aspx.cs。最后，浏览 Theme.aspx 进行测试。

程序说明：

在对 ddlThemes 控件的 Items 属性进行设置时，将“--请选择主题--”项的 Value 属性值设置为 0，这样在程序中即可容易地判断是否选择了“--请选择主题--”。

Page.Theme 属性值的设置必须在 Page.PreInit 事件的处理代码中进行设置。此时，通过 Request["ddlThemes"]可获取 ddlThemes 控件中被选中的值。

因为 btnSubmit 控件的 EnableTheming 属性值为 False，所以作用于该控件的主题被禁用，使得该控件的颜色不会发生变化。

10.2　母　版　页

利用母版页可以方便快捷地建立统一页面风格的 ASP.NET 网站，并且容易管理和维护，从而可以大大提高网站设计效率。

10.2.1　母版页概述

母版页可以为页面创建一致的布局。使用时，母版页为页面定义所需的外观和标准行为，然后在母版页基础上创建要包含显示内容的各个内容页。当用户请求内容页时，这些内容页将与母版页合并，使得母版页的布局与内容页的内容可以组合在一起输出。

使用母版页具有下面的优点：

（1）使用母版页可以集中处理页面的通用功能，也就是说，若要修改所有页面的通用功能，只需要修改母版页即可。

（2）使用母版页可以方便地创建一组控件和代码，并应用于一组页面。例如，可以在母版页上使用控件来创建一个应用于所有页面的菜单。

（3）通过控制占位符控件的呈现方式，母版页可以在细节上控制最终页的布局。

母版页由特殊的@ Master 指令识别，该指令替换了用于普通.aspx 页面的@ Page 指令。除@ Master 指令外，母版页还包含其他的 XHTML 元素，如<html>、<head>和<form>。实际上，在母版页中可以使用任何 XHTML 元素和 ASP.NET 元素。通常需要在母版页上通过一个<img>元素或 Image 控件呈现公司的徽标，使用静态文本进行版权声明以及使用服务器控件创建网站导航等。

母版页可以包含一个或多个可替换内容的占位符控件 ContentPlaceHolder。实际使用时，这些占位符控件定义可替换内容呈现的区域，然后在内容页中定义可替换内容，最后，这些可替换内容将呈现在占位符控件定义的区域中。

母版页文件的扩展名是.master。内容页通过 MasterPageFile 属性指定母版页的文件路径。内容页中包含 Content 控件，并使用 ContentPlaceHolderID 属性与母版页中的 ContentPlaceHolder 控件联系起来。

10.2.2　创建母版页

创建母版页的方式和创建 Web 窗体类似。

实例 10-2

实例 10-2　创建母版页

本实例将创建一个母版页 MasterPage.master，该母版页采用常见的“上中下”页面布局。

源程序：MasterPage.master

```
<%@ Master Language="C#" AutoEventWireup="true" CodeFile="MasterPage.master.cs"
 Inherits="MasterPage" %>
<!DOCTYPE html>
<html>
<head runat="server">
  <meta http-equiv="Content-Type" content="text/html; charset=utf-8" />
  <title>母版页</title>
  <asp:ContentPlaceHolder ID="cphHead" runat="server">
  </asp:ContentPlaceHolder>
</head>
<body>
  <form id="form1" runat="server">
    <div>
      <header>
        母版页中添加的网站 Logo、搜索入口、登录入口、站点导航栏等信息。
      </header>
      <section>
        <asp:ContentPlaceHolder ID="cphSection" runat="server">
        </asp:ContentPlaceHolder>
      </section>
      <footer>
        母版页中添加的页底部版权等信息。
      </footer>
    </div>
  </form>
</body>
</html>
```

操作步骤：

（1）右击 Chap10Site 网站，在弹出的快捷菜单中选择“添加”→“添加新项”命令，然后在呈现的对话框中选择“母版页”模板，输入母版页名 MasterPage.master。此时，若选中“选择母版页”复选框，则表示可以在其他母版页的基础上建立当前的母版页。单击“添加”按钮建立文件。

（2）参考源程序添加 XHTML 元素和相应的内容。

10.2.3 创建内容页

母版页提供了统一布局的模板，而要显示不同页面的内容需要创建不同的内容页。内容页仅包含要与母版页合并的内容，可以在其中添加用户请求该页面时要显示的文本和控件等。

实例 10-3

实例 10-3 创建内容页

本实例将创建基于母版页 MasterPage.master 的内容页。图 10-2 给出了浏览内容页 ContentPage.aspx 时的效果。

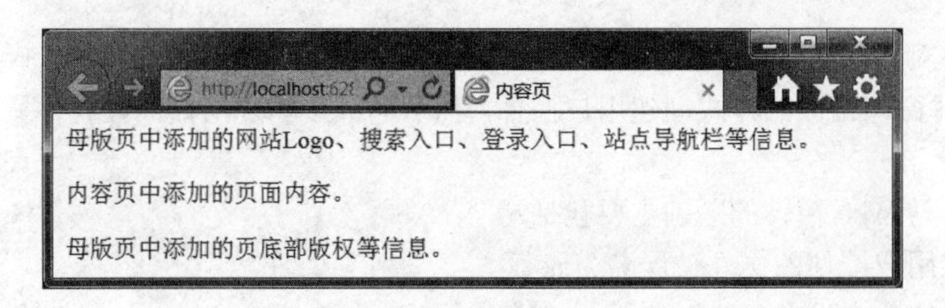

图 10-2　ContentPage.aspx 浏览效果

源程序：ContentPage.aspx

```
<%@ Page Title="内容页" Language="C#" MasterPageFile="~/MasterPage.master"
  AutoEventWireup="true" CodeFile="ContentPage.aspx.cs" Inherits="ContentPage"%>
<asp:Content ID="ContentHead" ContentPlaceHolderID="cphHead" runat="Server">
</asp:Content>
<asp:Content ID="ContentSection" ContentPlaceHolderID="cphSection" runat="Server">
  <p>内容页中添加的页面内容。</p>
</asp:Content>
```

操作步骤：

（1）在 Chap10Site 网站中建立实例 10-2 中的母版页 MasterPage.master。

（2）在 Chap10Site 网站中建立内容页 ContentPage.aspx。需注意的是，建立时要选中“选择母版页”复选框并选择母版页 MasterPage.master。

（3）根据 ContentPage.aspx 要显示的内容，添加文本到与 ContentPlaceHolder 控件 cphSection 相对应的 Content 控件 ContentSection 中。其中，在 MasterPage.master 中定义的用于统一页面布局的信息呈现灰色，不能被修改。

（4）浏览 ContentPage.aspx 查看效果。

程序说明：

由页面中包含的@ Page 指令的 MasterPageFile 属性值可知，该页面将与网站根文件夹下的母版页 MasterPage.master 合并。

10.3　用户控件

在 ASP.NET 页面中，除了使用 Web 服务器控件外，还可以根据需要创建重复使用的自定义控件，这些控件被称作用户控件。用户控件是一种复合控件，工作原理非常类似于 ASP.NET 页面，可以在用户控件中添加现有的 Web 服务器控件，并定义控件的属性和方法。用户控件在实际工程中常用于统一页面局部的显示风格。

10.3.1　用户控件概述

在网站设计中，有时可能需要实现内置 Web 服务器控件未提供的功能，有时可能需要提取多个页面中相同的用户界面来统一页面显示风格。针对这些情况的解决方法有两种。一种是创建用户控件，然后将用户控件作为一个整体对待，为其定义属性和方法。另一种方法是自定义控件，其实质就是重新编写控件对应的从 Control 或 WebControl 派生的类。相比较而言，因为可以重用现有的控件，所以创建用户控件要比创建自定义控件方便得多。

用户控件对应的文件与.aspx 文件相似，同时具有用户界面和方法代码。操作时，可以采取与创建 Web 窗体相似的方式创建用户控件，然后向其中添加所需的控件。最后，根据需要添加方法代码。

用户控件与 Web 窗体的区别主要包括：

（1）存放用户控件的文件扩展名为.ascx。

（2）用户控件中没有@ Page 指令，但包含@ Control 指令。

（3）用户控件不能作为独立文件运行，而必须像处理其他控件一样，只有将它们添加到 Web 窗体中后才能使用。

（4）用户控件中没有<html>、<body>或<form>元素，这些元素必须位于宿主页面中。除此以外的 XHTML 元素或现有的 Web 服务器控件都可以添加到用户控件中。

10.3.2 创建用户控件

可以像设计 Web 窗体一样设计用户控件，也可以将 Web 窗体更改为一个用户控件。其中，后者针对已经开发好的 Web 窗体并打算在整个网站中访问其功能的情况下使用。

1. 设计用户控件

向网站中添加用户控件的步骤与添加 Web 窗体类似。下面以在 Chap10Site 网站的根文件夹下创建用户控件 SearchUserControl.ascx 为例说明操作流程。

（1）右击 Chap10Site 网站，在弹出的快捷菜单中选择“添加”→“添加新项”命令，然后在呈现的对话框中选择“Web 用户控件”模板，输入用户控件名 SearchUserControl.ascx，单击“添加”按钮建立文件。

（2）像普通 Web 窗体一样添加控件和编写方法代码。本例添加了 TextBox 和 Button 控件各一个，并且还编写了 Page.Load 和 btnSearch.Click 事件被触发后执行的方法代码。

（3）若需要和其他控件交互，则可以为用户控件添加公用属性。如在本例中，为 SearchUserControl 类添加了公用属性 Text；在 Page_Load()方法代码中设置了 Button 控件的 Text 属性值来源于用户控件的 Text 属性值；在 BtnSearch_Click()方法代码中设置了文本框 txtSearchKey 的 Text 属性值。当然，在实际工程中进行数据查询时需要访问数据库。

源程序：SearchUserControl.ascx

```
<%@ Control Language="C#" AutoEventWireup="true"
 CodeFile="SearchUserControl.ascx.cs" Inherits="SearchUserControl" %>
<asp:TextBox ID="txtSearchKey" runat="server"></asp:TextBox>
<asp:Button ID="btnSearch" runat="server" Text="搜索"
 OnClick="BtnSearch_Click" />
```

源程序：SearchUserControl.ascx.cs

```
using System;
public partial class SearchUserControl : System.Web.UI.UserControl
{
  //添加用户控件的公用属性 Text
  private string _Text;  //下画线左边有一个空格
  public string Text
  {
```

```
    get { return _Text; }
    set { _Text = value; }
  }
  protected void Page_Load(object sender, EventArgs e)
  {
    if (this.Text != "")
    {
     btnSearch.Text = this.Text;
    }
  }
  protected void BtnSearch_Click(object sender, EventArgs e)
  {
    txtSearchKey.Text = "搜索完成";
  }
}
```

2. 将单文件页转换为用户控件

若 ASP.NET 页面使用单文件页模型，则将其转换为一个用户控件的步骤如下：

（1）重命名.aspx 文件扩展名为.ascx。

（2）从页面中删除<html>、<body>和<form>元素；将@ Page 指令更改为@ Control 指令；删除@ Control 指令中除 Language、AutoEventWireup、CodeFile 和 Inherits 之外的所有属性。

3. 将代码隐藏页转换为用户控件

若 ASP.NET 页面使用代码隐藏页模型，则将其转换为一个用户控件的步骤如下：

（1）重命名.aspx 文件扩展名为.ascx。

（2）重命名.aspx.cs 文件扩展名为.ascx.cs。

（3）打开.ascx.cs 文件并将继承的类从 Page 更改为 UserControl。

（4）在.ascx 文件中，删除<html>、<body>和<form>元素；将@ Page 指令更改为@ Control 指令；删除@ Control 指令中除 Language、AutoEventWireup、CodeFile 和 Inherits 之外的所有属性；在@ Control 指令中，将 CodeFile 属性值更改为重命名后的代码隐藏文件名。

10.3.3　使用用户控件

要使用用户控件，就要将其包含在 Web 窗体中。操作时，可在 Web 窗体的“设计”视图中，直接将用户控件文件从“解决方案资源管理器”窗口拖到页面上，即添加了该用户控件。此时，在“源”视图中，VSC 2017 自动添加了一行@ Register 指令，示例代码如下：

```
<%@ Register Src="SearchUserControl.ascx" TagName="SearchUserControl"
 TagPrefix="uc" %>
```

其中，TagPrefix 属性指定用户控件的前缀，这类似于 Web 服务器控件的 asp 前缀。定义好前缀后，在使用用户控件时需要先加前缀，如<uc:SearchUserControl…>；TagName 属性指定用户控件的名称；Src 属性指定用户控件文件的存储路径。

注意： *用户控件不能存放于 App_Code 文件夹下。*

在 Web 窗体的<form>元素中，自动生成的用户控件元素的示例代码如下：

```
<uc:SearchUserControl ID="SearchUserControl1" runat="server" Text="查找" />
```

其中，Text 属性是用户控件 SearchUserControl 的公共属性，可以在“属性”窗口中设置其值。

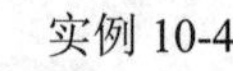
实例 10-4

实例 10-4　使用用户控件

本实例将用户控件 SearchUserControl 添加到 Web 窗体中，浏览效果如图 10-3 所示，单击“查找”按钮，呈现如图 10-4 所示的浏览效果。

图 10-3　UserControlTest.aspx 浏览效果（1）

图 10-4　UserControlTest.aspx 浏览效果（2）

源程序：UserControlTest.aspx 部分代码

```
<%@ Page Language="C#" AutoEventWireup="true"
 CodeFile="UserControlTest.aspx.cs" Inherits="UserControlTest" %>
<%@ Register Src="SearchUserControl.ascx" TagName="SearchUserControl"
 TagPrefix="uc" %>
…（略）
<form id="form1" runat="server">
  <div>
    <uc:SearchUserControl ID="SearchUserControl1" runat="server" Text="查找"/>
  </div>
</form>
…（略）
```

操作步骤：

（1）在 Chap10Site 网站的根文件夹中新建 UserControlTest.aspx。

（2）在“设计”视图中，将 SearchUserControl.ascx 拖到页面上，设置控件的 Text 属性值为“查找”。

（3）浏览 UserControlTest.aspx 查看效果。

程序说明：

当页面载入到用户控件时，触发用户控件定义中的 Page.Load 事件，执行用户控件定义中的 Page_Load()方法代码，将用户控件的 Text 属性值赋值给 btnSearch.Text，因此，在按钮上显示“查找”。当单击“查找”按钮时触发 Click 事件，执行用户控件定义中的 BtnSearch_Click()方法代码，在文本框 txtSearchKey 中显示“搜索完成”。当然，在实际工程中数据查找常需要与数据库结合。

10.4　小　　结

本章介绍了 ASP.NET 中的主题、母版和用户控件，以及利用这些技术创建具有统一风格网站的方法。

主题包括外观文件、CSS 文件和图片文件，其中外观文件为页面中的服务器控件提供一致的外观。主题对应一个主题文件夹，并且必须存放在 ASP.NET 文件夹 App_Themes 中。

利用母版页可以方便快捷地建立统一风格的 ASP.NET 网站，并且容易管理和维护，从而可以大大提高网站设计效率。在使用时，母版页先定义整体布局，再和内容页组合输出。与母版页相比较，用户控件在实际工程中常在页面局部范围内统一页面显示风格。

10.5 习 题

1. 填空题

（1）主题可以包括_______、样式表文件和_______。

（2）母版页由特殊的_______指令识别，该指令替换了用于普通.aspx 页面的@ Page 指令。

（3）母版页中可以包含一个或多个可替换内容占位符_______。

（4）通过_______属性指定用户控件的前缀。

（5）内容页通过_______和母版页建立联系。

（6）主题必须存放在 ASP.NET 文件夹_______中。

（7）内容页中的 Content 控件必须通过_______属性与母版页中的 ContentPlaceHolder 控件联系起来。

2. 是非题

（1）主题至少要有样式表文件。 （ ）

（2）母版页只能包含一个 ContentPlaceHolder 控件。 （ ）

（3）在同一主题中每个控件类型只允许有一个默认的控件外观。 （ ）

（4）控件外观中必须指定 SkinID 值。 （ ）

（5）同一主题中不允许一个控件类型有重复的 SkinID。 （ ）

（6）App_Code 文件夹中可以包含用户控件。 （ ）

（7）用户控件中可以定义属性。 （ ）

3. 选择题

（1）主题不包括（ ）。

A．skin 文件　　B．css 文件　　C．图片文件　　D．config 文件

（2）一个主题必须包含（ ）。

A．skin 文件　　B．css 文件　　C．图片文件　　D．config 文件

（3）母版页文件的扩展名是（ ）。

A．.aspx　　B．.master　　C．.cs　　D．.skin

（4）可以通过设置控件和页面的（ ）属性禁用主题。

A．ProhibitTheming　　B．StylesheetTheme

C．Theme　　D．EnableTheming

4. 简答题

（1）@ Page 指令中的 Theme="ThemeName"和 StylesheetTheme="ThemeName"有何区别？

（2）如何将单文件页和代码隐藏页转换为用户控件？

（3）简述包含 ASP.NET 母版页的页面运行时的显示原理。

5. 上机操作题

（1）建立并调试本章的所有实例。

（2）设计一个母版页，并利用该母版页建立一个个人网站。

（3）设计一个主题，并将主题应用于一个留言板系统。

（4）设计母版页和内容页，浏览效果如第 15 章 MyPetShop 应用程序的首页所示。

第 11 章

网站导航

本章要点：

- 了解网站导航的含义和实现方法。
- 掌握网站地图文件的结构并能合理地建立网站地图。
- 掌握网站导航控件 SiteMapPath、TreeView 和 Menu 的用法。
- 掌握母版页中网站导航控件的用法。

11.1 网 站 地 图

在含有大量页面的任何网站中，早期要实现用户随意在页面之间进行切换的导航系统颇有难度。早期的模式是通过页面上散布的超链接方式实现，在页面移动或修改页面名称后，开发人员不得不进入页面逐个修改超链接，维护工作量很大。ASP.NET 中的网站导航可创建页面的集中网站地图，使得导航的管理变得十分简单。

11.1.1 网站地图文件

在 ASP.NET 中，要使用网站导航，就需要用网站地图文件来描述网站中页面的层次结构。其中，网站地图文件是一个 XML 文件，通过<siteMapNode>元素描述每个页面的标题和 URL 等信息。当用一个或多个网站地图文件描述页面层次结构时，其中有一个网站地图文件必须存放于网站根文件夹下且以 Web.sitemap 命名，其他的网站地图文件可以存放在其他位置。

默认的网站地图文件 Web.sitemap 的代码如下：

```
<?xml version="1.0" encoding="utf-8" ?>
<siteMap xmlns="http://schemas.microsoft.com/AspNet/SiteMap-File-1.0" >
  <siteMapNode url="" title="" description="">
    <siteMapNode url="" title="" description="" />
    <siteMapNode url="" title="" description="" />
  </siteMapNode>
</siteMap>
```

上述代码中，根元素<siteMap>包含了<siteMapNode>子元素。所有的<siteMapNode>元素形成了网站页面的层次结构，其中第一层<siteMapNode>元素为网站的首页，下一层<siteMapNode>元素表示首页下层的页面。

<siteMapNode>元素的常用属性如表 11-1 所示。

表 11-1　<siteMapNode>元素常用属性表

属　　性	说　　明
description	描述超链接的作用，当鼠标指针指向超链接时会给出的提示信息
siteMapFile	引用另一个网站地图文件
title	表示超链接的显示文本
url	超链接目标页的 URL 地址

实例 11-1　创建网站地图

本实例向 ChapSite 网站添加网站地图，包含于网站地图中的页面的层次结构如图 11-1 所示。

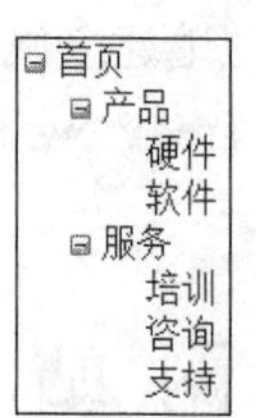

图 11-1　页面层次结构

实例 11-1

源代码：Web.sitemap

```
<?xml version="1.0" encoding="utf-8" ?>
<siteMap xmlns="http://schemas.microsoft.com/AspNet/SiteMap-File-1.0" >
  <siteMapNode url="~/Chap11/Home.aspx" title="首页" description="首页">
    <siteMapNode url="~/Chap11/Products.aspx" title="产品"
     description="所有产品">
      <siteMapNode url="~/Chap11/Hardware.aspx" title="硬件"
       description="硬件产品" />
      <siteMapNode url="~/Chap11/Software.aspx" title="软件"
       description="软件产品" />
    </siteMapNode>
    <siteMapNode url="~/Chap11/Services.aspx" title="服务"
     description="售后服务">
      <siteMapNode url="~/Chap11/Training.aspx" title="培训"
       description="培训服务" />
      <siteMapNode url="~/Chap11/Consulting.aspx" title="咨询"
       description="咨询服务" />
      <siteMapNode url="~/Chap11/Support.aspx" title="支持"
       description="技术支持" />
    </siteMapNode>
  </siteMapNode>
</siteMap>
```

操作步骤：

右击 ChapSite 网站，在弹出的快捷菜单中选择“添加”→“添加新项”命令，然后在呈现的对话框中选择“站点地图”模板，单击“添加”按钮，建立网站地图文件 Web.sitemap。输入源代码。

11.1.2　嵌套网站地图文件

对于页面结构复杂的网站，将所有的导航信息都放在一个 Web.sitemap 中会显得比较杂乱。在这种情况下，可以考虑使用嵌套网站地图文件，即将信息分散到多个.sitemap 文件中，再把分散的.sitemap 文件合并到网站根文件夹下的 Web.sitemap 文件。在合并时，要用到<siteMapNode>元素的 siteMapFile 属性。

实例 11-2　创建嵌套网站地图

实例 11-2

本实例功能与实例 11-1 完全相同，但使用嵌套网站地图实现。也就是说，首先将描述产品和服务的信息分散到文件 Products.sitemap 和 Services.sitemap 中，然后在 Web1.sitemap（测试时需要重命名为 Web.sitemap）中设置<siteMapNode>元素的 siteMapFile 属性值为需包含的.sitemap 文件。其中，Products.sitemap 和 Services.sitemap 存放在 Chap11 文件夹下，而 Web1.sitemap 存放在网站根文件夹下。

源程序：Web1.sitemap

```
<?xml version="1.0" encoding="utf-8" ?>
<siteMap xmlns="http://schemas.microsoft.com/AspNet/SiteMap-File-1.0" >
  <siteMapNode url="~/Chap11/Home.aspx" title="首页" description="首页">
    <siteMapNode siteMapFile="~/Chap11/Products.sitemap" />
    <siteMapNode siteMapFile="~/Chap11/Services.sitemap" />
  </siteMapNode>
</siteMap>
```

源程序：Products.sitemap

```
<?xml version="1.0" encoding="utf-8" ?>
<siteMap xmlns="http://schemas.microsoft.com/AspNet/SiteMap-File-1.0" >
  <siteMapNode url="~/Chap11/Products.aspx" title="产品" description="所有产品">
    <siteMapNode url="~/Chap11/Hardware.aspx" title="硬件" description="硬件产品"/>
    <siteMapNode url="~/Chap11/Software.aspx" title="软件" description="软件产品"/>
  </siteMapNode>
</siteMap>
```

源程序：Services.sitemap

```
<?xml version="1.0" encoding="utf-8" ?>
<siteMap xmlns="http://schemas.microsoft.com/AspNet/SiteMap-File-1.0" >
  <siteMapNode url="~/Chap11/Services.aspx" title="服务" description="售后服务">
    <siteMapNode url="~/Chap11/Training.aspx" title="培训"
     description="培训服务" />
    <siteMapNode url="~/Chap11/Consulting.aspx" title="咨询"
     description="咨询服务"/>
    <siteMapNode url="~/Chap11/Support.aspx" title="支持"
     description="技术支持"/>
  </siteMapNode>
</siteMap>
```

11.2 SiteMapPath 控件显示导航

在实际应用中，经常在每个页面上添加当前页面位于当前网站层次结构中哪个位置的导航，这种功能称为面包屑功能。在以前的网站开发中要实现面包屑功能是比较复杂的，ASP.NET 提供了可自动实现面包屑功能的 SiteMapPath 控件。SiteMapPath 控件不需要数据源控件，就可以自动绑定网站地图文件 Web.sitemap。使用时只需要将 SiteMapPath 控件添加到页面中就可以了。当然，最好的方法是将 SiteMapPath 控件添加到母版页中，以便实现统一的网站导航界面。定义的语法格式如下：

```
<asp:SiteMapPath ID="SiteMapPath1" runat="server"></asp:SiteMapPath>
```

SiteMapPath 控件的常用属性如表 11-2 所示。

表 11-2 SiteMapPath 控件的常用属性表

属　性	说　明
ParentLevelsDisplayed	获取或设置相对于当前显示节点的父节点级别数
PathDirection	获取或设置导航路径节点的呈现顺序
PathSeparator	获取或设置一个符号，用于分隔网站的导航路径

实例 11-3 利用 SiteMapPath 控件显示导航

如图 11-2 所示，本实例利用 SiteMapPath 控件显示网站导航。

图 11-2 Hardware.aspx 浏览效果

实例 11-3

源程序：Hardware.aspx 部分代码

```
<%@ Page Language="C#" AutoEventWireup="true" CodeFile="Hardware.aspx.cs"
 Inherits="Chap11_Hardware" %>
…（略）
<form id="form1" runat="server">
  <div>
    SiteMapPath 控件显示导航的测试页<br />
    <asp:SiteMapPath ID="SiteMapPath1" runat="server"></asp:SiteMapPath>
  </div>
</form>
…（略）
```

操作步骤：

（1）建立与实例 11-1 相同的网站地图文件 Web.sitemap。

（2）在 Chap11 文件夹中建立 Hardware.aspx。添加一个 SiteMapPath 控件。最后，浏览 Hardware.aspx 进行测试。

11.3　TreeView 控件显示导航

TreeView 控件常用于以树形结构显示分层数据的情形。利用 TreeView 控件可以实现网站导航，也可以用来显示 XML、表格或关系数据。可以说，凡是树形层次关系的数据的显示，都可以用 TreeView 控件。

11.3.1　TreeView 控件

TreeView 控件中的每个项都称为一个节点，每一个节点都是一个 TreeNode 对象。节点分为根节点、父节点、子节点和叶节点。最上层的节点是根节点，可以有多个根节点。没有子节点的节点是叶节点。定义的语法格式如下：

```
<asp:TreeView ID="TreeView1" runat="server"></asp:TreeView>
```

TreeView 控件常用的属性如表 11-3 所示。

表 11-3　TreeView 控件常用属性表

属　性	说　明
CollapseImageUrl	节点折叠后用于显示图片的 URL
EnableClientScript	是否允许在客户端处理展开和折叠事件
ExpandDepth	第一次显示时所展开的级数
ExpandImageUrl	节点展开后用于显示图片的 URL
Nodes	获取所有的根节点集合
NoExpandImageUrl	设置用于显示不可折叠（即无子节点）节点对应图片的 URL
PathSeparator	节点之间的路径分隔符
SelectedNode	当前选中的节点
SelectedValue	当前选中的节点值
ShowCheckBoxes	是否在节点前显示复选框
ShowLines	节点间是否显示连接线

TreeView 控件中的每个节点实际上都是 TreeNode 类对象，在构建 TreeView 时经常要对 TreeNode 对象进行编程操作。TreeNode 类的常用属性如表 11-4 所示。

表 11-4　TreeNode 类常用属性表

属　性	说　明
ChildNodes	获取当前节点的下一级子节点集合
ImageUrl	获取或设置节点旁用于显示图片的 URL
NavigateUrl	获取或设置单击节点时导航到的 URL
Parent	获取当前节点的父节点

TreeView 控件中的节点数据可以在设计时添加，也可以通过编程操作 TreeNode 对象动态地添加或修改。还可以使用数据源控件进行绑定，如可以使用 SiteMapDataSource 控件将网站地图数据填充到 TreeView 控件中，利用 XmlDataSource 控件从 XML 文件中获取填充数据。

另外，可以利用 TreeView 控件的 CollapseAll()和 ExpandAll()方法折叠和展开节点。利用

TreeView 控件的 Nodes.Add()方法添加节点到控件中。利用 TreeView 控件的 Nodes.Remove()方法删除指定的节点。

实例 11-4　运用 TreeView 控件

实例 11-4

本实例利用 TreeView 控件显示城市结构图，并能动态地添加和移除节点、折叠和展开节点。在图 11-3 中，当选中“嘉兴”节点后在文本框中输入“海宁”，再单击“添加节点”按钮，能在“嘉兴”节点下添加一个子节点“海宁”。当单击“移除当前节点”按钮，能实现删除当前节点的功能。当单击“全部展开”按钮，能实现展开所有节点的功能。当单击“全部折叠”按钮，能实现折叠所有节点的功能。

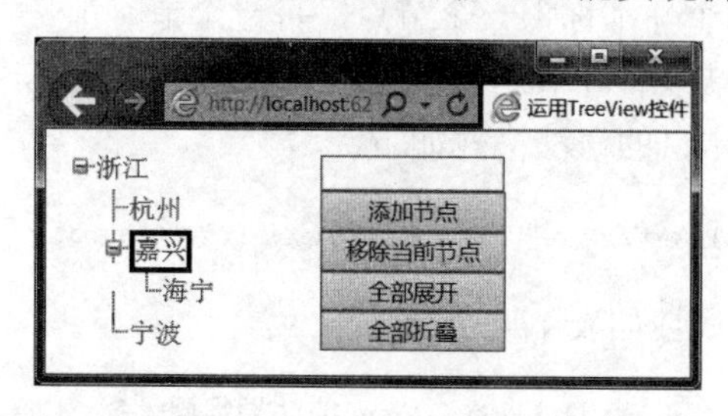

图 11-3　TreeView.aspx 浏览效果

源程序：TreeView.aspx 部分代码

```
<%@ Page Language="C#" AutoEventWireup="true" CodeFile="TreeView.aspx.cs"
 Inherits="Chap11_TreeView" %>
…（略）
<form id="form1" runat="server">
  <div>
    <table>
      <tr>
        <td style="width: 150px">
          <asp:TreeView ID="tvCity" runat="server" ShowLines="True">
            <SelectedNodeStyle BorderStyle="Solid" />
            <Nodes>
              <asp:TreeNode Text="浙江" Value="zhejiang">
                <asp:TreeNode Text="杭州" Value="hangzhou"></asp:TreeNode>
                <asp:TreeNode Text="嘉兴" Value="jiaxing"></asp:TreeNode>
                <asp:TreeNode Text="宁波" Value="ningbo"></asp:TreeNode>
              </asp:TreeNode>
            </Nodes>
          </asp:TreeView>
        </td>
        <td>
          <asp:TextBox ID="txtNode" runat="server" Width="105px">
          </asp:TextBox><br />
          <asp:Button ID="btnAddNode" runat="server"
           OnClick="BtnAddNode_Click"
           Text="添加节点" Width="110px" /><br />
          <asp:Button ID="btnRemoveNode" runat="server"
```

```
            OnClick="BtnRemoveNode_Click"
            Text="移除当前节点" Width="110px" /><br />
           <asp:Button ID="btnExpandAll" runat="server"
            OnClick="BtnExpandAll_Click"
            Text="全部展开" Width="110px" /><br />
          <asp:Button ID="btnCollapseAll" runat="server"
           OnClick="BtnCollapseAll_Click"
           Text="全部折叠" Width="110px" />
        </td>
      </tr>
    </table>
  </div>
</form>
…（略）
```

源程序：TreeView.aspx.cs

```
using System;
using System.Web.UI.WebControls;
public partial class Chap11_TreeView : System.Web.UI.Page
{
  protected void BtnRemoveNode_Click(object sender, EventArgs e)
  {
    if (tvCity.SelectedNode != null)              //存在当前节点
    {
      //获取当前节点的父节点
      TreeNode parentNode = tvCity.SelectedNode.Parent;
      //移除当前节点
      parentNode.ChildNodes.Remove(tvCity.SelectedNode);
    }
  }
  protected void BtnAddNode_Click(object sender, EventArgs e)
  {
    if (txtNode.Text.Trim().Length < 1)           //若文本框中的值为空，则返回
    {
      return;
    }
    //建立新节点 childNode
    TreeNode childNode = new TreeNode();
    childNode.Value = txtNode.Text.Trim();
    if (tvCity.SelectedNode != null)              //存在当前节点
    {
      //将 childNode 添加到当前节点
      tvCity.SelectedNode.ChildNodes.Add(childNode);
    }
    else                                          //不存在当前节点
    {
```

```
        //childNode 作为根节点添加到 tvCity 中
        tvCity.Nodes.Add(childNode);
      }
      txtNode.Text = "";                              //清除文本框
    }
    protected void BtnCollapseAll_Click(object sender, EventArgs e)
    {
      tvCity.CollapseAll();                           //折叠所有的节点
    }
    protected void BtnExpandAll_Click(object sender, EventArgs e)
    {
      tvCity.ExpandAll();                             //展开所有的节点
    }
  }
```

操作步骤：

（1）在 Chap11 文件夹中建立 TreeView.aspx。在“设计”视图中添加一个用于布局的 1 行 2 列表格，向相应的单元格中添加一个 TreeView 控件、一个 TextBox 控件和四个 Button 控件。

（2）单击 TreeView 的智能标记，选择“编辑节点”命令，在打开的“TreeView 节点编辑器”对话框中添加节点，如图 11-4 所示。

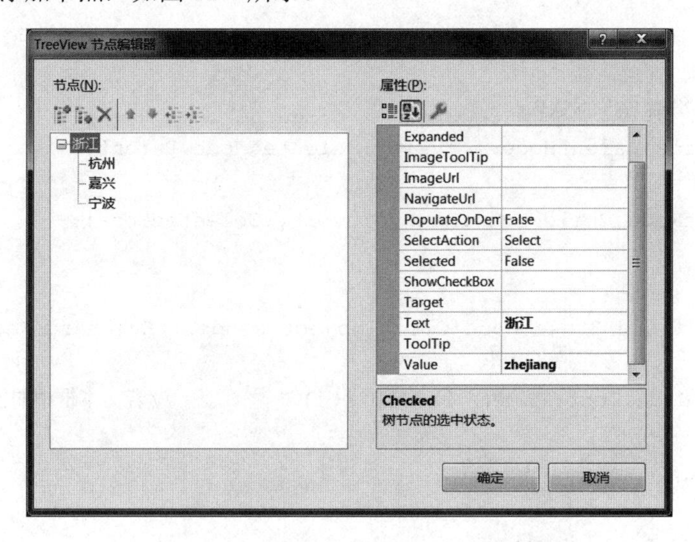

图 11-4 “TreeView 节点编辑器”对话框

（3）参考源程序设置其他控件属性。

（4）建立 TreeView.aspx.cs。最后，浏览 TreeView.aspx 进行测试。

程序说明：

tvCity 控件的 ShowLines 属性值为 True，表示节点之间用线条连接；<SelectedNodeStyle BorderStyle="Solid" />表示用实线边框标出当前节点；当没有选择节点时，添加的节点为新的根节点。

11.3.2　使用 TreeView 控件实现导航

使用 TreeView 控件实现网站导航功能时的数据填充有两种方式。一种方式是利用数据源控件 SiteMapDataSource，此时，只要将 TreeView 控件的 DataSourceID 属性值设置为 SiteMapDataSource 控件的 ID 属性值就可以了。另一种方式是利用 LINQ 技术。

实例 11-5

实例 11-5　利用 TreeView 控件显示导航

如图 11-5 所示，TreeView 控件以树形结构的形式显示包含在网站地图文件中的页面结构图，其中使用的网站地图文件为实例 11-1 建立的 Web.sitemap。

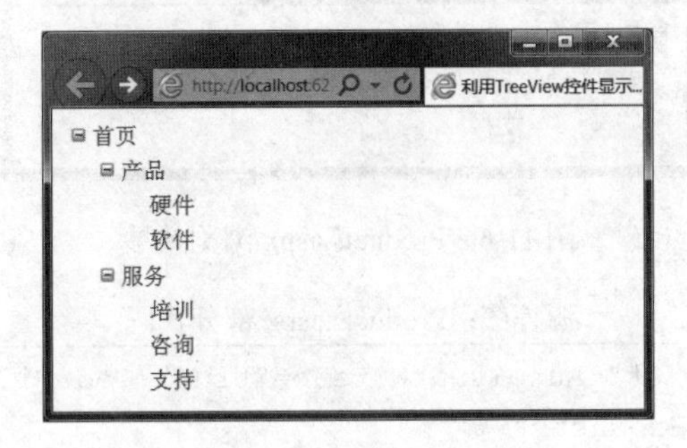

图 11-5　Home.aspx 浏览效果

源程序：Home.aspx 部分代码

```
<%@ Page Language="C#" AutoEventWireup="true" CodeFile="Home.aspx.cs"
 Inherits="Chap11_Home" %>
…（略）
<form id="form1" runat="server">
  <div>
    <asp:TreeView ID="tvSiteMap" runat="server" DataSourceID="smdsSiteMap">
    </asp:TreeView>
    <asp:SiteMapDataSource ID="smdsSiteMap" runat="server" />
  </div>
</form>
…（略）
```

操作步骤：

在 Chap11 文件夹中建立 Home.aspx，参考源程序添加控件并设置属性。最后，浏览 Home.aspx 查看效果。

程序说明：

SiteMapDataSource 控件能自动绑定 Web.sitemap，从而能把 Web.sitemap 中的导航信息通过 TreeView 控件呈现在页面上。

11.4　Menu 控件显示导航

Menu 控件可以以人们熟悉的菜单形式显示分层数据。与 TreeView 控件类似，它也需要数据源控件的支持，如配合使用 SiteMapDataSource 控件，Menu 控件就可以实现网站导航的菜单显示效果。此时，只要将 Menu 控件的 DataSourceID 属性值设置为 SiteMapDataSource 控件的 ID 属性值就可以了。

Menu 控件的 Orientation 属性可以确定菜单的排列方式，值 Vertical 表示竖向排列，值 Horizontal 表示横向排列，默认值为 Vertical。

实例 11-6

实例 11-6　利用 Menu 控件显示导航菜单

如图 11-6 所示，利用 Menu 控件可以使网站导航以菜单的形式呈现。

图 11-6　Products.aspx 浏览效果

源程序：Products.aspx 部分代码

```
<%@ Page Language="C#" AutoEventWireup="true" CodeFile="Products.aspx.cs"
 Inherits="Chap11_Products" %>
…（略）
<form id="form1" runat="server">
  <div>
    <asp:Menu ID="mnuSiteMap" runat="server" DataSourceID="smdsSiteMap">
    </asp:Menu>
    <asp:SiteMapDataSource ID="smdsSiteMap" runat="server" />
  </div>
</form>
…（略）
```

11.5　在母版页中使用网站导航

在一个页面中添加网站导航并不复杂，但网站导航常需要应用于所有页面，如果在每个页面中添加导航控件，这样既烦琐又很难统一网站风格，还会增加网站的维护工作量。例如，若要更改页面中导航控件的位置，就不得不逐个地更改每个页面。ASP.NET 可以在母版页中使用网站导航控件，这样，就可以在母版页中创建包含导航控件的布局，再将母版页应用于所有的内容页。基于母版页使用网站导航的基本步骤是：

（1）创建用于导航的母版页。

（2）将导航控件添加到母版页。

（3）创建网站的内容页，利用 MasterPageFile 属性关联母版页。

实例 11-7

实例 11-7　实现基于母版页的网站导航

在图 11-7 中，网站导航由母版页实现，内容页与母版页关联，并输入了一些提示信息。

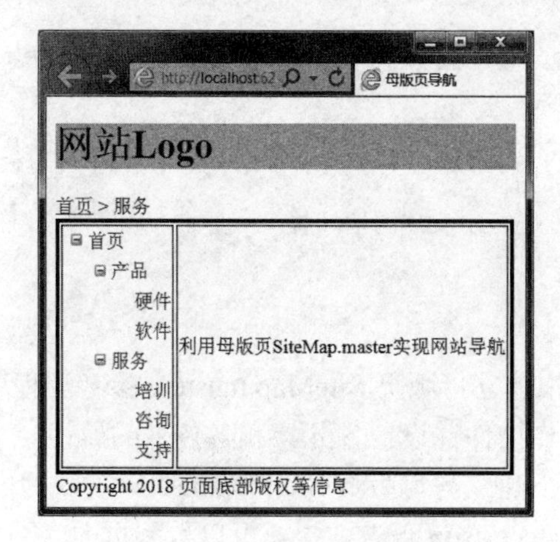

图 11-7　Services.aspx 浏览效果

源程序：SiteMap.master 部分代码

```
<%@ Master Language="C#" AutoEventWireup="true" CodeFile="SiteMap.master.cs"
 Inherits="Chap11_SiteMap" %>
…（略）
<form id="form1" runat="server">
  <header>
    <h1 style="background-color: #C0C0C0">网站 Logo</h1>
    <asp:SiteMapPath ID="SiteMapPath1" runat="server"></asp:SiteMapPath>
  </header>
  <section>
    <table style="border-style: solid">
      <tr>
        <td style="border-style: solid; border-width: thin;">
          <asp:TreeView ID="tvSiteMap" runat="server"
           DataSourceID="smdsSiteMap">
          </asp:TreeView>
          <asp:SiteMapDataSource ID="smdsSiteMap" runat="server" />
        </td>
        <td style="border-style: solid; border-width: thin;">
          <asp:ContentPlaceHolder ID="ContentPlaceHolder1" runat="server">
          </asp:ContentPlaceHolder>
        </td>
      </tr>
    </table>
  </section>
  <footer>Copyright 2018 页面底部版权等信息</footer>
</form>
…（略）
```

源程序：Services.aspx

```
<%@ Page Title="母版页导航" Language="C#"
 MasterPageFile="~/Chap11/SiteMap.master" AutoEventWireup="true"
 CodeFile="Services.aspx.cs" Inherits="Chap11_Services" %>
```

```
<asp:Content ID="Content1" ContentPlaceHolderID="head" Runat="Server">
</asp:Content>
<asp:Content ID="Content2" ContentPlaceHolderID="ContentPlaceHolder1"
 Runat="Server">
  利用母版页 SiteMap.master 实现网站导航
</asp:Content>
```

操作步骤：

（1）在 Chap11 文件夹中建立母版页 SiteMap.master，参考源程序添加<header>、<section>和<footer>等元素，然后添加控件并设置各元素和各控件的属性。

（2）在 Chap11 文件夹下建立与母版页 SiteMap.master 关联的内容页 Services.aspx，输入提示信息。最后，浏览 Services.aspx 查看效果。可以看到页面“网站 Logo”下面有面包屑导航，左边有树形结构导航。

11.6 小　　结

本章介绍了 ASP.NET 提供的导航系统。这个系统的核心是在 XML 文件（网站地图文件）中描述网站的页面结构。对于页面结构复杂的网站，可以利用嵌套的方式构建网站地图文件。该系统同时提供了功能强大的导航控件，包括 SiteMapPath、TreeView 和 Menu 控件。这些导航控件可以获取网站地图文件中的数据从而可以很方便地实现导航功能。

本章还介绍了 SiteMapPath、TreeView 和 Menu 控件的使用方法，也介绍了如何利用母版页实现导航的方法，该方法可以更加高效地实现网站导航。其中，SiteMapPath 控件用于实现显示当前页面位于当前网站页面层次结构中位置的面包屑导航。该控件不需要通过数据源控件就可以自动绑定 Web.sitemap。TreeView 控件以树形结构显示网站地图，Menu 控件以菜单形式显示网站地图，二者都需要绑定数据源控件 SiteMapDataSource。

11.7 习　　题

1. 填空题

（1）网站地图文件的扩展名是_______。

（2）<siteMapNode>元素的 url 属性表示_______。

（3）若要使用网站导航控件，必须在_______文件中描述网站的页面结构。

（4）SiteMapPath 控件的 PathDirection 属性的功能是_______。

（5）Menu 控件的 Orientation 属性的功能是_______。

2. 是非题

（1）一个网站地图文件中只能有一个<siteMap>根元素。　（　）

（2）网站导航文件不能嵌套使用。　（　）

（3）网站导航控件都必须通过 SiteMapPath 控件来访问网站地图数据。　（　）

（4）母版页中不能添加导航控件。　（　）

（5）可以通过 LINQ 技术为 TreeView 控件添加节点数据。　（　）

3. 选择题

（1）关于嵌套网站地图文件的说法中，（　　）是正确的。

A．网站地图文件必须存放在 App_Data 文件夹下

B．网站地图文件 Web.sitemap 必须存放在根文件夹下

C．网站地图文件必须和引用的页面存放在同一个文件夹中

D．对存放位置没特殊要求

（2）网站导航控件（　　）不需要添加数据源控件。

A．SiteMapPath　　B．TreeView　　C．Menu　　D．SiteMapDataSource

（3）母版页中使用导航控件，要求（　　）。

A．母版页必须存放在根文件夹下

B．母版页名必须为 Web.master

C．和普通页一样使用，浏览母版页时就可以查看效果

D．必须有内容页才能查看效果

4. 简答题

（1）描述网站地图文件的基本格式。

（2）举例说明如何利用嵌套方式解决复杂的网站导航问题。

（3）如何在母版页中使用网站导航功能？

5. 上机操作题

（1）建立并调试本章的所有实例。

（2）分析某门户网站的页面层次结构，建立该网站的网站地图。

（3）模仿第 15 章 MyPetShop 应用程序的导航系统，建立导航系统。

（4）建立描述本书目录的 XML 文件，并利用 TreeView 控件显示该文件。

（5）利用 LINQ 技术将实例 11-1 中的网站地图数据填充到一个 TreeView 控件中。

第 12 章

ASP.NET Ajax

本章要点：

- 了解 Ajax 基础知识。
- 理解 Ajax 工作原理。
- 理解 ASP.NET Ajax 技术。
- 掌握 ASP.NET Ajax 服务器控件的用法。
- 了解 AjaxControlToolkit 程序包的安装和其中包括的控件功能。

12.1 Ajax 基础

Ajax（Asynchronous JavaScript and XML）是一种允许客户端通过异步 HTTP 请求与服务器交换数据的技术，目的是利用已经成熟的技术构建具有良好交互性的 Web 应用程序。通常称 Ajax 页面为无刷新 Web 页面。

12.1.1 Ajax 概述

众所周知，桌面应用程序具有良好的交互性。Web 应用程序是最新的潮流，它们提供了在桌面上不能实现的服务。但是 Web 应用程序需要 Web 服务器响应、等待请求返回和生成新的页面，因此，程序的交互性比桌面应用程序要差。Ajax 技术将桌面应用程序具有的交互性应用于 Web 应用程序，使 Web 应用程序能更好地展现动态而漂亮的用户界面。

Ajax 所用到的技术包括：

- XMLHttpRequest 对象。该对象允许浏览器与 Web 服务器通信，通过 MSXML ActiveX 组件可以在 IE 5.0 以上的浏览器中使用。
- JavaScript 代码。这是运行 Ajax Web 应用程序的核心代码，用于帮助改进与服务器应用程序的通信。
- DHTML。通过使用<div>、<span>和其他动态 HTML 元素来动态地更新表单。
- 文档对象模型 DOM。通过 JavaScript 代码使用 DOM 处理 HTML 元素和服务器返回的 XML。

图 12-1 给出了传统的 Web 应用程序和利用 Ajax 技术的 Web 应用程序之间的差别。在传统的 Web 应用程序中，每当用户请求页面时，将导致服务器端重新生成一个 Web 页面，不管内容是否重复，这个新的页面会覆盖掉原来的页面内容，也就是整个页面进行刷新。这种同步回发的过程给用户的感觉是页面在“闪烁”，从而影响页面的浏览效果。运用 Ajax 技术后，它便会在页面中嵌入一层 Ajax 引擎。当客户端请求页面时，由 Ajax 引擎向服务器端异步地发出请求。服务器端将收到的请求处理后再传回 XML 格式数据到 Ajax 引擎。最后，部分更新客户端界面。这种异步回发的过程由 Ajax 引擎完成，客户端不需要刷新整个页面。

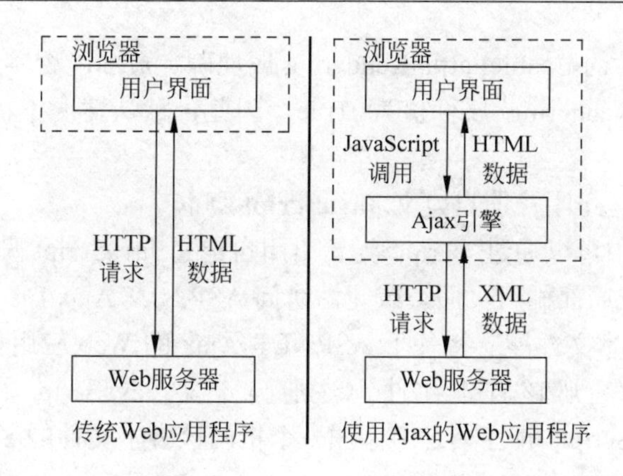

图 12-1　传统和使用 Ajax 的 Web 应用程序之间的差异

12.1.2　ASP.NET Ajax 技术

ASP.NET Ajax 是 Ajax 的 Microsoft 实现方式，专用于 ASP.NET 页面，对 Ajax 的使用以控件形式提供，提高了易用性。使用 ASP.NET 中的 Ajax 功能，可以生成丰富的 Web 应用程序。与传统的 Web 应用程序相比，基于 ASP.NET Ajax 的 Web 应用程序具有以下优点：

- 局部页刷新，即只刷新已发生更改的页面部分。
- 自动生成代理类，从而简化从客户端脚本调用 Web 服务方法的过程。
- 支持主流浏览器。
- 页面的大部分处理工作在浏览器中执行，因此，大大提高了效率。

基于 ASP.NET Ajax 的 Web 应用程序有两种实现方式，一种是“仅客户端”解决方案，另一种是“客户端与服务器”解决方案。“仅客户端”解决方案使用 ASP.NET Ajax Library，但不使用任何 ASP.NET Ajax 服务器控件。而“客户端与服务器”解决方案既使用 ASP.NET Ajax Library，又使用 ASP.NET Ajax 服务器控件。其中，ASP.NET Ajax Library 包含一系列的 JavaScript 脚本，允许 Ajax 应用程序在客户端上执行所有的页面处理。ASP.NET Ajax 服务器控件在 VSC 2017 的工具箱中以“AJAX 扩展”形式提供，可以与其他 ASP.NET 控件一样方便地使用。

12.2　ASP.NET Ajax 服务器控件

当把 ASP.NET Ajax 服务器控件添加到 ASP.NET 页面后，浏览这些页面会自动将支持的客户端 JavaScript 脚本发送到浏览器以实现 Ajax 功能。

12.2.1　ScriptManager 控件

ScriptManager 控件是 ASP.NET Ajax 功能的核心，会把 ASP.NET Ajax Library 的 JavaScript 脚本下载到浏览器，并管理一个页面上的所有 ASP.NET Ajax 资源，包括客户端组件、局部页刷新、本地化、全球化和自定义用户脚本的脚本资源。每个实现 Ajax 功能的页面都必须添加一个 ScriptManager 控件。定义的语法格式如下：

```
<asp:ScriptManager ID="ScriptManager1" runat="server" />
```

ScriptManager 控件的 EnablePartialRendering 属性确定页面能否实现局部刷新功能。默认情况下，EnablePartialRendering 属性值为 True，因此，默认情况下，将启用页面局部刷新功能。

1. 在 ScriptManager 中注册自定义 JavaScript 脚本

在 ASP.NET 页面中可以通过<script>元素引用自定义 JavaScript 脚本文件。但是，以此方式调用的脚本不能用于局部刷新页面，或无法访问 ASP.NET Ajax Library 的某些组件。若要使自定义 JavaScript 脚本文件能支持基于 ASP.NET Ajax 的 Web 应用程序，必须在该页面的 ScriptManager 控件中注册该脚本文件。注册自定义 JavaScript 脚本文件的方法是在 ScriptManager 控件的 Scripts 属性集合中添加一个指向该脚本文件的 ScriptReference 对象，如图 12-2 所示。

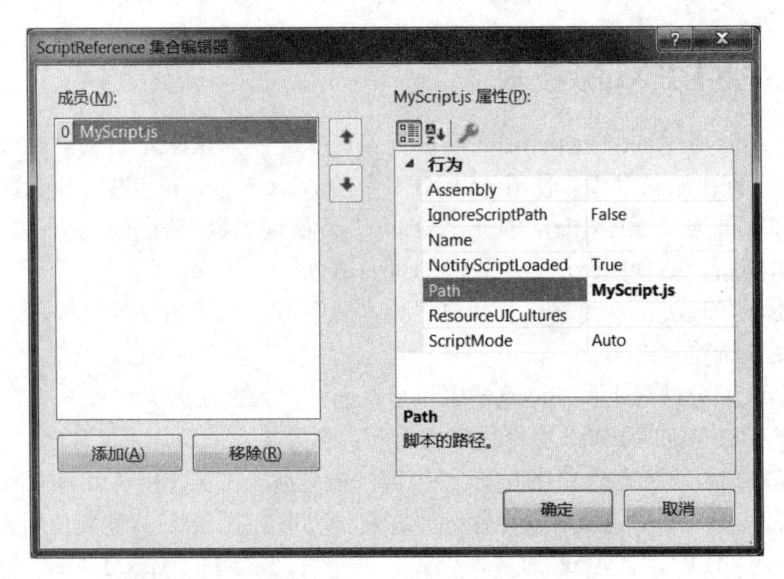

图 12-2　设置 ScriptManager 控件的 Scripts 属性

设置后的示例代码如下：

```
<asp:ScriptManager ID="ScriptManager1" runat="server">
  <Scripts>
    <asp:ScriptReference Path="MyScript.js" />
  </Scripts>
</asp:ScriptManager>
```

上述示例代码表示在 ScriptManager 控件 ScriptManager1 中注册了自定义 JavaScript 脚本文件 MyScript.js。

另外，还可以使用 RegisterClientScriptBlock()方法直接在 ScriptManager 控件中注册自定义 JavaScript 脚本。示例代码如下：

```
ScriptManager.RegisterClientScriptBlock(btnSubmit, typeof(Button),
  DateTime.Now.ToString(),"alert('welcome')", true);
```

该语句的作用是将自定义 JavaScript 脚本注册到 btnSubmit 对象，在执行时单击 btnSubmit 按钮将在页面中弹出一个对话框。其中，DateTime.Now.ToString()用于指定自定义 JavaScript

脚本的唯一标识符。

2. 在母版页中使用 ScriptManager

可以在母版页中添加 ScriptManager 控件，然后在内容页中添加其他 ASP.NET Ajax 服务器控件，实现页面局部刷新功能。要注意的是，在 ASP.NET Ajax 页中只允许包含一个 ScriptManager 控件。因此，如果在母版页中已添加了 ScriptManager 控件，则在内容页中就不能再添加 ScriptManager 控件。如果这时还要在内容页中使用 ScriptManager 控件的其他功能，可以通过添加 ScriptManagerProxy 控件实现。ScriptManagerProxy 控件工作方式和 ScriptManager 控件相同，只是它专用于使用了母版页的内容页。例如，以下的示例代码表示在一个内容页中利用 ScriptManagerProxy 控件注册自定义 JavaScript 脚本文件 MyScript.js。

```
<%@ Page Language="C#" MasterPageFile="~/AjaxMasterPage.master"
 AutoEventWireup="true" CodeFile="ContentPage.aspx.cs"
 Inherits="Chap12_ContentPage" %>
<asp:Content ID="Content1" ContentPlaceHolderID="ContentPlaceHolder1"
 runat="Server">
  <asp:ScriptManagerProxy ID="ScriptManagerProxy1" runat="server">
    <Scripts>
      <asp:ScriptReference Path="MyScript.js" />
    </Scripts>
  </asp:ScriptManagerProxy>
</asp:Content>
```

12.2.2 UpdatePanel 控件

UpdatePanel 控件是一个容器控件，该控件自身不会在页面上显示任何内容，主要作用是放置在其中的控件将具有局部刷新的功能。通过使用 UpdatePanel 控件，减少了整页回发时的屏幕“闪烁”并提高了页面交互性，改善了用户体验，同时也减少了在客户端和服务器之间传输的数据量。

一个页面上可以放置多个 UpdatePanel 控件。每个 UpdatePanel 控件可以指定独立的页面区域，实现独立的局部刷新功能。实际使用时将需要局部刷新的控件放在 UpdatePanel 控件内部的<ContentTemplate>子元素中。另外，还可以利用控件的<Triggers>元素内的<asp:AsyncPostBackTrigger>元素定义触发器。示例代码如下：

```
<asp:UpdatePanel ID="UpdatePanel1" runat="server">
  <ContentTemplate>
    …<%--添加需要局部刷新的控件--%>
  </ContentTemplate>
  <Triggers>
    <asp:AsyncPostBackTrigger ControlID="btnSubmit" EventName="Click" />
  </Triggers>
</asp:UpdatePanel>
```

其中，<asp:AsyncPostBackTrigger ControlID="btnSubmit" EventName="Click" />定义了触发器，表示在触发控件 btnSubmit 的 Click 事件后，会产生异步回发并刷新<ContentTemplate>元素中的控件。

1. 使用包含于 UpdatePanel 控件内的内部按钮刷新 UpdatePanel 控件

实例 12-1

实例 12-1　使用内部按钮刷新 UpdatePanel 控件

如图 12-3 和图 12-4 所示，单击“刷新”按钮时会引发页面往返，包含于 UpdatePanel 控件中的 Label 控件将被刷新，但在 UpdatePanel 控件外的 Label 控件未刷新。

图 12-3　UpdatePnlIn.aspx 浏览效果（1）

图 12-4　UpdatePnlIn.aspx 浏览效果（2）

源程序：UpdatePnlIn.aspx 部分代码

```
<%@ Page Language="C#" AutoEventWireup="true" CodeFile="UpdatePnlIn.aspx.cs"
 Inherits="Chap12_UpdatePnlIn" %>
…（略）
<form id="form1" runat="server">
  <div>
    <asp:ScriptManager ID="ScriptManager1" runat="server" />
    <asp:UpdatePanel ID="UpdatePanel1" runat="server">
      <ContentTemplate>
        <asp:Label ID="lblInterior" runat="server"></asp:Label>
        <asp:Button ID="btnRefresh" runat="server" OnClick="BtnRefresh_Click"
         Text="刷新" />
      </ContentTemplate>
    </asp:UpdatePanel>
    <asp:Label ID="lblExterior" runat="server"></asp:Label>
  </div>
</form>
…（略）
```

源程序：UpdatePnlIn.aspx.cs

```
using System;
public partial class Chap12_UpdatePnlIn : System.Web.UI.Page
{
  protected void Page_Load(object sender, EventArgs e)
  {
    lblInterior.Text = "我在 UpdatePanel 控件中";
    lblExterior.Text = "我在 UpdatePanel 控件外";
  }
  protected void BtnRefresh_Click(object sender, EventArgs e)
  {
    lblInterior.Text = DateTime.Now.ToLongTimeString();
    lblExterior.Text = DateTime.Now.ToLongTimeString();
  }
}
```

操作步骤：

（1）在 Chap12 文件夹中建立 UpdatePnlIn.aspx，添加 ScriptManager 和 UpdatePanel 控件各一个。其中，ScriptManager 控件对应的元素必须放在其他所有控件对应元素的前面。

（2）在 UpdatePanel 控件中添加 Label 和 Button 控件各一个，在 UpdatePanel 控件外添加一个 Label 控件，参考源程序设置各控件的属性。

（3）建立 UpdatePnlIn.aspx.cs。最后，浏览 UpdatePnlIn.aspx 进行测试。

程序说明：

默认情况下，UpdatePanel 控件内的任何回发控件（如 Button 控件）都将导致异步回发并刷新 UpdatePanel 的内容。Label 控件 lblInterior 包含在 UpdatePanel 控件 UpdatePanel1 的<ContentTemplate>子元素中。当单击“刷新”按钮时会引发页面往返，页面上的 lblInterior 被刷新，而 lblExterior 没有刷新。

实际上，在使用时允许其他能引起页面往返的控件来代替 Button 控件，如设置了属性 AutoPostBack="true"的 DropDownList 控件。当选择 DropDownList 控件中不同的项时，将局部刷新 UpdatePanel 控件指定的页面区域。

2. 使用未包含在 UpdatePanel 控件内的外部按钮刷新 UpdatePanel 控件

要使用外部按钮实现局部刷新功能，需要在 UpdatePanel 控件的<Triggers>元素中进行触发器的设置。

实例 12-2　使用外部按钮刷新 UpdatePanel 控件

实例 12-2

如图 12-5 和图 12-6 所示，单击“刷新”按钮时会引发页面往返，页面上的 Label 控件将被刷新，而 Button 控件不刷新。

图 12-5　UpdatePnlOut.aspx 浏览效果（1）

图 12-6　UpdatePnlOut.aspx 浏览效果（2）

源程序：UpdatePnlOut.aspx 部分代码

```
<%@ Page Language="C#" AutoEventWireup="true" CodeFile="UpdatePnlOut.aspx.cs"
 Inherits="Chap12_UpdatePnlOut" %>
…（略）
<form id="form1" runat="server">
  <div>
    <asp:ScriptManager ID="ScriptManager1" runat="server" />
    <asp:UpdatePanel ID="UpdatePanel1" runat="server">
      <ContentTemplate>
        <asp:Label ID="lblInterior" runat="server"></asp:Label>
      </ContentTemplate>
      <Triggers>
        <asp:AsyncPostBackTrigger ControlID="btnRefresh" EventName="Click" />
      </Triggers>
    </asp:UpdatePanel>
```

```
    <asp:Button ID="btnRefresh" runat="server" OnClick="BtnRefresh_Click"
     Text="刷新" />
  </div>
</form>
…（略）
```

源程序：UpdatePnlOut.aspx.cs

```
using System;
public partial class Chap12_UpdatePnlOut : System.Web.UI.Page
{
  protected void Page_Load(object sender, EventArgs e)
  {
    lblInterior.Text = "我在 UpdatePanel 控件中";
  }
  protected void BtnRefresh_Click(object sender, EventArgs e)
  {
    lblInterior.Text = DateTime.Now.ToLongTimeString();
  }
}
```

操作步骤：

（1）在 Chap12 文件夹中建立 UpdatePnlOut.aspx，添加 ScriptManager 和 UpdatePanel 控件各一个。

（2）在 UpdatePanel 控件中添加一个 Label 控件，再在 UpdatePanel 控件外添加一个 Button 控件。为 UpdatePanel 控件 UpdatePanel1 指定触发器 AsyncPostBack: btnRefresh.Click，如图 12-7 所示。

图 12-7 设置 UpdatePanel 控件的触发器

（3）建立 UpdatePnlOut.aspx.cs。最后，浏览 UpdatePnlOut.aspx 进行测试。

程序说明：

为了避免不必要的数据回送，可以只将需要更新的控件放在 UpdatePanel 控件对应的

<ContentTemplate>元素中，而将触发回送事件的控件放在 UpdatePanel 控件外部，同时为 UpdatePanel 控件设置触发器。在实例 12-1 中，需要返回与 Button 控件相关的回送数据，而本实例中不需要返回这些回送数据，因此，将返回一个较小的异步响应。

3. 在同一个页面中使用多个 UpdatePanel 控件

启用局部页刷新后，可执行一个同步回发来刷新整个页面，也可执行一个异步回发来刷新一个或多个 UpdatePanel 控件的内容。是否导致异步回发并刷新 UpdatePanel 控件将根据 UpdateMode 属性的值而定。

如果将 UpdatePanel 控件的 UpdateMode 属性值设置为 Always，则每次执行回发时都会刷新 UpdatePanel 控件中的内容。这些回发包括来自其他 UpdatePanel 控件所包含的控件的异步回发，也包括来自 UpdatePanel 控件未包含的控件的回发。

如果将 UpdateMode 属性值设置为 Conditional，则会在以下情况中刷新 UpdatePanel 控件的内容：

（1）显式调用 UpdatePanel 控件的 Update()方法时。

（2）UpdatePanel 控件嵌套在另一个 UpdatePanel 控件中并且刷新父面板时。

（3）通过使用 UpdatePanel 控件的 Triggers 属性定义为触发器的控件导致回发时。

（4）将 ChildrenAsTriggers 属性值设置为 True 并且 UpdatePanel 控件的子控件导致回发时。

注意：不允许同时将 ChildrenAsTriggers 属性值设置为 False 和 UpdateMode 属性值设置为 Always，否则会引发异常。

实例 12-3

实例 12-3　在同一个页面中使用多个 UpdatePanel 控件

如图 12-8 和图 12-9 所示，在页面中包含两个 UpdatePanel 控件所指定的独立刷新区域。单击不同的按钮将刷新不同的区域。当单击“刷新第 1 个面板”按钮时会引发页面往返，页面上的 lblUp1 控件被刷新。当单击“刷新第 2 个面板”按钮时会引发页面往返，页面上的 lblUp2 控件被刷新。

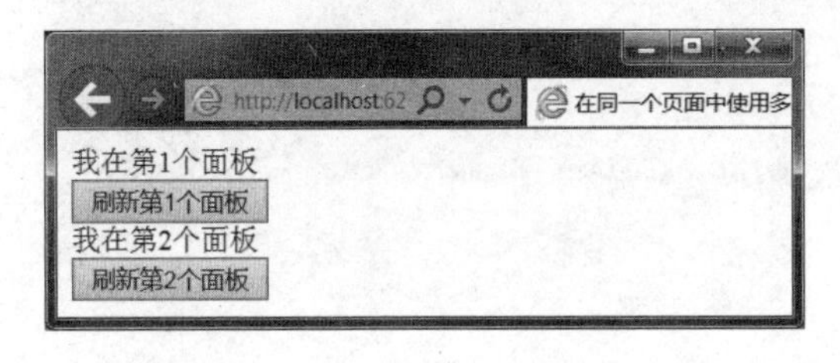

图 12-8　MultiUpdatePanel.aspx 浏览效果（1）

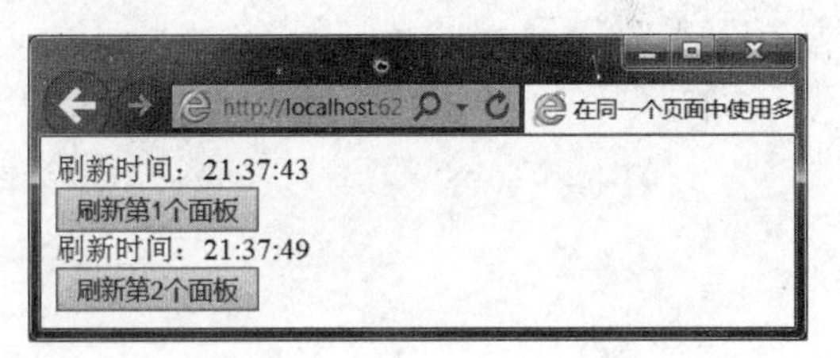

图 12-9　MultiUpdatePanel.aspx 浏览效果（2）

源程序：MultiUpdatePanel.aspx 部分代码

```
<%@ Page Language="C#" AutoEventWireup="true"
 CodeFile="MultiUpdatePanel.aspx.cs" Inherits="Chap12_MultiUpdatePanel" %>
…（略）
<form id="form1" runat="server">
  <div>
    <asp:ScriptManager ID="ScriptManager1" runat="server" />
    <asp:UpdatePanel ID="UpdatePanel1" runat="server" UpdateMode="Conditional">
      <ContentTemplate>
        <asp:Label ID="lblUp1" runat="server" Text="我在第 1 个面板">
        </asp:Label><br/>
```

```
      <asp:Button ID="btnUp1" runat="server" OnClick="BtnUp1_Click"
       Text="刷新第 1 个面板" />
    </ContentTemplate>
  </asp:UpdatePanel>
  <asp:UpdatePanel ID="UpdatePanel2" runat="server"
   UpdateMode="Conditional">
    <ContentTemplate>
      <asp:Label ID="lblUp2" runat="server" Text="我在第 2 个面板">
      </asp:Label>
    </ContentTemplate>
    <Triggers>
      <asp:AsyncPostBackTrigger ControlID="btnUp2" EventName="Click" />
    </Triggers>
  </asp:UpdatePanel>
  <asp:Button ID="btnUp2" runat="server" OnClick="BtnUp2_Click"
   Text="刷新第 2 个面板" />
 </div>
</form>
…（略）
```

源程序：MultiUpdatePanel.aspx.cs

```
using System;
public partial class Chap12_MultiUpdatePanel : System.Web.UI.Page
{
  protected void BtnUp1_Click(object sender, EventArgs e)
  {
    lblUp1.Text = "刷新时间：" + DateTime.Now.ToLongTimeString();
  }
  protected void BtnUp2_Click(object sender, EventArgs e)
  {
    lblUp2.Text = "刷新时间：" + DateTime.Now.ToLongTimeString();
  }
}
```

操作步骤：

（1）在 Chap12 文件夹中建立 MultiUpdatePanel.aspx，添加一个 ScriptManager 控件和两个 UpdatePanel 控件。

（2）在 UpdatePanel 控件 UpdatePanel1 中添加 Label 和 Button 控件各一个。

（3）在 UpdatePanel 控件 UpdatePanel2 中添加一个 Label 控件。在两个 UpdatePanel 控件外添加一个 Button 控件，参考源程序设置各控件属性。

（4）建立 MultiUpdatePanel.aspx.cs。最后，浏览 MultiUpdatePanel.aspx 进行测试。

12.2.3 Timer 控件

Timer 控件按定义的时间间隔执行同步或异步回发。当页面需要定期刷新一个或多个 UpdatePanel 控件中的内容时，可以使用 Timer 控件来实现。例如，页面需要定期运行服务器上的代码，按定义的时间间隔刷新页面等情况。

Timer 控件会将一个 JavaScript 组件嵌入到页面中。当经过 Interval 属性定义的时间间隔后，该 JavaScript 组件将从浏览器启动回发。此时，Timer 控件的 Tick 事件将被触发。

设置 Interval 属性可指定回发发生的频率，而设置 Enabled 属性可启用或禁用 Timer 控件。Interval 属性值以毫秒为单位进行定义，其默认值为 60 000 毫秒（60 秒）。因为将 Timer 控件的 Interval 属性值设置为一个较小值会产生大量发送到 Web 服务器的通信数据，所以合理地设置 Interval 属性值非常关键，通常在满足需求的情况下 Interval 属性值要尽量大些。

使用 Timer 控件时，可以在页面上包含多个 Timer 控件，也可以将一个 Timer 控件用作页面中多个 UpdatePanel 控件的触发器关联控件。

实例 12-4

实例 12-4　运用 Timer 控件

如图 12-10 所示，本实例利用 Timer 控件定时刷新页面上的汇率值以及该汇率的生成时间。初始情况下，Timer 控件每 5 秒触发页面往返一次，从而更新一次 UpdatePanel 中的内容。用户可以选择每 5 秒、每 60 秒刷新一次汇率值，或始终不刷新。

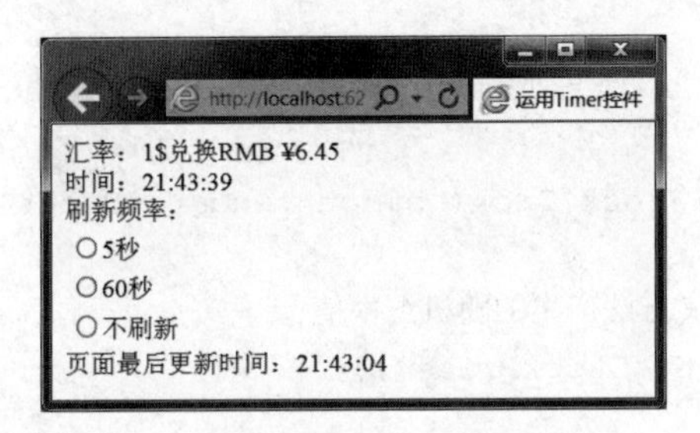

图 12-10　Timer.aspx 浏览效果

源程序：Timer.aspx 部分代码

```
<%@ Page Language="C#" AutoEventWireup="true" CodeFile="Timer.aspx.cs"
 Inherits="Chap12_Timer" %>
…（略）
<form id="form1" runat="server">
  <div>
    <asp:ScriptManager ID="ScriptManager1" runat="server" />
    <asp:Timer ID="tmrStock" OnTick="TmrStock_Tick" runat="server"
     Interval="5000" />
    <asp:UpdatePanel ID="upStock" runat="server" UpdateMode="Conditional">
      <Triggers>
        <asp:AsyncPostBackTrigger ControlID="tmrStock" />
      </Triggers>
      <ContentTemplate>
        汇率：1$兑换 RMB <asp:Label ID="lblPrice" runat="server"></asp:Label>
        <br />
        时间：<asp:Label ID="lblPriceTime" runat="server"></asp:Label>
      </ContentTemplate>
    </asp:UpdatePanel>
    刷新频率：<br />
```

```
    <asp:RadioButtonList ID="rdoltFrequency" runat="server"
     AutoPostBack="True"
    OnSelectedIndexChanged="RdoltFrequency_SelectedIndexChanged">
      <asp:ListItem Value="5000">5 秒</asp:ListItem>
      <asp:ListItem Value="60000">60 秒</asp:ListItem>
      <asp:ListItem Value="0">不刷新</asp:ListItem>
    </asp:RadioButtonList>
    页面最后更新时间：<asp:Label ID="lblPageTime" runat="server"></asp:Label>
  </div>
</form>
…（略）
```

源程序：Timer.aspx.cs

```
using System;
public partial class Chap12_Timer : System.Web.UI.Page
{
  protected void Page_Load(object sender, EventArgs e)
  {
    lblPageTime.Text = DateTime.Now.ToLongTimeString();
  }
  protected void TmrStock_Tick(object sender, EventArgs e)
  {
    //显示通过调用自定义方法产生的随机汇率值
    lblPrice.Text = GetStockPrice();
    //显示汇率时间
    lblPriceTime.Text = DateTime.Now.ToLongTimeString();
  }
  // <summary>
  // 自定义方法，用于产生一个随机的汇率值
  // </summary>
  // <returns>汇率值</returns>
  private string GetStockPrice()
  {
    double randomStockPrice = 5.8 + new Random().NextDouble();
    return randomStockPrice.ToString("C");
  }
  protected void RdoltFrequency_SelectedIndexChanged(object sender, EventArgs e)
  {
    if (rdoltFrequency.SelectedValue == "0")      //选择"不刷新"
    {
      tmrStock.Enabled = false;
    }
    else                                          //选择"5 秒"或"10 秒"
    {
      tmrStock.Enabled = true;
      tmrStock.Interval = int.Parse(rdoltFrequency.SelectedValue);
```

```
        }
    }
}
```

操作步骤：

（1）在 Chap12 文件夹中建立 Timer.aspx，添加 ScriptManager、Timer、UpdatePanel 和 RadioButtonList 控件各一个。在 UpdatePanel 控件中添加两个 Label 控件，并指定触发器。如图 12-11 所示，设置 RadioButtonList 控件的 Items 属性，其他属性请参考源程序进行设置。

（2）建立 Timer.aspx.cs。最后，浏览 Timer.aspx 进行测试。

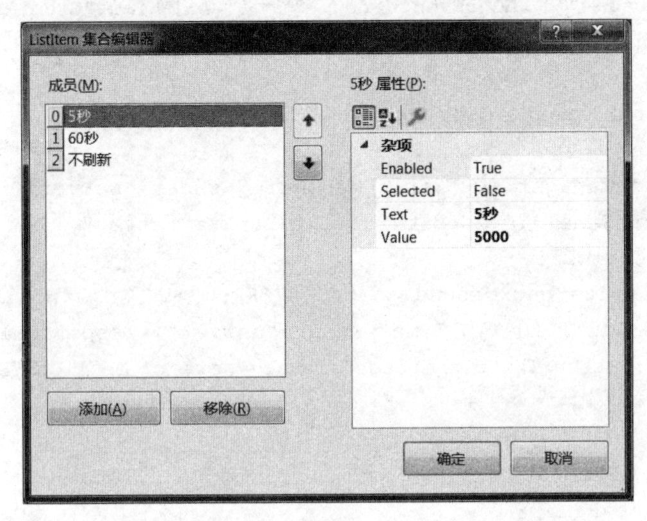

图 12-11　设置 RadioButtonList 控件的 Items 属性

程序说明：

tmrStock.Tick 事件在 tmrStock.Enabled 属性值为 True 的情况下，间隔 tmrStock.Interval 属性设置的时间自动被触发一次，执行 tmrStock_Tick()方法代码。当选择“5 秒”或“60 秒”选项时，tmrStock.Enabled 属性值被设置为 True，并通过修改 tmrStock.Interval 属性值来设置回发的频率。当选择“不刷新”选项时，tmrStock.Enabled 属性值被设置为 False，此时，将不再触发 tmrStock.Tick 事件。

12.2.4　UpdateProgress 控件

当页面包含一个或多个用于局部刷新的 UpdatePanel 控件时，UpdateProgress 控件可用于设计更为直观的用户界面（UI）。如果页面局部刷新速度较慢，通过 UpdateProgress 控件可以显示任务的完成情况。

在一个页面上可以放置多个 UpdateProgress 控件，通过设置 UpdateProgress 控件的 AssociatedUpdatePanelID 属性，可以使每个 UpdateProgress 控件与单个 UpdatePanel 控件关联。也可以使用一个不与任何特定 UpdatePanel 控件相关联的 UpdateProgress 控件，在这种情况下，该控件将为所有 UpdatePanel 控件显示进度消息。

实例 12-5

实例 12-5　运用 UpdateProgress 控件

如图 12-12 和图 12-13 所示，当单击“刷新”按钮时显示页面局部刷新的进度条信息。

图 12-12　UpdateProgress.aspx 浏览效果（1）

图 12-13　UpdateProgress.aspx 浏览效果（2）

源程序：UpdatePrograss.aspx 部分代码

```
<%@ Page Language="C#" AutoEventWireup="true" CodeFile="UpdateProgress.aspx.cs"
 Inherits="Chap12_UpdateProgress" %>
…（略）
<form id="form1" runat="server">
  <div>
    <asp:ScriptManager ID="ScriptManager1" runat="server" />
    <asp:UpdatePanel ID="UpdatePanel1" runat="server">
      <ContentTemplate>
        <div style="background-color: #FFFFE0">
          <asp:Label ID="lblTime" runat="server"></asp:Label>
          <asp:Button ID="btnRefresh" runat="server" OnClick="BtnRefresh_Click"
           Text="刷新" />
        </div>
      </ContentTemplate>
    </asp:UpdatePanel>
    <asp:UpdateProgress runat="server" ID="UpdateProgress1">
      <ProgressTemplate>
        正在连接服务器…<img src="wait.gif" alt="" />
      </ProgressTemplate>
    </asp:UpdateProgress>
  </div>
</form>
…（略）
```

源程序：UpdateProgress.aspx.cs

```
using System;
public partial class Chap12_UpdateProgress : System.Web.UI.Page
{
  protected void BtnRefresh_Click(object sender, EventArgs e)
  {
    //为查看 UpdateProgress 控件效果，延时 10 秒
    System.Threading.Thread.Sleep(TimeSpan.FromSeconds(10));
    lblTime.Text = DateTime.Now.ToLongTimeString();
  }
}
```

操作步骤：

（1）在 Chap12 文件夹中建立 UpdateProgress.aspx，添加 ScriptManager、UpdatePanel 和

UpdateProgress 控件各一个。在 UpdatePanel 控件中添加一个 div 层，在该 div 层中添加 Label、Button 控件各一个。在 UpdateProgress 控件中输入“正在连接服务器…”，添加一个 HTML 控件 Image，参考源程序设置各控件属性。

（2）建立 UpdateProgress.aspx.cs。最后，浏览 UpdateProgress.aspx 进行测试。

程序说明：

在 btnRefresh 按钮的 Click 事件处理代码中，为查看 UpdateProgress 控件效果，利用 Thread.Sleep()方法延时 10 秒，然后再返回服务器的当前时间。在实际应用中，延迟往往是由于较大的数据通信量或需要花较长时间来处理的服务器代码造成的。例如，需要长时间运行的复杂数据库查询等。

12.3　AjaxControlToolkit 程序包

AjaxControlToolkit 程序包是一个建立在 ASP.NET Ajax 框架之上的开源项目，提供了扩展的 Ajax 控件工具集，用户可以像其他 ASP.NET 服务器控件一样地使用该工具集包含的控件。

在 VSC 2017 中，选择“网站”→“管理 NuGet 程序包”命令启动 NuGet 程序包窗口后，搜索 AjaxControlToolkit，再单击“安装”按钮，NuGet 能自动安装 AjaxControlToolkit 程序包到当前的网站中。安装完成后，在当前存储解决方案文件的文件夹中将新增一个文件夹 packages\AjaxControlToolkit.17.1.1.0，其中，软件版本号将随着安装软件版本号的改变而改变。

要使用 AjaxControlToolkit 程序包中包含的控件，需要手工添加到 VSC 2017 工具箱中。操作步骤如下：

（1）打开“工具箱”窗口，右击窗口的空白处，在弹出的快捷菜单中选择“添加选项卡”命令，输入选项卡名“Ajax 控件工具集”（选项卡名可自定）。

（2）右击“Ajax 控件工具集”选项卡，在弹出的快捷菜单中选择“选择项”命令，打开“选择工具箱项”对话框，单击“浏览”按钮，选择 AjaxControlToolkit.17.1.1.0\lib\net40 文件夹中的 AjaxControlToolkit.dll 文件，此时，VSC 2017 会自动选择 AjaxControlToolkit 命名空间中的所有控件，如图 12-14 所示。

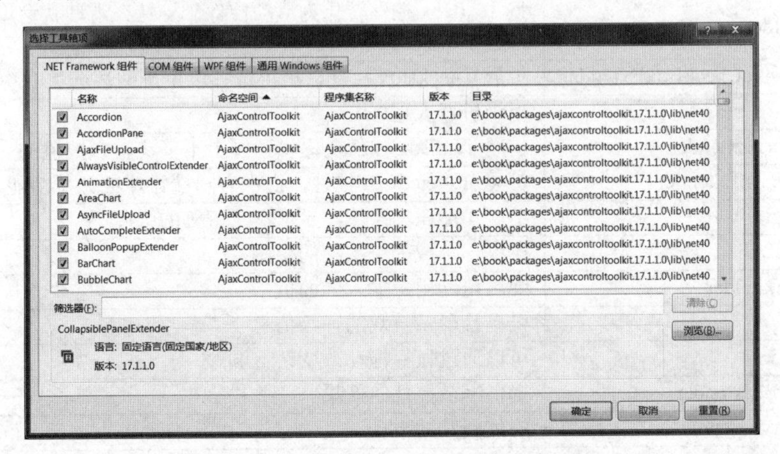

图 12-14　“选择工具箱项”对话框

（3）单击图 12-14 中的“确定”按钮，完成 Ajax 控件的添加。

表 12-1 给出了 AjaxControlToolkit 程序包中包含的常用 Ajax 控件。

表 12-1　AjaxControlToolkit 程序包中包含的常用 Ajax 控件表

控　件	说　明
Accordion	可折叠面板
AjaxFileUpload	文件上传，支持上传进度的显示、大文件上传、文件拖放上传等
AlwaysVisibleControlExtender	将指定的控件悬浮在固定位置
AnimationExtender	产生与 Flash 媲美的 JavaScript 动画
AreaChart	产生一个或多个系列的面积图
AsyncFileUpload	异步文件上传
AutoCompleteExtender	扩展 TextBox 控件，通过 Web 服务显示包含文本框输入值的数据
BalloonPopupExtender	扩展 TextBox 控件，在文本框获得焦点时弹出提示信息
BarChart	产生一个或多个系列的条形图
BubbleChart	产生一个或多个系列的气泡图
CalendarExtender	扩展 TextBox 控件，在文本框获得焦点时弹出输入日历的界面
CascadingDropDown	扩展 DropDownList 控件，实现级联式自动填充数据
CollapsiblePanelExtender	提供可折叠面板的效果
ColorPickerExtender	扩展 TextBox 控件，在文本框获得焦点时弹出颜色选择的界面
ComboBox	实现组合框功能
ConfirmButtonExtender	扩展 Button 控件，单击 Button 控件弹出确认提示框
DragPanelExtender	自由拖动面板
DropDownExtender	提供 SharePoint 样式下拉菜单
DropShadowExtender	提供投影效果的面板
DynamicPopulateExtender	将 Web 服务返回的数据动态地呈现在控件上
FilteredTextBoxExtender	扩展 TextBox 控件，可以防止用户输入无效字符
Gravatar	显示 Gravatar 类型图片
HoverMenuExtender	显示包含可执行操作的弹出面板
HtmlEditorExtender	扩展 TextBox 控件，提供 HTML5 编辑功能
LineChart	产生一个或多个系列的线形图
ListSearchExtender	扩展 List 类控件，提供输入值后自动搜索的功能
MaskedEditExtender	扩展 TextBox 控件，提供指定格式的输入功能
ModalPopupExtender	改变部分页面的样式，弹出提示信息
MultiHandleSliderExtender	将 TextBox 控件转化为滑动控件，支持在滑动轨道设置多个锚点，常用于标识值域范围
MutuallyExclusiveCheckBoxExtender	扩展 CheckBox 控件，提供选择多个排他性选项的功能
NoBot	拒绝机器人程序
NumericUpDownExtender	扩展 TextBox 控件，提供通过上下箭头输入数值的功能
PagingBulletedListExtender	扩展 BulletedList 控件，提供客户端排序的分页功能
PasswordStrength	扩展 TextBox 控件，显示输入密码的强度
PieChart	产生一个或多个系列的饼图
PopupControlExtender	弹出帮助用户输入的面板
Rating	以星号显示直观的评级信息
ReorderList	可以通过鼠标拖动改变条目顺序
ResizableControlExtender	提供缩放控件的效果
RoundedCornersExtender	提供圆角效果
Seadragon	提供放大或缩小图片的效果
SliderExtender	扩展 TextBox 控件，提供通过滑块输入数值的功能

续表

控　　件	说　　明
SlideShowExtender	提供幻灯片放映的效果
TabContainer	提供选项卡的效果
TextBoxWatermarkExtender	扩展 TextBox 控件，提供水印的效果
ToggleButtonExtender	扩展 CheckBox 控件，通过图片表示不同的选择
Twitter	显示 Twitter 状态信息
UpdatePanelAnimationExtender	具有动画效果的局部刷新面板
ValidatorCalloutExtender	增强验证控件功能

实例 12-6　运用 CalendarExtender 控件

日期输入功能在 Web 应用程序开发时应用非常广泛，通过 AjaxControlToolkit 程序包中的 CalendarExtender 控件，可以很方便地实现该功能。如图 12-15 所示，当文本框获得焦点时将弹出日历对话框，单击具体日期后，将在文本框中输入该日期。输入起始日期和结束日期后，单击“搜索”按钮，将呈现如图 12-16 所示的提示信息。

实例 12-6

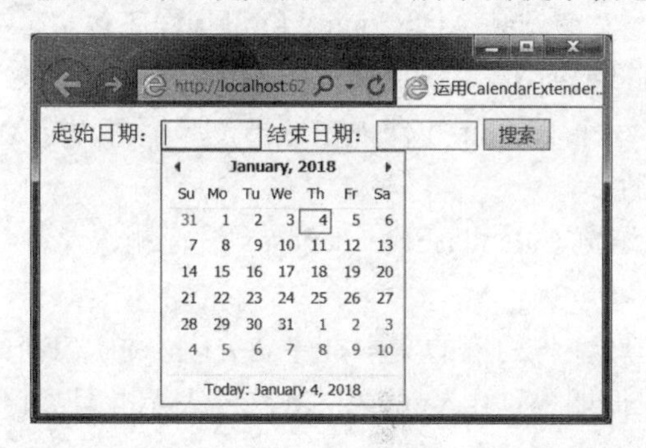

图 12-15　CalendarExtender.aspx 浏览效果（1）

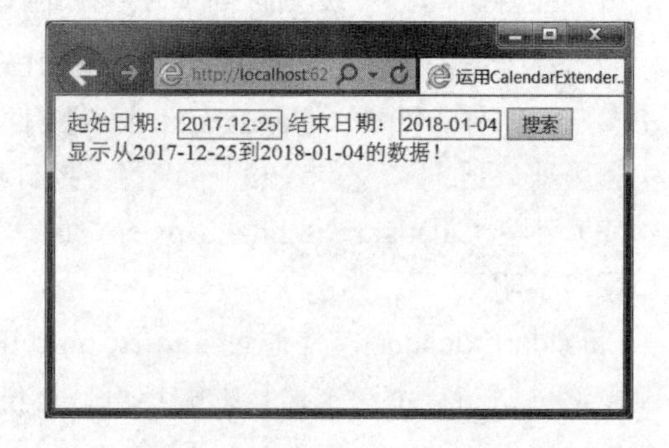

图 12-16　CalendarExtender.aspx 浏览效果（2）

源程序：CalendarExtender.aspx 部分代码

```
<%@ Page Language="C#" AutoEventWireup="true"
 CodeFile="CalendarExtender.aspx.cs" Inherits="Chap12_CalendarExtender" %>
…（略）
<form id="form1" runat="server">
  <div>
    <asp:ScriptManager ID="ScriptManager1" runat="server">
    </asp:ScriptManager>
    起始日期：<asp:TextBox ID="txtStartTime" runat="server" Width="70px">
    </asp:TextBox>
    <ajaxToolkit:CalendarExtender ID="txtStartTime_cldE" runat="server"
     TargetControlID="txtStartTime" Format="yyyy-MM-dd" />
    结束日期：<asp:TextBox ID="txtEndTime" runat="server" Width="70px">
    </asp:TextBox>
    <ajaxToolkit:CalendarExtender ID="txtEndTime_cldE" runat="server"
     TargetControlID="txtEndTime" Format="yyyy-MM-dd" />
    <asp:Button ID="btnSearch" runat="server" Text="搜索"
     OnClick="BtnSearch_Click" /><br />
```

```
    <asp:Label ID="lblDisplay" runat="server"></asp:Label>
  </div>
</form>
…（略）
```

源程序：CalendarExtender.aspx.cs

```
using System;
public partial class Chap12_CalendarExtender : System.Web.UI.Page
{
  protected void BtnSearch_Click(object sender, EventArgs e)
  {
    lblDisplay.Text = "显示从" + txtStartTime.Text + "到" + txtEndTime.Text
     + "的数据！";     //实际情况常显示数据库中的数据
  }
}
```

操作步骤：

（1）通过“网站”→“管理 NuGet 程序包”命令安装 AjaxControlToolkit 程序包。

（2）在 Chap12 文件夹中建立 CalendarExtender.aspx，添加一个 ScriptManager 控件、两个 TextBox 控件、两个 CalendarExtender 控件、一个 Button 控件，在适当位置输入“起始日期”和“结束日期”，参考源程序设置各控件属性。

（3）建立 CalendarExtender.aspx.cs。最后，浏览 CalendarExtender.aspx 进行测试。

程序说明：

CalendarExtender 控件通过 TargetControlID 属性与相应的文本框建立关联，通过 Format 属性设置日期的显示格式，其中的年份、月份、日期分别用 yyyy、MM、dd 表示并且要区分大小写。

实例 12-7　运用 PasswordStrength 控件

实例 12-7

为有效防范暴力破解密码，在用户注册时经常需要检测用户所输入密码的强度。本实例给出了两种不同的密码强度提示方式。在图 12-17 中，当在“密码”文本框中输入不同强度的密码时，将分别提示“强度: 弱”“强度: 中”“强度: 强”信息。在图 12-18 中，当在“确认密码”文本框中输入不同强度的密码时，将分别呈现红色、蓝色、绿色进度条。

图 12-17　PasswordStrength.aspx 浏览效果（1）

图 12-18　PasswordStrength.aspx 浏览效果（2）

源程序：PasswordStrength.aspx 部分代码

```
<%@ Page Language="C#" AutoEventWireup="true"
 CodeFile="PasswordStrength.aspx.cs" Inherits="Chap12_PasswordStrength" %>
<!DOCTYPE html>
<html xmlns="http://www.w3.org/1999/xhtml">
```

```
<head runat="server">
  <meta http-equiv="Content-Type" content="text/html; charset=utf-8" />
  <title>运用 PasswordStrength 控件</title>
  <style type="text/css">
    .BarWeak { color: Red; background-color: Red; }
    .BarAverage { color: Blue; background-color: Blue; }
    .BarGood { color: Green; background-color: Green; }
    .BarBorder { width: 100px; }
  </style>
</head>
<body>
  <form id="form1" runat="server">
    <div>
      <asp:ScriptManager ID="ScriptManager1" runat="server">
      </asp:ScriptManager>
      密码：<asp:TextBox ID="txtPwd" runat="server" TextMode="Password">
      </asp:TextBox>
      <ajaxToolkit:PasswordStrength ID="txtPwd_PasswordStrength"
       runat="server" TargetControlID="txtPwd" PrefixText="强度："
       TextStrengthDescriptions="弱; 中; 强" /><br />
      确认密码：<asp:TextBox ID="txtPwdCfm" runat="server" TextMode="Password">
      </asp:TextBox>
      <ajaxToolkit:PasswordStrength ID="txtPwdCfm_PasswordStrength"
       runat="server" TargetControlID="txtPwdCfm"
       BarBorderCssClass="BarBorder" StrengthIndicatorType="BarIndicator"
       StrengthStyles="BarWeak; BarAverage; BarGood" />
    </div>
  </form>
</body>
</html>
```

操作步骤：

（1）通过“网站”→“管理 NuGet 程序包”命令安装 AjaxControlToolkit 程序包。

（2）在 Chap12 文件夹中建立 PasswordStrength.aspx，添加一个 ScriptManager 控件、两个 TextBox 控件、两个 PasswordStrength 控件，在适当位置输入“密码”和“确认密码”，参考源程序设置各控件属性。最后，浏览 PasswordStrength.aspx 进行测试。

程序说明：

图 12-17 和 12-18 是采用 Table 布局后的浏览效果图。

PasswordStrength 控件默认以文本方式提示密码强度，若要以进度条方式提示密码强度，则需要设置属性 StrengthIndicatorType="BarIndicator"。当以文本方式提示密码强度时，通过 TextStrengthDescriptions 属性设置不同的密码强度信息；当以进度条方式提示密码强度时，通过 BarBorderCssClass 和 StrengthStyles 属性分别设置进度条边框样式和不同颜色的进度条信息，其中，不同的颜色通过不同的样式进行区分。例如，本实例中将密码强度的三个级别“弱”“中”“强”分别对应“红色”“蓝色”“绿色”，并分别用样式 BarWeak、BarAverage 和 BarGood

表示。

PasswordStrength 控件还包括其他的常用属性。例如，MinimumLowerCaseCharacters、MinimumNumericCharacters、MinimumSymbolCharacters 和 MinimumUpperCaseCharacters 属性分别用于设置密码中要包含小写字符、数字、特殊字符、大写字符的最小数量，RequiresUpperAndLowerCaseCharacters 属性用于设置密码是否需要区分大小写。

12.4 小　　结

ASP.NET Ajax 虽然发展历史不长，但它改变了 Web 应用程序的开发方式。它具有与桌面应用程序类似的用户体验，使用户不需要经历漫长的页面等待。通过服务器控件 ScriptManager、UpdatePanel、UpdateProgress 和 Timer 可以方便地实现 Ajax 功能。

ScriptManager 控件是 ASP.NET Ajax 的核心，每个 Ajax 页面必须包含 ScriptManager 控件。UpdatePanel 控件定义使用异步回发刷新的页面区域。UpdateProgress 控件提供有关 UpdatePanel 局部刷新页面时的状态信息。Timer 控件通过定义固定时间间隔来执行页面回发，通常和 UpdatePanel 配合使用。AjaxControlToolkit 程序包扩展了服务器控件的功能，大大提高了界面的交互性和友好性。

12.5 习　　题

1. 填空题

（1）通常称_______页面为无刷新 Web 页面。

（2）Ajax 应用程序所用到的技术包括_______、_______、_______和_______。

（3）_______控件是 ASP.NET Ajax 功能的核心。

（4）若要使用 UpdatePanel 控件则首先必须添加一个_______控件。

2. 是非题

（1）一个页面上最多只能放置两个 UpdatePanel 控件。（　　）

（2）ScriptManager 控件和 ScriptManagerProxy 控件用法相同。（　　）

（3）ScriptManager 控件的 EnablePartialRendering 属性确定某个页面是否可以局部刷新。默认情况下，EnablePartialRendering 属性值为 True。（　　）

（4）在 VSC 2017 中默认已安装了 AjaxControlToolkit 程序包。（　　）

（5）Timer 控件的 Interval 属性值是以秒为单位定义的，其默认值为 60 秒。（　　）

（6）在 ASP.NET Ajax 中，除了使用 ASP.NET Ajax Library 外，还可以使用自定义的 JavaScript 代码。（　　）

（7）经过设置后，单击页面上任何位置的按钮都可以刷新 UpdatePanel 控件中的内容。（　　）

3. 选择题

（1）下列技术中，（　　）不是 Ajax 应用程序所必需的。

A．ASP.NET　　B．JavaScript

C．XML　　D．XMLHttpRequest 对象

（2）下列控件中，（　　）是 ASP.NET Ajax 页所必需的。

A．Timer　　B．UpdatePanel　　C．UpdateProgress　　D．ScriptManager

（3）下面有关一个页面上可以使用几个 UpdatePanel 控件的选项中，（　　）是正确的。

A．一个　　B．最多一个　　C．多个　　D．最少一个

（4）（　　）不能用于扩展 TextBox 控件。

A．BalloonPopupExtender　　B．UpdatePanelAnimationExtender

C．AutoCompleteExtender　　D．CalendarExtender

4. 简答题

（1）利用 Ajax 技术的 Web 应用程序和传统的 Web 应用程序比较有什么优点？

（2）Ajax 包括哪些技术？

（3）最常使用的 ASP.NET Ajax 服务器控件有哪些？简要说明它们的功能。

（4）如何在母版页中使用 ASP.NET Ajax？

5. 上机操作题

（1）建立并调试本章的所有实例。

（2）在实例 12-1 的“lblExterior.Text = "我在 UpdatePanel 控件外";”语句处设置断点，再调试 UpdatePnlIn.aspx，理解局部刷新的过程。

（3）设计并实现一个基于 ASP.NET Ajax 的留言簿。

（4）设计并实现一个可以自动显示下一个商品的页面。

（5）设计并实现一个局部刷新数据查询页面，要求如下：

① 从下拉列表框中选择商品名后，在 GridView 中显示查询结果，且页面的其他部分不刷新。

② 利用 UpdateProgress 控件显示任务的完成情况。

（6）修改实例 9-2，实现检测用户所输入密码的强度功能。

第 13 章

Web 服务和 WCF 服务

本章要点：

- 了解 Web 服务和 WCF 服务。
- 掌握建立 ASP.NET Web 服务和 WCF 服务的方法。
- 掌握使用 ASP.NET Web 服务和 WCF 服务的方法。

13.1 Web 服务

13.1.1 Web 服务概述

在实际应用中，特别是大型企业，数据常来源于不同的平台和系统。Web 服务为在这种情况下数据集成提供了一种便捷的方式。它实际上为不同应用之间通过网络传输数据提供了一种标准，并且在实现时跟具体的某种语言没有关系，例如，在 VSC 2017 中开发的 ASP.NET Web 服务可以被使用 Java 语言开发的应用程序调用，反之，Java 语言开发的 Web 服务能被 ASP.NET 应用程序调用。因此，通过访问和使用远程 Web 服务可以访问不同系统中的数据。

在使用时，通过调用 Web 服务，Web 应用程序不仅可以共享数据，还可以使用其他应用程序生成的数据，而不用考虑其他应用程序是如何生成这些数据的。例如，可以通过调用天气预报 Web 服务来获得天气预报数据，而不用考虑天气预报程序的实现，也不用对其进行维护。

注意：返回数据而不是返回页面是 Web 服务的重要特点。

Web 服务需要一系列的协议来实现。在网络通信部分，继承了 Web 的访问方式，使用 HTTP 作为网络传输的基础，除此以外，还可以使用其他的传输协议如 SMTP、FTP 等。因为防火墙不会禁用 HTTP，因此 Web 服务能跨越不同公司的防火墙。在消息处理部分，使用简单对象访问协议 SOAP 作为消息的传递标准。该标准定义了如何将发送到 Web 服务的消息进行格式化和编码的规范。

Web 服务的运作还需要 Web 服务描述语言 WSDL 和“统一描述发现集成”协议 UDDI 的支持。其中，WSDL 基于 XML 格式，用于描述 Web 服务的信息，如该 Web 服务提供了什么类、有什么方法、需要什么参数等。UDDI 用来存储 Web 服务信息和发布 Web 服务，并能提供搜索 Web 服务的功能。实际上，这种搜索功能是由 UDDI 本身提供的 Web 服务完成，以允许客户端使用标准的 SOAP 消息来搜索注册的 Web 服务信息。

一个 Web 服务的实际应用过程如图 13-1 所示。首先，“Web 服务提供方”建立包含服务接口规则的 WSDL 文件，然后将 WSDL 文件发送给 UDDI 服务器进行报到注册。其次，“Web 服务请求方”会先连接 UDDI 服务器并查询到哪一个“Web 服务提供方”有自己需要的数据。最后，“Web 服务请求方”向查询到的“Web 服务提供方”通过 SOAP 协议发送 Web 服务请求。当“Web 服务提供方”接收到请求后，将根据原来建立的 WSDL 服务接口规则验证这个请求，验证通过后会向“Web 服务请求方”通过 SOAP 协议发送 XML 格式的数据。

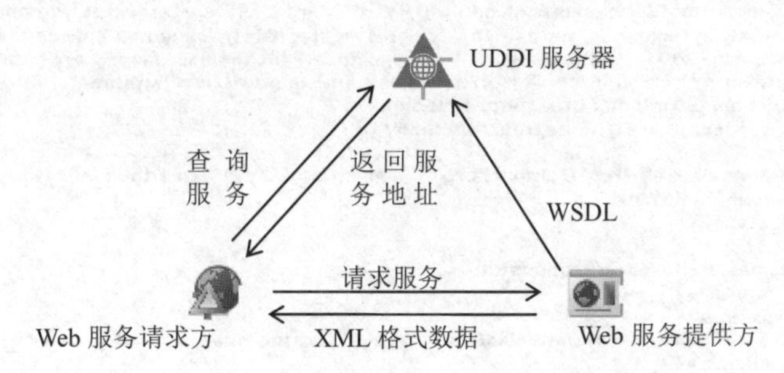

图 13-1　Web 服务实际应用图

13.1.2　建立 ASP.NET Web 服务

建立 Web 服务的实质就是在支持 SOAP 通信的类中建立一个或多个方法。通过 ASP.NET 可以创建自定义的 Web 服务，所生成的 Web 服务符合 SOAP、XML 和 WSDL 等行业标准，这就允许其他平台的客户端与 ASP.NET Web 服务进行交互操作。只要客户端可以发送符合标准的 SOAP 消息，该客户端就可以调用 ASP.NET Web 服务，而与该客户端所在的平台无关。

创建 ASP.NET Web 服务时，需要创建一个文件扩展名为.asmx 的服务文件，然后在该文件中声明 Web 服务，同时还需要在 App_Code 文件夹中创建一个类文件来定义 Web 服务方法。

注意：*Web 窗体文件和对应的类文件存储在同一个文件夹，而 Web 服务对应的类文件存储在 App_Code 文件夹。*

实例 13-1　建立 ASP.NET Web 服务

实例 13-1

本实例创建的 ASP.NET Web 服务包含一个 HelloWorld()方法，该方法返回“我是调用 Web 服务返回的数据！”。Web 服务浏览效果如图 13-2 所示。在图 13-2 中，单击“服务说明”链接显示 Web 服务的 WSDL 描述，如图 13-3 所示；单击 HelloWorld 链接可测试建立的 Web 服务，如图 13-4 所示。在图 13-4 中，单击“调用”按钮将调用 HelloWorld()方法，返回包含“我是调用 Web 服务返回的数据！”信息的 XML 数据，如图 13-5 所示。

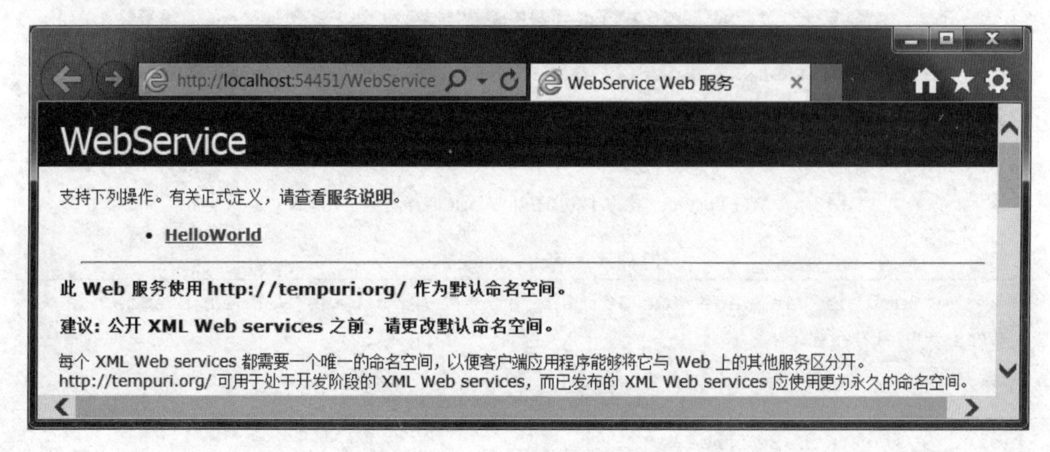

图 13-2　WebService.asmx 浏览效果

```xml
<?xml version="1.0" encoding="UTF-8"?>
- <wsdl:definitions xmlns:wsdl="http://schemas.xmlsoap.org/wsdl/" targetNamespace="http://tempuri.org/"
  xmlns:http="http://schemas.xmlsoap.org/wsdl/http/" xmlns:soap12="http://schemas.xmlsoap.org/wsdl/soap12/"
  xmlns:s="http://www.w3.org/2001/XMLSchema" xmlns:soap="http://schemas.xmlsoap.org/wsdl/soap/"
  xmlns:tns="http://tempuri.org/" xmlns:mime="http://schemas.xmlsoap.org/wsdl/mime/"
  xmlns:soapenc="http://schemas.xmlsoap.org/soap/encoding/"
  xmlns:tm="http://microsoft.com/wsdl/mime/textMatching/">
  - <wsdl:types>
    - <s:schema targetNamespace="http://tempuri.org/" elementFormDefault="qualified">
      - <s:element name="HelloWorld">
          <s:complexType/>
        </s:element>
      - <s:element name="HelloWorldResponse">
        - <s:complexType>
          - <s:sequence>
              <s:element name="HelloWorldResult" type="s:string" maxOccurs="1" minOccurs="0"/>
            </s:sequence>
          </s:complexType>
        </s:element>
      </s:schema>
    </wsdl:types>
  + <wsdl:message name="HelloWorldSoapIn">
  + <wsdl:message name="HelloWorldSoapOut">
  + <wsdl:portType name="WebServiceSoap">
  + <wsdl:binding name="WebServiceSoap" type="tns:WebServiceSoap">
  + <wsdl:binding name="WebServiceSoap12" type="tns:WebServiceSoap">
  + <wsdl:service name="WebService">
</wsdl:definitions>
```

图 13-3　WebService 服务对应的 WSDL

图 13-4　WebService 服务测试效果

图 13-5　WebService 服务中的 HelloWorld()方法返回的 XML 数据

源程序：WebService.asmx

```
<%@ WebService Language="C#" CodeBehind="~/App_Code/WebService.cs"
 Class="WebService" %>
```

源程序：WebService.cs

```
using System.Web.Services;
/// <summary>
```

```
///WebService 测试，调用 HelloWorld()方法返回“我是调用 Web 服务返回的数据!”
///</summary>
[WebService(Namespace = "http://tempuri.org/")]
[WebServiceBinding(ConformsTo = WsiProfiles.BasicProfile1_1)]
public class WebService : System.Web.Services.WebService
{
  public WebService()
  {
    //如果使用设计的组件，请取消注释以下行
    //InitializeComponent();
  }
  [WebMethod]
  public string HelloWorld()
  {
    return "我是调用 Web 服务返回的数据！";
  }
}
```

操作步骤：

（1）为清晰地理解本章实例，在 Book 解决方案中新建一个 Chap13Site 网站。

（2）右击 Chap13Site 网站，在弹出的快捷菜单中选择“添加”→“添加新项”命令，然后在呈现的对话框中选择“Web 服务（ASMX）”模板，输入 Web 服务文件名 WebService.asmx，单击“添加”按钮建立文件。

（3）打开 App_Code 文件夹中的 WebService.cs，输入阴影部分代码。最后，浏览 WebService.asmx 进行测试。

程序说明：

在 WebService.cs 中，[WebService(Namespace = "http://tempuri.org/")]表示本服务的命名空间。W3C 规定每一个 Web 服务都需要一个自己的命名空间来区别其他的 Web 服务，因此当正式发布 Web 服务时，需要将它改为开发者自己的命名空间，如公司网站的域名。

[WebServiceBinding(ConformsTo = WsiProfiles.BasicProfile1_1)]表示本 Web 服务的规范为“WS-I 基本规范 1.1 版”。这种规范可用于实现跨平台的 Web 服务调用。

创建 Web 服务的实质就是创建 System.Web.Services.WebService 的一个继承类，在创建类方法前必须加入[WebMethod]。如果不用[WebMethod]进行声明，则定义的方法只能在本服务内部调用。

13.1.3　调用 ASP.NET Web 服务

ASP.NET Web 服务不仅可以在 Web 应用程序中使用，也可以在 Windows 窗体、移动 Web 应用程序以及其他语言编写的应用程序中使用。本节主要讨论基于 ASP.NET 的 Web 应用程序中如何使用 Web 服务。在使用时，若要允许 ASP.NET Ajax 从脚本库中调用 ASP.NET Web 服务，则需要在定义的 Web 服务类之前声明[System.Web.Script.Services.ScriptService]。

要使用某个 ASP.NET Web 服务，只需将该服务以“服务引用”的方式添加到网站中，然

后通过创建该服务的实例就可以调用该服务。

实例 13-2

实例 13-2　调用 ASP.NET Web 服务

如图 13-6 和图 13-7 所示，单击“测试 Web 服务”按钮将调用实例 13-1 建立的 Web 服务中的 HelloWorld()方法，返回“我是调用 Web 服务返回的数据！”。

图 13-6　WebServiceTest.aspx 浏览效果（1）

图 13-7　WebServiceTest.aspx 浏览效果（2）

源程序：WebServiceTest.aspx 部分代码

```
<%@ Page Language="C#" AutoEventWireup="true"
 CodeFile="WebServiceTest.aspx.cs" Inherits="WebServiceTest" %>
…（略）
<form id="form1" runat="server">
  <div>
    <asp:Button ID="btnTest" runat="server" OnClick="BtnTest_Click"
     Text="测试 Web 服务" />
    <asp:Label ID="lblMsg" runat="server"></asp:Label>
  </div>
</form>
…（略）
```

源程序：WebServiceTest.aspx.cs

```
using System;
public partial class WebServiceTest : System.Web.UI.Page
{
  protected void BtnTest_Click(object sender, EventArgs e)
  {
    ServiceRefWeb.WebServiceSoapClient soapClient =
     new ServiceRefWeb.WebServiceSoapClient();
    lblMsg.Text = soapClient.HelloWorld();
  }
}
```

操作步骤：

（1）添加服务引用。右击 Chap13Site 网站，在弹出的快捷菜单中选择“添加”→“服务引用”命令，在弹出的“添加服务引用”对话框中，单击“发现”按钮，VSC 2017 会将当前网站所在的解决方案中的所有服务自动添加到“服务”列表框，选择 WebService.asmx，输入“命名空间”ServiceRefWeb（可以根据实际情况改变），此时，界面如图 13-8 所示。单击“确定”按钮完成服务引用的添加。此时，VSC 2017 会自动在 App_WebReferences 文件夹中建立包含描述 ASP.NET Web 服务 WebService 信息的 ServiceRefWeb 子文件夹。

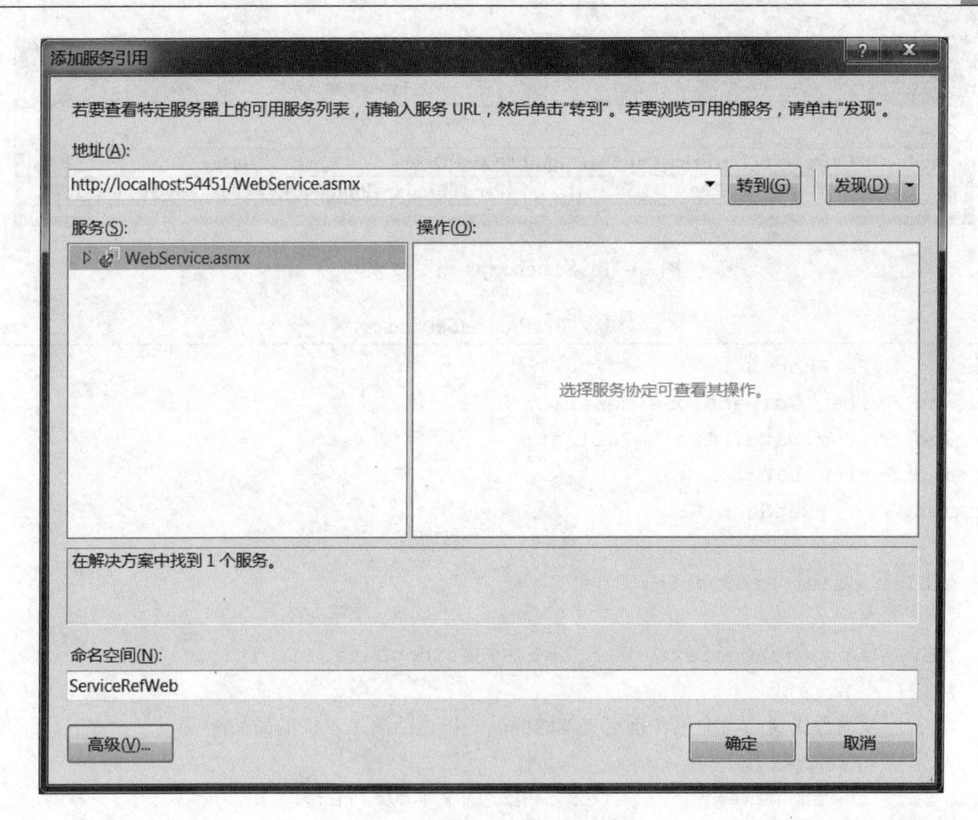

图 13-8 “添加服务引用”对话框

（2）建立 Web 窗体文件并调用 WebService。在 Chap13Site 网站的根文件夹下新建 WebServiceTest.aspx，添加 Button 和 Label 控件各一个，参考源程序设置各控件的属性。建立 WebServiceTest.aspx.cs。最后，浏览 WebServiceTest.aspx 进行测试。

程序说明：

当单击“测试 Web 服务”按钮时，首先建立 WebServiceSoapClient 的实例 soapClient，再调用 HelloWorld()方法返回数据并显示在 lblMsg 上。

实例 13-3 运用基于 Web 服务的 AutoCompleteExtender 控件

实例 13-3

如图 13-9～图 13-11 所示，当在文本框中输入字符 P（也可输入其他内容）时，会自动呈现一个包含字符 P 的商品名列表，选择商品名 Panda，单击“搜索”按钮显示该商品相关的信息。

图 13-9 Search.aspx 浏览效果（1）

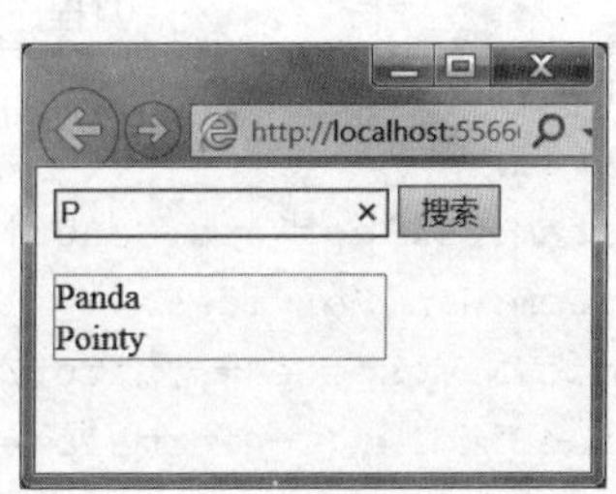

图 13-10 Search.aspx 浏览效果（2）

ProductId	CategoryId	ListPrice	UnitCost	SuppId	Name	Descn	Image	Qty
9	5	47.70	45.50	1	Panda	Panda	~/Prod_Images/Endangered/panda.gif	97

图 13-11　Search.aspx 浏览效果（3）

源程序：ProductService.cs

```
using MyPetShop.DAL;
using System.Collections.Generic;
using System.Data.Linq.SqlClient;
using System.Linq;
namespace MyPetShop.BLL
{
  public class ProductService
  {
    MyPetShopDataContext db = new MyPetShopDataContext();
    /// <summary>
    /// 模糊查找商品名中包含指定文本的商品，再返回满足条件的商品列表
    /// </summary>
    /// <param name="searchText">指定的文本</param>
    /// <returns>满足条件的商品列表</returns>
    public List<Product> GetProductBySearchText(string searchText)
    {
      return (from p in db.Product
                where SqlMethods.Like(p.Name, "%" + searchText + "%")
                select p).ToList();
    }
  }
}
```

源程序：SearchService.asmx

```
<%@ WebService Language="C#" CodeBehind="~/App_Code/SearchService.cs"
 Class="SearchService" %>
```

源程序：SearchService.cs

```
using MyPetShop.BLL;
using System;
using System.Collections.Generic;
using System.Web.Services;
[WebService(Namespace = "http://tempuri.org/")]
[WebServiceBinding(ConformsTo = WsiProfiles.BasicProfile1_1)]
[System.Web.Script.Services.ScriptService]
public class SearchService : System.Web.Services.WebService
{
  public SearchService()
```

```
  {
    //如果使用设计的组件，请取消注释以下行
    //InitializeComponent();
  }
  /// <summary>
  /// 模糊查找商品名中包含关联文本框输入值的商品，再返回满足条件的商品名列表
  /// </summary>
  /// <param name="prefixText">关联文本框输入值</param>
  /// <returns>满足条件的商品名列表</returns>
  [WebMethod]
  public string[] GetStrings(string prefixText)
  {
    ProductService productSrv = new ProductService();
    //调用 ProductService 类中的 GetProductBySearchText()方法模糊查找商品名中包含
    //关联文本框输入值的商品
    var products = productSrv.GetProductBySearchText(prefixText);
    //将查找到商品的商品名填充到列表类中
    List<String> list = new List<String>();
    foreach (var product in products)
    {
      list.Add(product.Name);
    }
    return list.ToArray();
  }
}
```

源程序：Search.aspx 部分代码

```
<%@ Page Language="C#" AutoEventWireup="true" CodeFile="Search.aspx.cs"
 Inherits="Search" %>
<%@ Register Assembly="AjaxControlToolkit" Namespace="AjaxControlToolkit"
 TagPrefix="ajaxToolkit" %>
…（略）
<form id="form1" runat="server">
  <div>
    <asp:ScriptManager ID="ScriptManager1" runat="server">
    </asp:ScriptManager>
    <asp:TextBox ID="txtSearch" runat="server"></asp:TextBox>
    <ajaxToolkit:AutoCompleteExtender ID="txtSearch_AutoCompleteExtender"
     runat="server" MinimumPrefixLength="1" ServiceMethod="GetStrings"
     ServicePath="SearchService.asmx" TargetControlID="txtSearch">
    </ajaxToolkit:AutoCompleteExtender>
    <asp:Button ID="btnSearch" runat="server" OnClick="BtnSearch_Click"
     Text="搜索" />
    <asp:GridView ID="gvProduct" runat="server">
    </asp:GridView>
  </div>
```

```
</form>
…（略）
```

源程序：Search.aspx.cs

```
using MyPetShop.BLL;
using System;
public partial class Search : System.Web.UI.Page
{
  ProductService productSrv = new ProductService();
  protected void BtnSearch_Click(object sender, EventArgs e)
  {
    //调用 ProductService 类中的 GetProductBySearchText()方法模糊查找商品名中包含
    //文本框输入值的商品
    gvProduct.DataSource =
     productSrv.GetProductBySearchText(txtSearch.Text);
    gvProduct.DataBind();
  }
}
```

操作步骤：

（1）由于本实例需要访问数据库，所以将本实例建立在采用 ASP.NET 三层架构的 ChapMyPetShop 解决方案中。打开 ChapMyPetShop 解决方案，在 MyPetShop.BLL 业务逻辑层项目中新建 ProductService.cs 类文件。

（2）在 MyPetShop.Web 表示层项目中新建 Web 服务 SearchService 的相关文件 SearchService.asmx 和 SearchService.cs。

（3）利用 NuGet 程序包管理器在 MyPetShop.Web 表示层项目中安装 AjaxControlToolkit，并参考 12.3 节在“工具箱”窗口中建立“Ajax 控件工具集”选项卡。

（4）在 MyPetShop.Web 表示层项目中新建 Search.aspx，添加 ScriptManager、TextBox、AutoCompleteExtender、Button 和 GridView 控件各一个，参考源程序设置各控件的属性。

（5）建立 Search.aspx.cs。最后，浏览 Search.aspx 进行测试。

程序说明：

由于建立的 Web 服务将被 Ajax 控件 AutoCompleteExtender 调用，因此，在 SearchService.cs 中定义 Web 服务类 SearchService 之前必须声明[System.Web.Script.Services.ScriptService]。

13.2 WCF 服务

在.NET Framework 3.0 中，Microsoft 提出了 WCF（Windows Communication Foundation）服务。作为 Microsoft 主推的一个通信平台，WCF 为服务提供了运行时环境（Runtime Environment），使得开发者能够将 CLR 类型公开为服务，又能够以 CLR 类型的方式使用服务。和 ASP.NET Web 服务不同，WCF 是面向服务（Service-Oriented）的应用程序新框架。提出 WCF 的目的是为开发基于 SOA（Service-Oriented Architecture）的分布式系统提供可管理的方法和广泛的互操作性，并为服务定位提供直接的支持。WCF 包含一个 POX（Plain Old XML）的通用对象模型，以及可以利用多种协议进行传输的 SOAP 消息。由于 WCF 也可以深入支持 WS-I 定义的 Web 服务标准，因此它可以毫不费力地与其他 Web 服务平台进行互操作。

.NET Framework 4.5 中的 WCF 构建于.NET Framework 3.0 的基础之上，将以 Web 为中心的通信、SOAP 和 WS-I 标准组合到了一个服务堆栈和对象模型中。这意味着可以构建这样的一个服务，即采用 SOAP 和 WS-I 标准在企业内部或跨企业之间进行通信，同时还可以将同一服务配置为使用 HTTP 与外部通信。实际上，WCF 处理了服务中的烦琐细节工作，开发人员可以更加专注于服务所提供的功能。

由于 WCF 只是提供一个运行时环境，因此它必须托管在宿主程序中。这种托管可以由 IIS 完成，也可以由开发者自己提供宿主程序并管理进程的生命周期。其中，宿主程序可以是 ASP.NET、EXE、WPF、Windows Forms、NT Service 和 COM+等。

WCF 不依赖于任何传输协议，支持多种通信协议，如 HTTP、HTTPS、TCP、UDP、MSMQ、命名管道、对等网等。因此，一个 WCF 服务的地址应该包含传输协议、机器名称以及路径。

WCF 的大部分功能都包含在一个单独的程序集 System.ServiceModel.dll 中，命名空间为 System.ServiceModel。

13.2.1　建立 WCF 服务

建立一个 WCF 服务和建立 ASP.NET Web 服务不同。WCF 服务要建立服务接口文件和服务逻辑处理文件。在 VSC 2017 中，建立 WCF 服务的模板有 WCF 服务网站模板和 WCF 服务模板。WCF 服务网站模板用于创建独立的网站，在创建时会自动在网站根文件夹下建立一个 WCF 服务文件 Service.svc，同时在 App_Code 文件夹下建立相应的类文件 IService.cs 和 Service.cs。其中 Service.svc 用于定义 WCF 服务；IService.cs 用于接口的定义；Service.cs 实现服务逻辑处理。当然，在这种网站中除包含 WCF 服务文件外，还可以包含 Web 窗体等其他文件。反过来，要建立 WCF 服务文件，也不必专门创建一个网站，可以利用 WCF 服务模板在已有的 ASP.NET 网站中添加 WCF 服务文件。

实例 13-4

实例 13-4　建立 WCF 服务

本实例建立两个整数加减运算的 WCF 服务。

源程序：Cal.svc

```
<%@ ServiceHost Language="C#" Debug="true" Service="Cal"
  CodeBehind="~/App_Code/Cal.cs" %>
```

源程序：ICal.cs

```
using System.ServiceModel;
[ServiceContract]
public interface ICal
{
  [OperationContract]
  int Add(int a, int b);
  [OperationContract]
  int Subtract(int a, int b);
}
```

源程序：Cal.cs

```
public class Cal : ICal
{
  public int Add(int a, int b)
  {
    return (a + b);
  }
  public int Subtract(int a, int b)
  {
    return (a - b);
  }
}
```

操作步骤：

（1）右击 Chap13Site 网站，在弹出的快捷菜单中选择“添加”→“添加新项”命令，然后在弹出的对话框中选择“WCF 服务”模板，输入 WCF 服务文件名 Cal.svc，单击“添加”按钮建立文件。

（2）打开 App_Code 文件夹下的接口文件 ICal.cs，输入源程序代码。

（3）打开 App_Code 文件夹下用于实现接口的文件 Cal.cs，输入源程序代码。

（4）右击 Chap13Site 网站，在弹出的快捷菜单中选择“设为启动项目”命令，将 Chap13Site 网站设置为当前解决方案中的启动项目。

（5）在“解决方案资源管理器”窗口中选择 Cal.svc 或 Cal.cs，按 F5 键进行调试，呈现如图 13-12 所示的界面。在图 13-12 中，双击 Add()或 Subtract()可进行相应方法的测试。

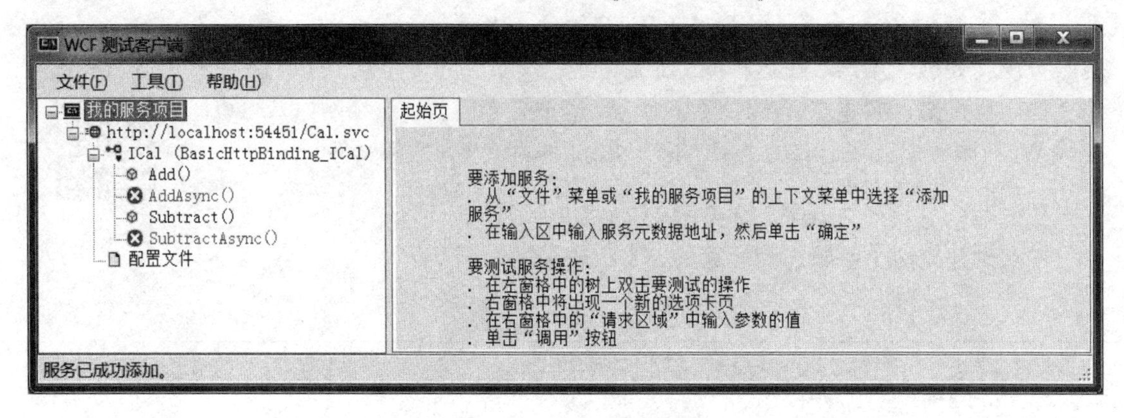

图 13-12　Cal.svc 服务调试界面

程序说明：

ICal.cs 文件中的[ServiceContract]和[OperationContract]通常称为用于定义服务操作的服务契约。[ServiceContract]用在类或者结构上，用于表示该类或者结构能够被远程调用，而[OperationContract]用在类中的方法上，用于表示该方法可被远程调用。除服务契约外，WCF 中的契约还包括用于自定义数据结构的数据契约，用于自定义错误的异常契约和用于控制消息格式的消息契约。

13.2.2　调用 WCF 服务

和调用 ASP.NET Web 服务相同，通过添加服务引用就可以在其他应用程序中调用建立的 WCF 服务。

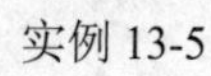
实例 13-5

实例 13-5　调用 WCF 服务

如图 13-13 和图 13-14 所示，本实例调用实例 13-4 建立的 WCF 服务实现整数的加减运算。

图 13-13　WcfCal.aspx 浏览效果（1）

图 13-14　WcfCal.aspx 浏览效果（2）

源程序：WcfCal.aspx 部分代码

```
<%@ Page Language="C#" AutoEventWireup="true" CodeFile="WcfCal.aspx.cs"
 Inherits="WcfCal" %>
…（略）
<form id="form1" runat="server">
  <div>
    <asp:TextBox ID="txtA" runat="server" Width="60px"></asp:TextBox>
    <asp:Button ID="btnAdd" runat="server" OnClick="BtnAdd_Click" Text="加" />
    <asp:Button ID="btnSubtract" runat="server" OnClick="BtnSubtract_Click"
     Text="减" />
    <asp:TextBox ID="txtB" runat="server" Width="60px"></asp:TextBox><br />
    <asp:Label ID="lblResult" runat="server"></asp:Label>
  </div>
</form>
…（略）
```

源程序：WcfCal.aspx.cs

```
using System;
public partial class WcfCal : System.Web.UI.Page
{
  protected void BtnAdd_Click(object sender, EventArgs e)
  {
    ServiceRefCal.CalClient calClient = new ServiceRefCal.CalClient();
    int a = int.Parse(txtA.Text);
    int b = int.Parse(txtB.Text);
    int result = calClient.Add(a, b);  //调用 WCF 服务 Cal 中的 Add()方法
    lblResult.Text = a.ToString() + "+" + b.ToString() + "=" + result.ToString();
    calClient.Close();
  }
  protected void BtnSubtract_Click(object sender, EventArgs e)
  {
```

```
        ServiceRefCal.CalClient calClient = new ServiceRefCal.CalClient();
        int a = int.Parse(txtA.Text);
        int b = int.Parse(txtB.Text);
        int result = calClient.Subtract(a, b);  //调用 WCF 服务 Cal 中的 Subtract()方法
        lblResult.Text = a.ToString() + "-" + b.ToString() + "=" + result.ToString();
        calClient.Close();
    }
}
```

操作步骤：

（1）添加服务引用。与实例 13-2 中添加 ASP.NET Web 服务类似，但此处选择 WCF 服务文件 Cal.svc，输入“命名空间” ServiceRefCal，如图 13-15 所示。

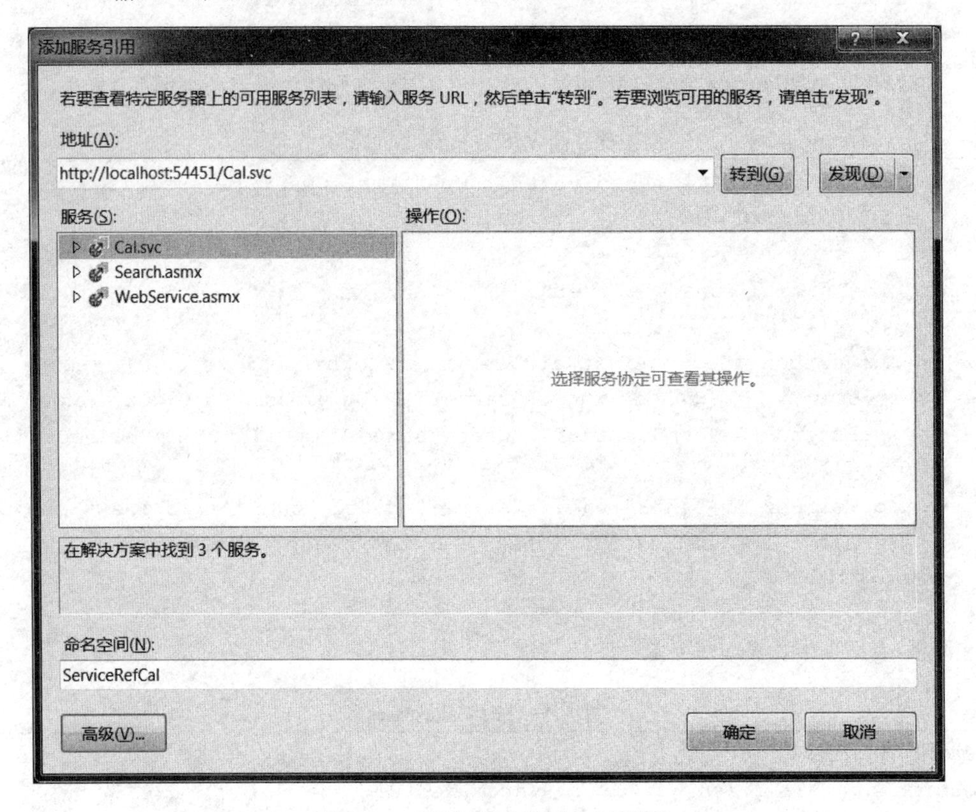

图 13-15 “添加服务引用”对话框

（2）建立 Web 窗体文件并调用 Cal。在 Chap13Site 网站的根文件夹下新建 WcfCal.aspx，添加两个 TextBox 控件、两个 Button 控件和一个 Label 控件，参考源程序设置各控件的属性。建立 WcfCal.aspx.cs。最后，浏览 WcfCal.aspx 进行测试。

程序说明：

要调用 WCF 服务 Cal，首先应建立一个 CalClient 类对象，然后就可以调用 WCF 服务 Cal 中定义的方法。本例建立了 CalClient 类对象的实例 calClient。

当单击“加”按钮时，调用 calClient 的 Add()方法返回计算结果并在 lblResult 中显示加法运算式。

当单击“减”按钮时，调用 calClient 的 Subtract()方法返回计算结果并在 lblResult 中显示

减法运算式。

使用 WCF 服务后，要调用 Close()方法关闭，如果在关闭后要继续使用，可以调用 Open()方法打开。

13.3　小　　结

本章介绍了 Web 服务和 WCF 服务的基本工作原理，以及如何建立和调用 ASP.NET Web 服务和 WCF 服务的方法。

使用 Web 服务能实现数据重用和软件重用，这为建立分布式系统提供了方便。实现 Web 服务需要 HTTP、SMTP、SOAP、WSDL 和 UDDI 等协议的支持。而 SOAP、WSDL 和 UDDI 等协议都是基于 XML 进行描述的。VSC 2017 提供的 Web 服务模板为建立和调用 ASP.NET Web 服务提供了便捷途径。

WCF 是面向服务的应用程序新框架，目的是为开发基于 SOA 的分布式系统提供可管理的方法和广泛的互操作性，并为服务定位提供直接的支持。建立 WCF 服务可使用 WCF 服务网站模板和 WCF 服务模板。在建立时，需要建立服务定义文件、服务接口文件和服务逻辑处理文件。在调用 ASP.NET Web 服务和 WCF 服务时，需要首先添加服务引用，再应用到 Web 窗体中。

13.4　习　　题

1. 填空题

（1）ASP.NET Web 服务是基于_______创建的。

（2）ASP.NET Web 服务文件的扩展名是.asmx，其后台的编码文件位于_______文件夹中。

（3）ASP.NET Web 服务文件使用_______指令代替了@ Page 指令。

（4）ASP.NET Web 服务类和普通类的差别是方法前要添加_______。

（5）若要允许使用 ASP.NET Ajax 从脚本中调用 ASP.NET Web 服务，则需在类前面添加_______。

（6）要使用 WCF 必须导入的命名空间为_______。

（7）WCF 提供了一个运行时环境，使用时必须托管在_______中。

2. 是非题

（1）Web 服务只能在 ASP.NET Web 应用程序中被调用。（　　）

（2）要调用 WCF 服务，需要通过“添加”→“服务引用”命令进行添加。（　　）

（3）ASP.NET Web 服务不允许方法重载。（　　）

（4）WCF 只能通过 HTTP 协议传输数据。（　　）

（5）WCF 的大部分功能都包含在程序集 System.ServiceModel.dll 中。（　　）

3. 选择题

（1）Web 服务的通信协议中不包括（　　）。

A．HTTP　　B．XML　　C．SOAP　　D．TCP/IP

（2）如果要在网站中使用 ASP.NET Web 服务，则必须在网站中添加（　　）。

A．服务引用　　B．引用　　C．XML 引用　　D．Web 网站

（3）WCF 服务（　　）。

A．可以和 ASP.NET Web 服务在同一网站中使用，但不能跟其他服务一起使用

B．不可以和 ASP.NET Web 服务在同一网站中使用

C．只能在支持 WCF 消息队列（MSMQ）功能的操作系统上使用

D．可以在所有的操作系统上使用

4．简答题

（1）为什么要使用 Web 服务？

（2）ASP.NET Web 服务.asmx 文件包含什么指令？该指令包括哪些属性？

（3）什么是 WCF 服务？与 ASP.NET Web 服务有何区别？

5．上机操作题

（1）建立并调试本章的所有实例。

（2）设计一个根据邮编查找所在城市的 ASP.NET Web 服务，并测试该服务。

（3）设计一个根据个人身份证号码返回个人出生信息（出生地、出生日期）的 WCF 服务，并测试该服务。

（4）WebXml.com.cn 提供了天气预报的 Web 服务，服务访问地址为：http://www.webxml.com.cn/WebServices/WeatherWebService.asmx。请编写调用该服务的应用程序，实现天气预报的查询功能，浏览效果如图 13-16 所示。

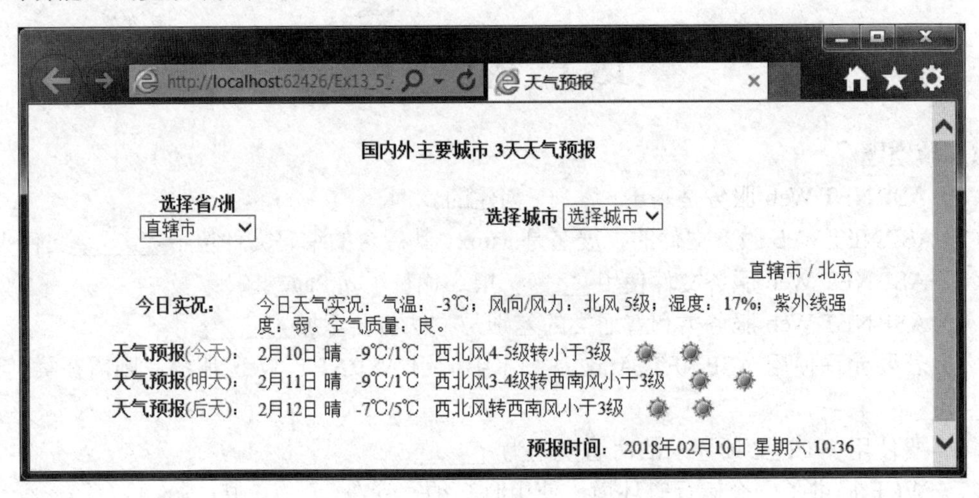

图 13-16　第 13 章习题 5（4）浏览效果图

第 14 章

文件处理

本章要点：

- 掌握 Web 服务器上驱动器、文件夹的操作。
- 掌握 Web 服务器上文件的新建、移动、复制和删除操作。
- 掌握 Web 服务器上读写文件的方法。
- 熟悉文件的上传操作。

14.1　驱动器、文件夹和文件操作

在 Web 应用程序中，Web 服务器上的驱动器、文件夹和文件等操作很广泛，如越来越流行的网络硬盘。在使用时，需要导入 System.IO 命名空间来处理驱动器、文件夹和文件的基本操作。

14.1.1　获取驱动器信息

DriveInfo 类可以实现对指定驱动器信息的访问。利用 DriveInfo 类可以方便地获取 Web 服务器上每个驱动器的名称、类型、大小和状态信息等。常用的属性、方法如表 14-1 所示。

表 14-1　DriveInfo 类常用的属性和方法表

属性、方法	说　明
AvailableFreeSpace 属性	获取驱动器可用空闲容量
DriveFormat 属性	获取文件系统的名称。例如，NTFS 或 FAT32
IsReady 属性	逻辑值，表示一个特定驱动器是否已准备好
Name 属性	获取驱动器的名称
RootDirectory 属性	获取驱动器的根文件夹
TotalSize 属性	获取驱动器的存储空间总容量
VolumeLabel 属性	获取或设置驱动器的卷标
GetDrives()方法	获取 Web 服务器上所有逻辑驱动器的名称

实例 14-1　显示 Web 服务器上所有驱动器的信息

如图 14-1 所示，页面加载时获取当前 Web 服务器中所有驱动器的信息，每个驱动器以一个节点的形式显示在 TreeView 控件中。

实例 14-1

图 14-1　DriveInfo.aspx 浏览效果

源程序：DriveInfo.aspx 部分代码

```
<%@ Page Language="C#" AutoEventWireup="true" CodeFile="DriveInfo.aspx.cs"
 Inherits="Chap14_DriveInfo" %>
…（略）
<form id="form1" runat="server">
  <div>
    <asp:TreeView ID="tvDrive" runat="server"></asp:TreeView>
  </div>
</form>
…（略）
```

源程序：DriveInfo.aspx.cs

```
using System;
using System.IO;
using System.Web.UI;
using System.Web.UI.WebControls;
public partial class Chap14_DriveInfo : System.Web.UI.Page
{
  protected void Page_Load(object sender, EventArgs e)
  {
    if (!Page.IsPostBack)
    {
      //获取 Web 服务器中的所有逻辑驱动器
      DriveInfo[] allDrives = DriveInfo.GetDrives();
      foreach (DriveInfo driveInfo in allDrives)
      {
        if (driveInfo.IsReady == true)  //若驱动器已准备好，则显示该驱动器信息
        {
          //添加驱动器名节点
          TreeNode treeNode = new TreeNode();
          treeNode.Value = driveInfo.Name;
          tvDrive.Nodes.Add(treeNode);
          //添加驱动器卷标节点
          TreeNode childNode = new TreeNode();
          childNode.Value = "驱动器的卷标：" + driveInfo.VolumeLabel;
          treeNode.ChildNodes.Add(childNode);
          //添加驱动器文件系统节点
          childNode = new TreeNode();
          childNode.Value = "文件系统：" + driveInfo.DriveFormat;
          treeNode.ChildNodes.Add(childNode);
          //添加驱动器可用空闲容量节点
          childNode = new TreeNode();
          childNode.Value = "可用空闲容量：" + driveInfo.AvailableFreeSpace
           + "Bytes";
          treeNode.ChildNodes.Add(childNode);
          //添加驱动器存储空间总容量节点
```

```
            childNode = new TreeNode();
            childNode.Value = "存储空间总容量：" + driveInfo.TotalSize + "Bytes";
            treeNode.ChildNodes.Add(childNode);
          }
          else  //驱动器没有准备好
          {
            TreeNode nodeNotUse = new TreeNode();
            nodeNotUse.Value = driveInfo.Name + "(驱动器没有准备好)";
            tvDrive.Nodes.Add(nodeNotUse);
          }
        }
      }
    }
}
```

操作步骤：

（1）在 Chap14 文件夹中建立 DriveInfo.aspx，添加一个 TreeView 控件，设置控件的 ID 属性值。

（2）建立 DriveInfo.aspx.cs。最后，浏览 DriveInfo.aspx 进行测试。

程序说明：

实现文件操作需要导入命名空间 System.IO。程序利用 DriveInfo.GetDrives()获取所有驱动器集合对象 allDrives，然后利用 foreach 语句遍历 allDrives，将驱动器的信息以节点的方式添加到 TreeView 控件中。

14.1.2　文件夹操作

操作 Web 服务器中的文件夹需要命名空间 System.IO 中的 Directory 类和 DirectoryInfo 类。利用它们提供的方法，可以实现创建和删除文件夹，复制、移动和重命名文件夹，遍历文件夹以及设置或获取文件夹信息等操作。Directory 类的常用方法如表 14-2 所示，DirectoryInfo 类的常用方法如表 14-3 所示。

表 14-2　Directory 类的常用方法表

方　法	说　明
CreateDirectory()	创建指定路径中的文件夹
Delete()	删除指定的文件夹
Exists()	确定是否存在文件夹路径
GetCurrentDirectory()	获取应用程序的当前文件夹
GetDirectories()	获取指定文件夹中所有子文件夹名称的集合
GetFiles()	返回指定文件夹中所有文件的集合
GetFileSystemEntries()	返回指定文件夹中所有文件和子文件夹的名称集合
GetLogicalDrives()	检索格式为“<驱动器号>:\”的逻辑驱动器的名称
GetParent()	检索指定路径的父文件夹，包括绝对路径和相对路径
Move()	将文件或文件夹及其内容移到新位置
SetCurrentDirectory()	设置当前文件夹

表 14-3　DirectoryInfo 类的常用方法表

方　法	说　明
Create()	创建文件夹
CreateSubdirectory()	在指定路径中创建一个或多个子文件夹
Delete()	删除当前文件夹
GetDirectories()	返回当前文件夹的子文件夹
GetFiles()	返回当前文件夹中所有文件的集合
MoveTo()	将当前文件夹移动到新位置
ToString()	返回用户所传递的原始路径

Directory 类的所有方法都是静态的，也就是说，这些方法可以直接调用，并且所有方法在执行时都将进行安全检查。然而，DirectoryInfo 类的方法是实例方法，使用前必须建立 DirectoryInfo 类的实例。如果只想执行一个操作，使用 Directory 类的方法的效率要高。如果要多次使用某个对象，用 DirectoryInfo 类的相应实例方法，可以避免多次安全检查。例如，以下两组示例代码的功能相同，都建立了“C:\Temp\Sub”文件夹。

Directory 类静态方法 CreateDirectory()的示例代码如下：

```
Directory.CreateDirectory(@"C:\Temp\Sub");
```

DirectoryInfo 类实例方法 Create()的示例代码如下：

```
DirectoryInfo dirInfo = new DirectoryInfo(@"C:\Temp\Sub");
dirInfo.Create();
```

在文件夹和文件的操作中，最容易出错的是路径的处理。.NET Framework 提供了处理路径的 Path 类，利用 Path 类的静态方法可以很方便地处理路径。Path 类的常用方法如表 14-4 所示。

表 14-4　Path 类的常用方法表

方　法	说　明
ChangeExtension()	更改路径字符串的扩展名
Combine()	合并两个路径字符串
GetDirectoryName()	返回指定路径字符串的文件夹信息
GetExtension()	返回指定路径字符串的扩展名
GetFileName()	返回指定路径字符串的文件名和扩展名
GetFileNameWithoutExtension()	返回不具有扩展名的文件名
GetFullPath()	返回指定路径字符串的绝对路径
GetPathRoot()	获取指定路径的根文件夹信息
GetRandomFileName()	返回随机文件夹名或文件名

实例 14-2　计算指定文件夹的大小

如图 14-2 所示，在文本框中输入文件夹路径后，单击“计算”按钮，则遍历该文件夹下所有的子文件夹和文件并统计大小，再以树形方式显示文件夹结构。

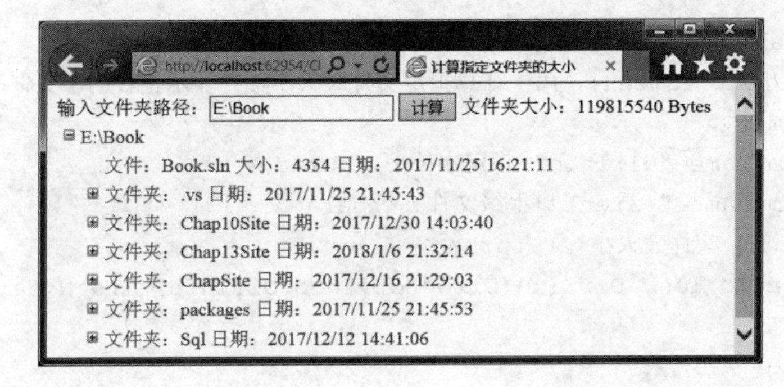

实例 14-2

图 14-2　Directory.aspx 浏览效果

源程序：Directory.aspx 部分代码

```
<%@ Page Language="C#" AutoEventWireup="true" CodeFile="Directory.aspx.cs"
 Inherits="Chap14_Directory" %>
…（略）
<form id="form1" runat="server">
  <div>
    输入文件夹路径：<asp:TextBox ID="txtInput" runat="server"></asp:TextBox>
    <asp:Button ID="btnCompute" runat="server" OnClick="BtnCompute_Click"
     Text="计算" />
    <asp:Label ID="lblMsg" runat="server"></asp:Label>
    <asp:TreeView ID="tvDir" runat="server"></asp:TreeView>
  </div>
</form>
…（略）
```

源程序：Directory.aspx.cs

```
using System;
using System.IO;
using System.Web.UI.WebControls;
public partial class Chap14_Directory : System.Web.UI.Page
{
  protected void BtnCompute_Click(object sender, EventArgs e)
  {
    string path = txtInput.Text;  //获取文件夹路径
    if (Directory.Exists(path))   //若文件夹存在，则遍历该文件夹
    {
     DirectoryInfo dirInfo = new DirectoryInfo(path);
     TreeNode node = new TreeNode(path);
     lblMsg.Text = "文件夹大小：" + DirSize(dirInfo, node).ToString() + " Bytes";
     tvDir.Nodes.Add(node);
    }
    else //若文件夹不存在，则显示提示信息
    {
     lblMsg.Text = "输入的文件夹不存在";
    }
  }
```

```
    /// <summary>
    /// 自定义方法 DirSize()，用于计算指定文件夹大小，并显示包含的子文件夹和文件
    /// </summary>
    /// <param name="dirInfo">指定文件夹</param>
    /// <param name="parent">上级文件夹</param>
    /// <returns>文件夹大小</returns>
    public static long DirSize(DirectoryInfo dirInfo, TreeNode parent)
    {
      long size = 0;
      FileInfo[] fis = dirInfo.GetFiles();      //获取指定文件夹中包含的文件集合
      foreach (FileInfo fi in fis)              //累计指定文件夹中的文件大小
      {
        //添加文件到 TreeView 中
        TreeNode node = new TreeNode();
        node.Value = "文件：" + fi.Name + " 大小：" + fi.Length + " 日期："
         + fi.CreationTime;
        parent.ChildNodes.Add(node);
        //累计文件大小
        size += fi.Length;
      }
      //获取指定文件夹中的子文件夹集合
      DirectoryInfo[] dis = dirInfo.GetDirectories();
      foreach (DirectoryInfo di in dis)    //累计指定文件夹中的子文件夹大小
      {
        //添加文件夹到 TreeView 中
        TreeNode nodeDir = new TreeNode();
        nodeDir.Value = di.Name;
        nodeDir.Text = "文件夹：" + di.Name + " 日期：" + di.CreationTime;
        parent.ChildNodes.Add(nodeDir);
        size += DirSize(di, nodeDir);      //递归调用自定义方法 DirSize()
      }
      return (size);                       //返回指定文件夹大小
    }
  }
```

操作步骤：

（1）在 Chap14 文件夹中建立 Directory.aspx，添加 TextBox、Button、Label 和 TreeView 控件各一个，参考源程序设置各控件属性。

（2）建立 Directory.aspx.cs。最后，浏览 Directory.aspx 进行测试。

程序说明：

自定义的静态方法 DirSize()分为两部分：

（1）对于文件夹下的文件，利用语句“FileInfo[] fis = dirInfo.GetFiles();”返回 FileInfo 对象的集合，然后累计所有文件大小。

（2）对于文件夹下的子文件夹，利用语句“DirectoryInfo[] dis = dirInfo.GetDirectories();”返回 DirectoryInfo 对象的集合，然后利用递归调用 DirSize()方法计算子文件夹下所有文件大

小的和。

另外，利用语句“parent.ChildNodes.Add(node);”和“parent.ChildNodes.Add(nodeDir);”分别将文件和文件夹添加到 TreeView 控件中，形成目录树。

14.1.3　文件操作

相比较而言，文件的操作比文件夹操作更加频繁。ASP.NET 中的 File 和 FileInfo 类提供了用于创建、复制、删除、移动和打开文件的方法。File 类的常用方法如表 14-5 所示，FileInfo 类的常用方法如表 14-6 所示。File 类和 FileInfo 类中有些方法的功能相同，但 File 类中的方法都是静态方法，而 FileInfo 类中的方法都是实例方法。

表 14-5　File 类的常用方法表

方　法	说　明
AppendAllText()	将指定的字符串追加到文件中，如果文件不存在则创建该文件
AppendText()	创建一个 StreamWriter，将 UTF-8 编码文本追加到现有文件
Copy()	复制文件
Create()	在指定路径中创建文件
CreateText()	创建或打开一个用于写入 UTF-8 编码的文本文件
Delete()	删除文件
Exists()	确定文件是否存在
GetCreationTime()	返回文件或文件夹的创建日期和时间
GetLastAccessTime()	返回上次访问文件或文件夹的日期和时间
GetLastWriteTime()	返回上次写入文件或文件夹的日期和时间
Move()	移动文件
Open()	打开指定路径上的 FileStream
OpenRead()	打开现有文件以进行读取
OpenText()	打开现有 UTF-8 编码文本文件以便进行读取操作
OpenWrite()	打开现有文件并进行写入操作
ReadAllText()	打开一个文本文件，将文件的所有行读入到一个字符串，然后关闭该文件
Replace()	使用其他文件的内容替换指定文件的内容，这一过程将删除原始文件，并创建被替换文件的备份
SetCreationTime()	设置文件的创建日期和时间
SetLastAccessTime()	设置文件的上次访问日期和时间
SetLastWriteTime()	设置文件的上次写入日期和时间
WriteAllText()	创建一个新文件，在文件中写入内容，然后关闭文件。若目标文件已存在，则覆盖该文件

表 14-6　FileInfo 类的常用方法表

方　法	说　明
AppendText()	创建一个 StreamWriter，向文件追加文本
CopyTo()	复制文件
Create()	创建文件
CreateText()	创建一个用于写入新文本文件的 StreamWriter
Delete()	删除文件
MoveTo ()	将指定文件移到新位置，并提供指定新文件名的选项
Open()	用各种读/写访问权限和共享特权打开文件
OpenRead()	创建只读 FileStream

续表

方　法	说　明
OpenText()	创建使用 UTF-8 编码并从现有文本文件中进行读取的 StreamReader
OpenWrite()	创建只写 FileStream
Replace()	使用当前文件替换指定文件的内容，同时将删除原始文件，并创建被替换文件的备份
ToString()	以字符串形式返回路径

实例 14-3　文件的创建、复制、删除和移动操作

如图 14-3～图 14-5 所示，本实例将根据输入的源文件和目标文件路径，实现文件的创建、复制、删除和移动操作，并给出相应操作的信息提示。在图 14-4 中，输入源文件和目标文件路径，再单击“移动”按钮时，执行移动操作。在图 14-5 中，输入源文件和目标文件路径，再单击“复制”按钮时，执行复制操作。

实例 14-3

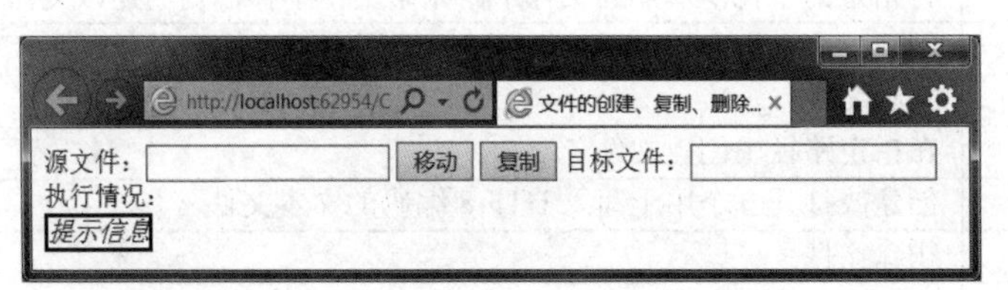

图 14-3　FileInfo.aspx 浏览效果

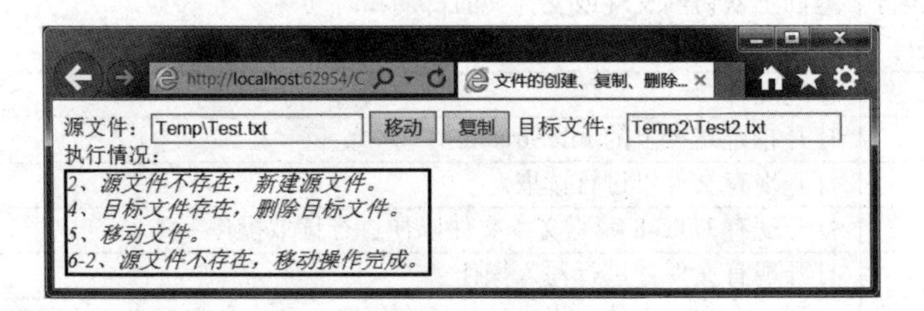

图 14-4　移动文件操作效果

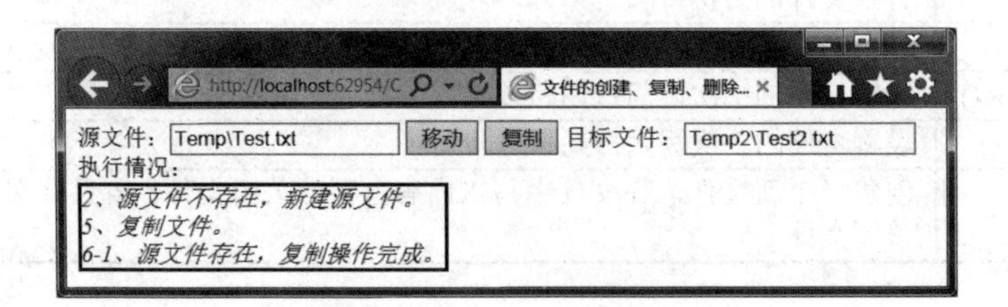

图 14-5　复制文件操作效果

源程序：FileInfo.aspx 部分代码

```
<%@ Page Language="C#" AutoEventWireup="true" CodeFile="FileInfo.aspx.cs"
 Inherits="Chap14_FileInfo" %>
…（略）
<form id="form1" runat="server">
  <div>
    源文件：<asp:TextBox ID="txtSource" runat="server"></asp:TextBox>
    <asp:Button ID="btnMove" runat="server" OnClick="BtnMove_Click"
```

```
    Text="移动" />
   <asp:Button ID="btnCopy" runat="server" OnClick="BtnCopy_Click"
    Text="复制" />
   目标文件：<asp:TextBox ID="txtTarget" runat="server"></asp:TextBox><br />
   执行情况：<br />
   <asp:Label ID="lblMsg" runat="server" BorderWidth="2px"
    Font-Italic="True" Text="提示信息"></asp:Label>
  </div>
</form>
…（略）
```

源程序：FileInfo.aspx.cs

```
using System;
using System.IO;
public partial class Chap14_FileInfo : System.Web.UI.Page
{
  protected void BtnMove_Click(object sender, EventArgs e)
  {
    //获取源文件和目标文件路径
    string pathSouce = txtSource.Text.Trim();
    string pathTarget = txtTarget.Text.Trim();
    //若两个路径字符串不空，则执行移动操作
    if ((pathSouce.Length > 0) && (pathTarget.Length > 0))
    {
      lblMsg.Text = MoveCopyFile(pathSouce, pathTarget, false);
    }
  }
  protected void BtnCopy_Click(object sender, EventArgs e)
  {
    //获取源文件和目标文件路径
    string pathSouce = txtSource.Text.Trim();
    string pathTarget = txtTarget.Text.Trim();
    //若两个路径字符串不空，则执行复制操作
    if ((pathSouce.Length > 0) && (pathTarget.Length > 0))
    {
      lblMsg.Text = MoveCopyFile(pathSouce, pathTarget, true);
    }
  }
  /// <summary>
  /// 自定义方法 MoveCopyFile()，用于移动或复制文件
  /// </summary>
  /// <param name="pathSource">源路径</param>
  /// <param name="pathTarget">目标路径</param>
  /// <param name="act">值为 true 表示复制，false 表示移动</param>
  /// <returns>提示信息</returns>
```

```
private string MoveCopyFile(string pathSource, string pathTarget, bool act)
{
  String resMsg = "";
  string pathRoot = Server.MapPath("");            //获取网站根文件夹
  pathSource = Path.Combine(pathRoot, pathSource);//获取源文件的物理路径
  pathTarget = Path.Combine(pathRoot, pathTarget);//获取目标文件的物理路径
  try
  {
    //获取源文件所在的文件夹
    string directoryName = Path.GetDirectoryName(pathSource);
    if (!Directory.Exists(directoryName)) //若源文件夹不存在，则新建文件夹
    {
      Directory.CreateDirectory(directoryName);
      resMsg = resMsg + "1、源文件所在文件夹不存在，新建源文件所在的文件夹。<br />";
    }
    if (!File.Exists(pathSource))          //若源文件不存在，则新建文件
    {
      using (FileStream fs = File.Create(pathSource)) { }
      resMsg = resMsg + "2、源文件不存在，新建源文件。<br />";
    }
    //获取目标文件所在的文件夹
    directoryName = Path.GetDirectoryName(pathTarget);
    if (!Directory.Exists(directoryName)) //若目标文件夹不存在，则新建
    {
      Directory.CreateDirectory(directoryName);
      resMsg = resMsg + "3、目标文件所在的文件夹不存在，新建目标文件所在的文件夹。
       <br />";
    }
    if (act)   //若 act 为 true，则复制文件
    {
      File.Copy(pathSource, pathTarget, true);//复制文件，若目标文件存在则覆盖
      resMsg = resMsg + "5、复制文件。<br />";
    }
    else        //移动文件
    {
      if (File.Exists(pathTarget))          //若目标文件存在，则删除文件
      {
        File.Delete(pathTarget);
        resMsg = resMsg + "4、目标文件存在，删除目标文件。<br />";
      }
      File.Move(pathSource, pathTarget);   //移动文件
      resMsg = resMsg + "5、移动文件。<br />";
    }
    if (File.Exists(pathSource))          //源文件存在
    {
```

```
        resMsg = resMsg + "6-1、源文件存在，复制操作完成。<br />";
      }
      else                      //源文件不存在
      {
        resMsg = resMsg + "6-2、源文件不存在，移动操作完成。<br />";
      }
    }
    catch (Exception e)
    {
      resMsg = resMsg + "7、程序执行异常。错误信息：" + e.ToString();
    }
    return resMsg;              //返回提示信息
  }
}
```

操作步骤：

（1）在 Chap14 文件夹中建立 FileInfo.aspx，参考源程序添加控件并设置属性。

（2）建立 FileInfo.aspx.cs。最后，浏览 FileInfo.aspx 进行测试。

程序说明：

如果源文件夹不存在，语句“Directory.CreateDirectory(directoryName);”将创建文件夹。如果文件不存在，语句“using (FileStream fs = File.Create(pathSource)) { }”将创建一个空文件，然后会自动关闭 fs 对象。

另外，还可以利用 FileInfo 类的 CreationTime 属性获取文件的创建时间，Length 属性获取文件大小等信息。

14.2　读 写 文 件

读写文件是 Web 应用程序中的一个重要操作。在保存程序的数据、动态生成页面或修改应用程序的配置信息等方面都需要读写文件。例如，在大型的新闻发布系统中常根据数据库信息生成静态页面文件。在.NET Framework 中采用基于 Stream 类和 Reader/Writer 类读写 I/O 数据的通用模型，使得文件读写操作非常简单，如图 14-6 所示。

14.2.1　Stream 类

在.NET 中读写数据都使用数据流的形式实现。Stream 类为 I/O 数据读写提供了基本的功能，但是 Stream 类是一个抽象类，因此，要完成不同数据流的操作，必须使用它的派生类。例如，使用 MemoryStream 类实现内存操作，FileStream 类实现文件操作等。

下面以常用的 FileStream 类为例说明。

FileStream 类能完成对文件进行读取、写入、打开和关闭操作，并对其他与文件相关的操作系统句柄进行操作，如管道、标准输入和标准输出等。读写操作可以指定为同步或异步操作，默认情况下以同步方式打开文件。

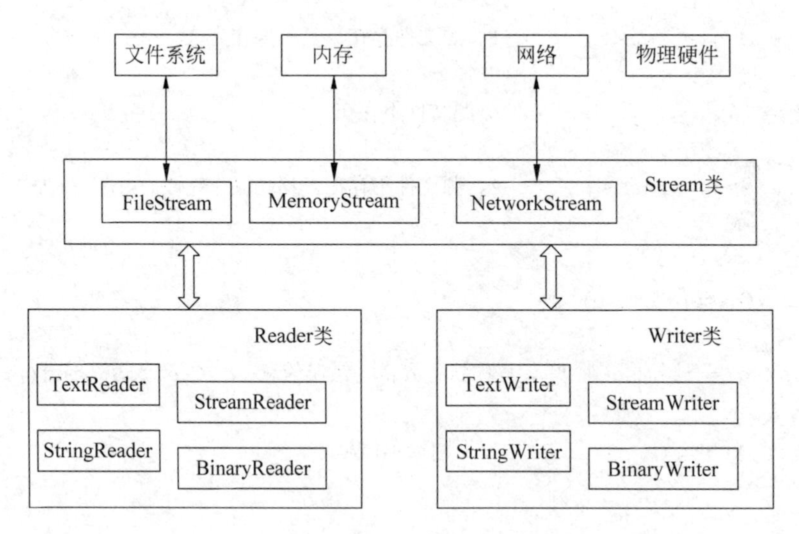

图 14-6　读写 I/O 数据的通用模型图

FileStream 类的常用属性如表 14-7 所示。

表 14-7　FileStream 类的常用属性表

属　性	说　明
CanRead	当前数据流是否支持读取
CanWrite	当前数据流是否支持写入
Length	数据流长度（用字节表示）
Name	获取传递给构造函数的 FileStream 的名称
ReadTimeout	获取或设置一个值（以毫秒为单位），确定数据流在超时前尝试的读取时间
WriteTimeout	获取或设置一个值（以毫秒为单位），确定数据流在超时前尝试的写入时间

FileStream 类的常用方法如表 14-8 所示。

表 14-8　FileStream 类的常用方法表

方　法	说　明
BeginRead()	开始异步读取
BeginWrite()	开始异步写入
Close()	关闭当前数据流并释放与之关联的所有资源
EndRead()	完成异步读取
EndWrite()	结束异步写入
Flush()	将缓冲区中的数据流数据写入文件，然后清除缓冲区中的数据
Lock()	允许读取访问的同时防止其他进程更改 FileStream
Read()	从数据流中读取字节块并将该数据写入指定的缓冲区中
ReadByte()	从文件中读取一个字节，并将读取位置偏移一个字节
Unlock()	允许其他进程访问以前锁定的某个文件的全部或部分
Write()	将缓冲区中读取的数据写入数据流
WriteByte()	将一个字节写入文件流的当前位置

注意： Read()和 Write()实现对文件的同步读写操作，这也是最常用的方法。而 BeginRead()、EndRead()、BeginWrite()和 EndWrite()方法实现对文件的异步读写操作。当异步写文件时需要利用 Lock()和 UnLock()方法解决文件共享冲突问题。

数据流在使用后要调用数据流的 Close()方法来关闭数据流，如“fs.Close();”语句。另外，也可以利用 using 来确保数据流在使用后被关闭。这是因为在 using 语句关闭时会自动调用数据流对象的 Dispose()方法，而 Dispose()方法会调用数据流的 Close()方法来关闭数据流。因此，可以将数据流操作语句块放在 using 语句中。例如，利用 FileStream 类写文件的示例代码如下：

```
using (FileStream fs = new FileStream(fileName, FileMode.Append))
{
 byte[] data = Encoding.ASCII.GetBytes("Add string!");
 fs.Write(data, 0, data.Length);
}
```

FileStream 类的构造函数有许多重载版本，下面是最常见的一种，使用指定的路径、文件模式、读/写权限和共享权限来创建 FileStream 类的实例：

```
public FileStream(string path, FileMode mode, FileAccess access, FileShare
 share)
```

各参数的含义如下：

（1）path——指定 FileStream 对象将读取或写入文件的相对路径或绝对路径。

（2）mode——FileMode 常数，确定如何打开或创建文件。如值 Open 表示打开文件，文件不存在则出错；值 Create 表示建立文件，将覆盖存在的文件；值 Append 表示以添加方式打开存在的文件，如果文件不存在则创建文件。

（3）access——FileAccess 常数，确定 FileStream 对象访问文件的方式。如值 Read 表示对象可读；值 Write 表示对象可写；值 ReadWrite 表示对象可读写。

（4）share——FileShare 常数，确定文件如何由进程共享。如值 None 表示不允许共享文件；值 Write、Read、ReadWrite、Delete 依次表示可以写、读、读写、删除文件。

实例 14-4

实例 14-4　利用 FileStream 类读写文件

本实例首先判断网站根文件夹下的 Chap14 文件夹中是否存在文件 Test.txt，若不存在，则新建 Test.txt 文件，并写入“The First Line!”；若存在，则打开并读取该文件，如图 14-7 所示。单击“添加”按钮，可以将文本框中输入的内容添加到文件末尾，然后再读取文件内容并显示在页面上，如图 14-8 所示。

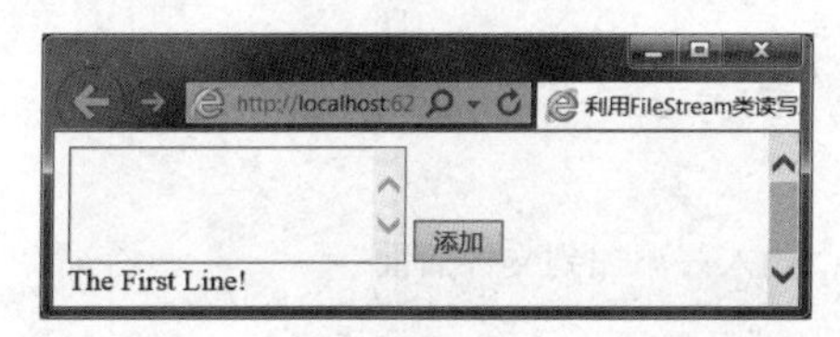

图 14-7　FileStream 类读文件效果

图 14-8　FileStream 类写文件效果

源程序：FileStream.aspx

```
<%@ Page Language="C#" AutoEventWireup="true" CodeFile="FileStream.aspx.cs"
 Inherits="Chap14_FileStream" %>
…（略）
```

```
<form id="form1" runat="server">
  <div>
    <asp:TextBox ID="txtAppend" runat="server" Height="58px"
     TextMode="MultiLine">
    </asp:TextBox>
    <asp:Button ID="btnAppend" runat="server" Text="添加"
     OnClick="BtnAppend_Click" /><br />
    <asp:Label ID="lblShow" runat="server"></asp:Label>
  </div>
</form>
…（略）
```

源程序：FileStream.aspx.cs

```
using System;
using System.IO;
using System.Text;
public partial class Chap14_FileStream : System.Web.UI.Page
{
  protected void Page_Load(object sender, EventArgs e)
  {
    string fileName = Path.Combine(Request.PhysicalApplicationPath,
      @"Chap14\Test.txt");
    if (File.Exists(fileName))   //文件存在
    {
      //调用自定义方法 ReadText()，读取文件并显示到 lblShow
      lblShow.Text = ReadText();
    }
    else                          //文件不存在
    {
      //调用自定义方法 AppendText()，新建文件并添加内容
      AppendText("The First Line!");
      lblShow.Text =  ReadText();
    }
  }
  protected void BtnAppend_Click(object sender, EventArgs e)
  {
    string appStr = txtAppend.Text.Trim();
    if (appStr.Length > 0)       //输入不空
    {
      //调用自定义方法 AppendText()，将文本框中输入值添加到文件后面
      AppendText(appStr);
      //调用自定义方法 ReadText()，读取文件并显示到 lblShow
      lblShow.Text = ReadText();
    }
  }
  /// <summary>
```

```
/// 自定义方法 ReadText()，读取网站根文件夹下的 Chap14\Test.txt 文件内容
/// </summary>
/// <returns>返回文件内容字符串</returns>
private string ReadText()
{
  //获取文件的物理路径
  string fileName = Path.Combine(Request.PhysicalApplicationPath,
   @"Chap14\Test.txt");
  //创建一个输出流
  FileStream fs = File.Open(fileName, FileMode.Open, FileAccess.Read,
   FileShare.Read);
  byte[] data = new byte[fs.Length];
  fs.Read(data, 0, (int)fs.Length);
  fs.Close();
  return Encoding.UTF8.GetString(data);  //返回内容字符串
}
/// <summary>
/// 自定义方法 AppendText()，添加内容到网站根文件夹下的 Chap14\Test.txt 文件
/// </summary>
/// <param name="addText">要添加的文件内容</param>
private void AppendText(string addText)
{
  //获取文件的物理路径
  string fileName = Path.Combine(Request.PhysicalApplicationPath,
   @"Chap14\Test.txt");
  //创建一个输入流
  FileStream fs = File.Open(fileName, FileMode.Append, FileAccess.Write,
   FileShare.None);
  byte[] data = Encoding.UTF8.GetBytes(addText);
  fs.Write(data, 0, data.Length);
  fs.Flush();
  fs.Close();
}
}
```

操作步骤：

（1）在 Chap14 文件夹中建立 FileStream.aspx，参考源程序添加控件并设置属性。

（2）建立 FileStream.aspx.cs。最后，浏览 FileStream.aspx 进行测试。

程序说明：

最初在网站根文件夹下的 Chap14 文件夹中不存在 Test.txt 文件，此时调用“AppendText ("The First Line!");”执行文件写操作。单击“添加”按钮时调用“AppendText(appStr);”添加文本框中输入的内容到文件末尾，然后执行“lblShow.Text = ReadText();”语句，读取 Test.txt 文件内容并显示在 lblShow 控件上。

Request.PhysicalApplicationPath 属性获取网站的根文件夹，Path.Combine()方法将两个路径合并为一个路径字符串。

Encoding.UTF8 表示编码采用 UTF-8 编码方式，此时，支持将中文写入文件。若采用其他编码方式，在文件中写入中文时会出现乱码。另外，要使用 Encoding 类则需要导入命名空间 System.Text。

14.2.2 Reader 和 Writer 类

和 Stream 类不同，Reader 和 Writer 类可以完成在数据流中读写字节等操作。.NET Framework 针对不同的数据流类型提供了不同的 Reader 和 Writer 类。不同的文件类型由对应的特定类进行读写。表 14-9 和表 14-10 分别列出了部分 Reader 和 Writer 类。

表 14-9 Reader 类对应表

Reader 类	说　明
System.IO.BinaryReader	以二进制值形式从数据流中读取数据
System.IO.StreamReader	从字节数据流中读取字符，派生于 TextReader
System.IO.StringReader	将文本读取为一系列内存字符串，派生于 TextReader
System.IO.TextReader	抽象类，读取一系列字符

表 14-10 Writer 类对应表

Writer 类	说　明
System.IO.BinaryWriter	将二进制基本数据写入数据流
System.IO.StreamWriter	把字符写入数据流，派生于 TextWriter
System.IO.StringWriter	将文本写入内存字符串，派生于 TextWriter
System.IO.TextWriter	抽象类，写入一系列字符

1. TextReader 和 TextWriter 类

TextReader 和 TextWriter 类作为抽象类，用于读写文本类型的内容，在使用时，应建立它们的派生类对象实例，如：

```
TextReader sr = new StreamReader(fileName);
```

TextReader 类的常用方法如表 14-11 所示，TextWriter 类的常用方法如表 14-12 所示。

表 14-11 TextReader 类的常用方法表

方　法	说　明
Close()	关闭 TextReader 并释放与之关联的所有系统资源
Peek()	读取下一个字符，但不使用该字符。当读到文件尾时，返回值–1，可以根据返回值判断是否已到文件尾
Read()	从输入数据流中读取数据
ReadBlock()	从当前数据流中读取最大 count 值长度的字符，再从 index 值开始将该数据写入缓冲区
ReadLine()	从当前数据流中读取一行字符并将数据作为字符串返回
ReadToEnd()	读取从当前位置到结尾的所有字符并将它们作为一个字符串返回

表 14-12 TextWriter 类的常用方法表

方　法	说　明
Close()	关闭当前编写器并释放任何与该编写器关联的系统资源
Flush()	将缓冲区数据写入文件，然后再清除缓冲区中的内容。如不使用该方法，将在关闭文件时把缓冲区中的数据写入文件
Write()	将给定数据写入文本数据流，不加换行符
WriteLine()	写入一行，并加一个换行符

实例 14-5　利用 StreamReader 和 StreamWriter 读写文本文件

在图 14-9 中，若单击“写文本文件”按钮，则在当前文件夹的 Temp 文件夹下建立一个文本文件 Txt.txt，并写入一行文本“李明 23”；若单击“读文本文件”按钮，则读取 Txt.txt 文件内容并显示在 Label 控件中，如图 14-10 所示。

实例 14-5

图 14-9　StreamRW.aspx 浏览效果（1）

图 14-10　StreamRW.aspx 浏览效果（2）

源程序：StreamRW.aspx 部分代码

```
<%@ Page Language="C#" AutoEventWireup="true" CodeFile="StreamRW.aspx.cs"
 Inherits="Chap14_StreamRW" %>
…（略）
<form id="form1" runat="server">
  <div>
    <asp:Button ID="btnWrite" runat="server" OnClick="BtnWrite_Click"
     Text="写文本文件" />
    <asp:Button ID="btnRead" runat="server" OnClick="BtnRead_Click"
     Text="读文本文件" /><br />
    <asp:Label ID="lblShow" runat="server"></asp:Label>
  </div>
</form>
…（略）
```

源程序：StreamRW.aspx.cs

```
using System;
using System.IO;
public partial class Chap14_StreamRW : System.Web.UI.Page
{
  protected void BtnWrite_Click(object sender, EventArgs e)
  {
    string bootDir = Server.MapPath("");//获取当前页面的物理路径
    string fileName = Path.Combine(bootDir, @"Temp\Txt.txt");//指定写入的文件
    //建立使用覆盖模式的StreamWriter对象
    TextWriter sw = new StreamWriter(fileName);
    sw.Write("李明");           //写字符串到缓冲区
    sw.WriteLine(23);           //写整数到缓冲区
    sw.Flush();                 //将缓冲区中数据写入指定的文件，再清除缓冲区内容
    sw.Close();                 //关闭StreamWriter对象并释放系统资源
  }
  protected void BtnRead_Click(object sender, EventArgs e)
  {
```

```
        string bootDir = Server.MapPath("");
        string fileName = Path.Combine(bootDir, @"Temp\Txt.txt");
        TextReader sr = new StreamReader(fileName); //建立 StreamReader 对象
        string tmpStr = sr.ReadToEnd();              //读取所有数据到 tmpStr 中
        sr.Close();                  //关闭 StreamReader 对象并释放系统资源
        lblShow.Text = tmpStr;   //在 lblShow 中显示文本内容
    }
}
```

操作步骤：

（1）在 Chap14 文件夹中添加 StreamRW.aspx，参考源程序添加控件并设置属性。

（2）建立 StreamRW.aspx.cs。最后，浏览 StreamRW.aspx 进行测试。

程序说明：

当单击"写文本文件"按钮时，若当前文件夹下的 Temp\Txt.txt 不存在，则新建文件，否则打开该文件，并以覆盖方式写入文件内容。如果要求添加内容到文件中，则需要将语句"TextWriter sw = new StreamWriter(fileName);"修改为：

```
TextWriter sw = new StreamWriter(fileName, true);
```

其中参数 true 表示添加模式，随后再调用 Write()方法，将数据添加到文本数据流中。

2. BinaryReader 和 BinaryWriter 类

BinaryReader 和 BinaryWriter 类用来读写二进制数据文件。BinaryWriter 类将数据以其内部格式写入文件，所以在读取数据时需要使用不同的 Read 方法。例如，可利用 ReadString()方法读取字符，而整数的读取需要使用 ReadInt32()方法。

实例 14-6　利用 BinaryReader 和 BinaryWriter 读写二进制数据文件

在图 14-11 中，若单击"写二进制文件"按钮，则在当前文件夹的 Temp 文件夹下建立一个二进制文件 Bin.bin，并写入字符串"李明"和整数 23；若单击"读二进制文件"按钮，则读取 Bin.bin 文件内容并显示在 Label 控件中，如图 14-12 所示。

实例 14-6

图 14-11　BinaryRW.aspx 浏览效果（1）

图 14-12　BinaryRW.aspx 浏览效果（2）

源程序：BinaryRW.aspx 部分代码

```
<%@ Page Language="C#" AutoEventWireup="true" CodeFile="BinaryRW.aspx.cs"
 Inherits="Chap14_BinaryRW" %>
…（略）
<form id="form1" runat="server">
  <div>
    <asp:Button ID="btnWrite" runat="server" OnClick="BtnWrite_Click"
     Text="写二进制文件" />
```

```
    <asp:Button ID="btnRead" runat="server" OnClick="BtnRead_Click"
     Text="读二进制文件" />
    <br />
    <asp:Label ID="lblShow" runat="server"></asp:Label>
  </div>
</form>
…（略）
```

源程序：BinaryRW.aspx.cs

```
using System;
using System.IO;
public partial class Chap14_BinaryRW : System.Web.UI.Page
{
  protected void BtnWrite_Click(object sender, EventArgs e)
  {
    string bootDir = Server.MapPath("");           //获取当前页面的物理路径
    string fileName = Path.Combine(bootDir, @"Temp\Bin.bin");//指定写入的文件
    //建立 BinaryWriter 对象
    BinaryWriter bw = new BinaryWriter(File.OpenWrite(fileName));
    string name = "李明";
    int age = 23;
    bw.Write(name);                  //写字符串到缓冲区
    bw.Write(age);                   //写整数到缓冲区
    bw.Flush();                      //将缓冲区中数据写入指定的文件，再清除缓冲区内容
    bw.Close();                      //关闭 BinaryWriter 对象并释放系统资源
  }
  protected void BtnRead_Click(object sender, EventArgs e)
  {
    string bootDir = Server.MapPath("");
    string fileName = Path.Combine(bootDir, @"Temp\Bin.bin");
    //建立 BinaryReader 对象
    BinaryReader br = new BinaryReader(File.OpenRead(fileName));
    string name;
    int age;
    name = br.ReadString();          //读字符串数据
    age = br.ReadInt32();            //读整型数据
    br.Close();                      //关闭 BinaryReader 对象并释放系统资源
    lblShow.Text = "Name: " + name + " Age: " + age.ToString();
  }
}
```

操作步骤：

（1）在 Chap14 文件夹中建立 BinaryRW.aspx，参考源程序添加控件并设置属性。

（2）建立 BinaryRW.aspx.cs。最后，浏览 BinaryRW.aspx 进行测试。

程序说明：

写入的 name 值是字符串类型，age 值是整型，所以在读取数据时对应地使用了 ReadString()

和 ReadInt32()方法。

14.3 文件上传

在 Web 应用程序中经常需要上传文件。FileUpload 控件为用户提供了一种将文件上传到 Web 服务器的简便方法。在上传文件时可以限制文件的大小，也可以在保存上传的文件之前检查其属性。FileUpload 控件在页面上显示为一个文本框和一个“浏览”按钮。用户可以在文本框中输入将上传到 Web 服务器文件的名称；单击“浏览”按钮，将显示一个文件导航对话框，可以选择需要上传的文件。当用户已选定要上传的文件并提交页面时，该文件将作为 HTTP 请求的一部分上传。定义的语法格式如下：

```
<asp:FileUpload ID="FileUpload1" runat="server" />
```

FileUpload 控件的 PostedFile 属性可以获取使用 FileUpload 控件上传的文件 HttpPostedFile 对象。使用该对象可访问上传文件的其他属性。例如，ContentLength 属性能获取上传文件的长度，ContentType 属性能获取上传文件的 MIME 内容类型，FileName 属性能获取上传文件的文件名称。另外，还可以使用 SaveAs()方法将上传的文件保存到 Web 服务器上。

如果要将文件保存到当前 Web 应用程序的指定文件夹中。可首先使用 HttpRequest.PhysicalApplicationPath 属性来获取当前 Web 应用程序的根文件夹物理路径，再组合要存放文件的文件夹名。

调用 HttpPostedFile 对象的 ContentLength 属性可获取上传文件的大小，因此，可通过判断该值大小来限制上传文件的大小。还可以调用 Path.GetExtension()方法来获取要上传文件的扩展名，这样就能限制上传文件的类型。

实例 14-7

实例 14-7　利用 FileUpload 实现文件上传

在图 14-13 中，单击“浏览”按钮，呈现“选择要加载的文件”对话框，选择文件后再单击“上传文件”按钮，将文件上传到网站根文件夹下的 Uploads 文件夹中，并显示提示信息，如图 14-14 所示。同时，限制上传文件的大小不能超过 200KB，文件的扩展名必须为 bmp、jpg 或 gif。

图 14-13　FileUpload.aspx 浏览效果（1）

图 14-14　FileUpload.aspx 浏览效果（2）

源程序：FileUpload.aspx 部分代码

```
<%@ Page Language="C#" AutoEventWireup="true" CodeFile="FileUpload.aspx.cs"
 Inherits="Chap14_FileUpload" %>
…（略）
<form id="form1" runat="server">
  <div>
    <asp:FileUpload ID="fupImg" runat="server" />
    <asp:Button ID="btnUpload" runat="server" OnClick="BtnUpload_Click"
```

```
    Text="上传文件" /><br />
   <asp:Label ID="lblMsg" runat="server"></asp:Label>
  </div>
</form>
…（略）
```

源程序：FileUpload.aspx.cs

```
using System;
using System.IO;
public partial class Chap14_FileUpload : System.Web.UI.Page
{
  private string uploadDir;                      //uploadDir 变量存放文件保存路径
  protected void Page_Load(object sender, EventArgs e)
  {
    //默认将文件保存到网站根文件夹下的 Uploads 子文件夹中
    uploadDir = Path.Combine(Request.PhysicalApplicationPath, "Uploads");
  }
  protected void BtnUpload_Click(object sender, EventArgs e)
  {
    if (fupImg.PostedFile.FileName == "")    //无文件上传
    {
      lblMsg.Text = "无文件上传！";
    }
    else                                      //有文件上传
    {
      if (fupImg.PostedFile.ContentLength > 204800)      //文件大小超过 200KB
      {
        lblMsg.Text = "文件大小不能超过 200KB！";
      }
      else                                    //文件大小未超过 200KB
      {
        string extension = Path.GetExtension(fupImg.PostedFile.FileName);
        switch (extension.ToLower())          //判断文件类型
        {
          case ".bmp":
          case ".gif":
          case ".jpg":
            break;
          default:                            //文件扩展名不是 bmp、gif 或 jpg
            lblMsg.Text = "文件扩展名必须是 bmp、gif 或 jpg！";
            return;
        }
        //获取上传文件的文件名
        string fileName = Path.GetFileName(fupImg.PostedFile.FileName);
        //上传的文件将以原文件名保存到网站根文件夹下的 Uploads 子文件夹中
        string fullPath = Path.Combine(uploadDir, fileName);
        try
        {
          fupImg.PostedFile.SaveAs(fullPath);      //上传文件
          lblMsg.Text = "文件" + fileName + "成功上传到" + fullPath;
        }
        catch (Exception ee)
```

```
            {
              lblMsg.Text = ee.Message;           //上传文件失败，显示出错信息
            }
          }
        }
      }
    }
```

操作步骤：

（1）在 ChapSite 网站的根文件夹下建立 Uploads 文件夹。

（2）在 Chap14 文件夹中建立 FileUpload.aspx，参考源程序添加控件并设置属性。

（3）建立 FileUpload.aspx.cs。最后，浏览 FileUpload.aspx 进行测试。

14.4 小　结

本章针对 Web 服务器端的文件夹和文件操作，介绍了 System.IO 命名空间中的 DriveInfo、Directory、DirectoryInfo、File、FileInfo 和 Path 类等。用户可以利用这些类来管理 Web 服务器上的文件系统。本章还介绍了读写文件的方法，说明了在.NET Framework 中采用基于 Stream 类和 Reader/Writer 类读写 I/O 数据的通用模型，使得文件读写操作变得非常简单。最后介绍了利用 FileUpload 控件上传文件到 Web 服务器的方法，利用控件的 PostedFile 属性获取的 HttpPostedFile 对象可以方便地限制上传文件的大小，利用 Path.GetExtension()方法获取要上传文件的扩展名可以方便地限制上传文件的类型。

14.5 习　题

1. 填空题

（1）要管理 Web 服务器上的文件系统，需要导入的命名空间是_______。

（2）通过 DriveInfo 类的_______属性可以获取驱动器的名称。

（3）HttpPostedFile 对象的_______方法可以将文件上传到 Web 服务器。

（4）可以调用_______方法返回上传文件的扩展名。

（5）利用 File 类的_______方法可以确定指定的文件是否存在。

（6）Directory 类的 SetCurrentDirectory()方法的功能是_______。

2. 是非题

（1）Web 应用程序中可以使用 DirectoryInfo 类管理客户端文件系统。　（　　）

（2）TextReader 类派生于 StreamReader 类。　（　　）

（3）包含在 using 语句内的代码段在执行完毕后会自动关闭打开的数据流。　（　　）

（4）采用 UTF-8 编码方式可以将中文写入文本文件。　（　　）

3. 选择题

（1）DriveInfo 类的（　　）属性可以获取驱动器上存储空间的总容量。

A．AvailableFreeSpace　　B．TotalFreeSpace

C．TotalSize　　D．Size

（2）Directory 类的（　　）方法可以获取 Web 应用程序的当前工作文件夹。

A．GetCurrentDirectory() B．GetDirectories()

C．GetDirectoryRoot() D．GetLogicalDrives()

（3）FileStream 类提供的一组操作数据流的方法中，（ ）可以同步操作文件。

A．BeginWrite() B．Write()

C．EndRead() D．BeginRead()

（4）利用 FileUpload 控件的 PostedFile 属性不可以完成的操作是（ ）。

A．上传文件 B．获取上传文件的类型

C．获取上传文件的大小 D．下载文件

4. 简答题

（1）文件和数据流有何区别和联系？

（2）Directory 类具有哪些文件夹管理的功能？它们是通过哪些方法来实现的?

（3)比较 FileStream、StreamReader 和 StreamWriter 类各有什么功能,它们之间有何联系？

5. 上机操作题

（1）建立并调试本章的所有实例。

（2）设计一个简单的留言簿。要求留言包含标题、内容、留言人和留言时间。每条留言单独保存为一个文本文件，并选择合适的文件名进行保存（要解决文件重名问题）。

（3）编写一个综合应用 Directory 类的 Web 应用程序。要求首先确定指定的文件夹是否存在，若存在，则删除该文件夹；若不存在，则创建该文件夹。然后，移动此文件夹到新的位置。

（4）如图 14-15 所示，编写一个 Web 应用程序，实现后台文件夹和文件管理功能，要求如下：

① 以网站根文件夹为当前文件夹，在左边的列表框中显示所有的子文件夹名，右边的列表框中显示所有的文件名。

② 当单击左边列表框中的子文件夹名时，改变当前文件夹并刷新页面。

③ 当单击“返回上一级文件夹”按钮时，改变当前文件夹并刷新页面。

④ 当单击“创建新文件夹”按钮时，在当前文件夹中创建新文件夹。

⑤ 当单击“删除当前文件夹”按钮时，删除当前文件夹。

⑥ 当单击“上传文件到当前文件夹”按钮时，将选择的文件上传到当前文件夹下。

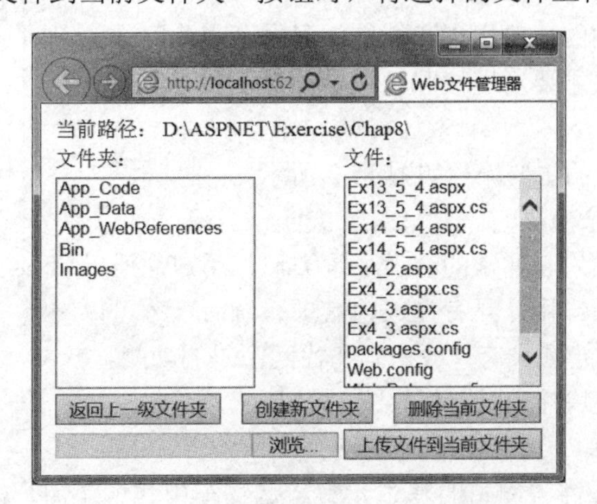

图 14-15 第 14 章习题 5（4）浏览效果

第 15 章

MyPetShop 应用程序

本章要点：

- 了解 MyPetShop 系统的总体设计。
- 熟悉系统数据库设计。
- 掌握用户控件设计。
- 掌握前台功能模块设计。
- 掌握购物车模块开发。
- 掌握订单处理模块开发。
- 掌握后台功能管理模块开发。
- 掌握 ASP.NET 三层架构的运用。

15.1 系统总体设计和开发思路

本节将介绍 MyPetShop 应用程序的总体设计，包括系统功能模块设计、用户控件设计、系统数据库总体设计、Web.config 配置文件的设计和基于 VSC 2017 开发 MyPetShop 应用程序的总体思路。

15.1.1 系统功能模块设计

MyPetShop 应用程序是一个具备基本功能的电子商务网站。如图 15-1 所示，系统主要包括五个功能模块：前台商品浏览模块、用户注册和登录模块、购物车模块、订单结算模块和后台管理模块。

MyPetShop应用程序

前台商品浏览模块 | 用户注册和登录模块 | 购物车模块 | 订单结算模块 | 后台管理模块

图 15-1　系统功能模块设计

1. 前台商品浏览模块

按照电子商务网站的一般规划和人们使用电子商务网站的习惯，前台商品浏览模块主要实现按照各种条件显示和查看商品的前台显示功能。

前台商品浏览模块的主要流程如图 15-2 所示。

2. 用户注册和登录模块

用户注册和登录模块与通常的会员系统类似，用户注册以后就可以成为系统的会员。用户只有在成功登录系统后，才可以实现商品的结算。注册用户还具有修改密码和找回密码的功能。

用户注册和登录模块的主要流程如图 15-3 所示。

3. 购物车模块

购物车是每个电子商务网站的基本元素。购物车中包含了用户准备购买的所有商品信息，包括商品编号、商品名称、商品价格、购买数量以及用户应付总价等。用户在查看商品

详细信息时，如果决定购买即可将商品加入购物车，然后可以继续浏览其他商品。

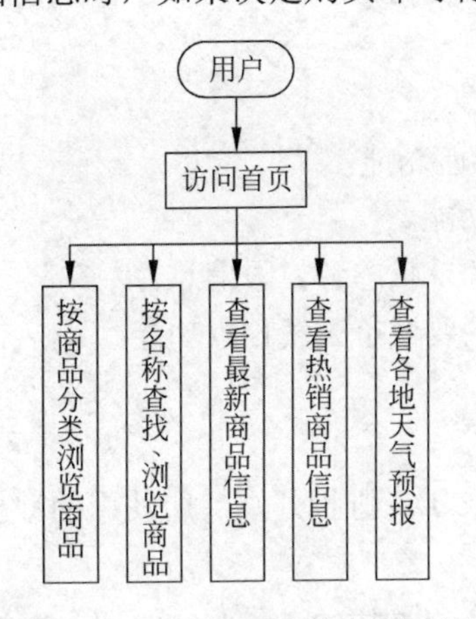

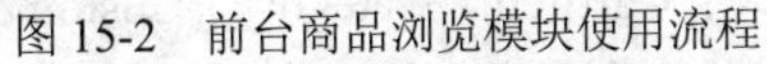
图 15-2　前台商品浏览模块使用流程

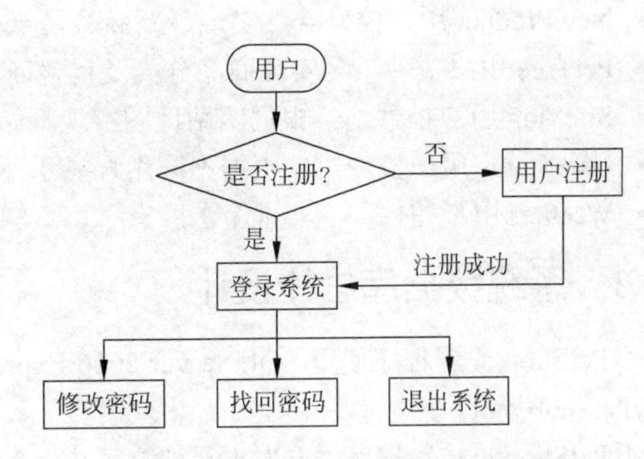

图 15-3　用户注册和登录模块使用流程

购物车模块的使用流程如图 15-4 所示。

4. 订单结算模块

用户完成购物后即可进入结算中心，系统对用户购买的商品及数量进行价格计算，最后生成用户应付款金额。然后用户向系统下达订单并提供送货地址和付款方式等信息。

订单结算模块的使用流程如图 15-5 所示。

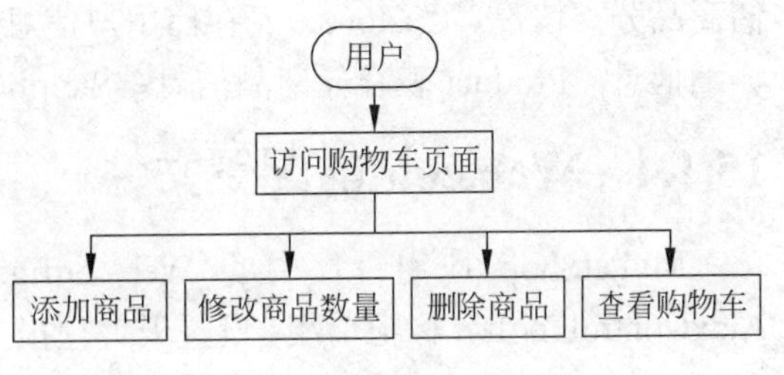

图 15-4　购物车模块使用流程

5. 后台管理模块

后台管理模块是根据系统数据维护要求而设计的后台管理平台，只有管理员用户才可进入后台功能模块，实现系统的维护与管理。

后台管理模块的使用流程如图 15-6 所示。

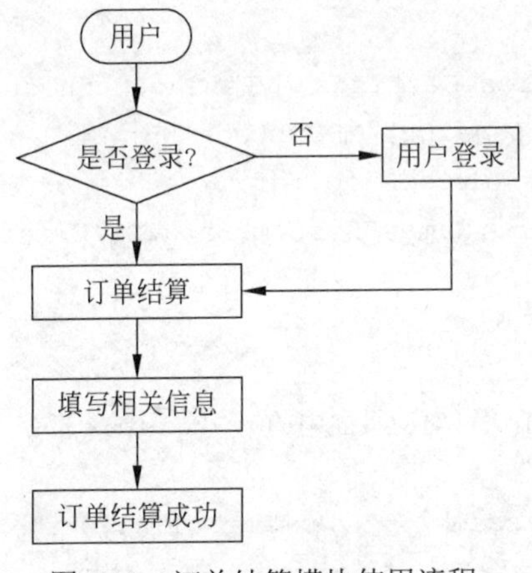

图 15-5　订单结算模块使用流程

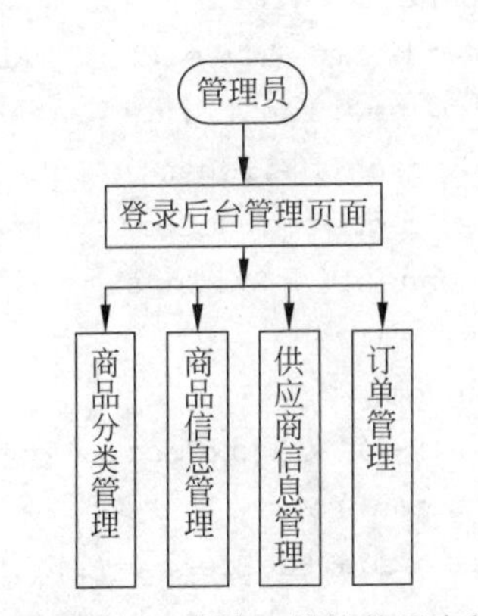

图 15-6　后台管理模块使用流程

15.1.2　用户控件设计

MyPetShop 应用程序中的用户控件主要是为了统一页面风格，根据具体功能的需要共设计了七个用户控件。

- AutoShow 用户控件——实现热销商品自动定时刷新功能。
- Category 用户控件——实现商品分类显示功能。
- NewProduct 用户控件——实现最新商品显示功能。
- PetTree 用户控件——实现商品分类及包含商品的导航功能。
- SiteMap 用户控件——根据网站地图实现网站导航功能。
- UserStatus 用户控件——根据不同用户显示不同的登录状态和权限信息。
- Weather 用户控件——实现全国所有省、直辖市的主要城市天气预报功能。

15.1.3 系统数据库总体设计

MyPetShop 应用程序使用 SQL Server 2016 Express LocalDB 进行开发，所使用的数据库为 MyPetShop.mdf。

MyPetShop.mdf 数据库由开发人员建立，共包含七个表：CartItem、Category、Customer、Order、OrderItem、Product 和 Supplier。其中 CartItem 表存储购物车详细信息，Category 表存储商品分类信息，Customer 表存储用户信息，Order 表存储订单信息，OrderItem 表存储订单详细信息，Product 表存储商品信息，Supplier 表存储供应商信息。

15.1.4 Web.config 配置文件

MyPetShop 应用程序中的 Web.config 配置文件用于设置数据库连接字符串、定义 AjaxControlToolkit 标记前缀、设置天气预报 Web 服务的调用、设置发件人邮箱信息等。其中，AjaxControlToolkit 标记前缀的定义在通过 NuGet 安装 AjaxControlToolkit 程序包时自动完成，天气预报 Web 服务调用的设置在添加天气预报 Web 服务引用时自动完成。

源程序：Web.config 部分代码

```
<configuration>
  <!--设置数据库连接字符串-->
  <connectionStrings>
    <add name="MyPetShop.DAL.Properties.Settings.MyPetShopConnectionString"
     connectionString="Data Source=(LocalDB)\MSSQLLocalDB;
     AttachDbFilename=|DataDirectory|\MyPetShop.mdf;
     Integrated Security=True" providerName="System.Data.SqlClient" />
  </connectionStrings>
  <system.web>
    <pages>
      <!--定义 AjaxControlToolkit 标记前缀，对应页面中的@ Register 指令-->
      <controls>
        <add tagPrefix="ajaxToolkit" assembly="AjaxControlToolkit"
         namespace="AjaxControlToolkit" />
      </controls>
    </pages>
  </system.web>
  <!--通过“添加服务引用”命令自动生成的、用于调用天气预报 Web 服务的配置代码-->
  <system.serviceModel>
```

```
    <bindings/>
    <client/>
  </system.serviceModel>
  <appSettings>
    <!--设置调用天气预报 Web 服务的键和值-->
    <add key="WeatherServiceRef.WeatherWebService"
     value="http://www.webxml.com.cn/WebServices/WeatherWebService.asmx"/>
    <!--设置发件人邮箱（以 QQ 邮箱为例）信息，注意请使用自己的邮箱并修改相应的键值。其中，
    MailFromAddress 表示发件人邮箱，UseSsl 值为 true 表示使用 SSL 协议连接，UserName
    表示发件人邮箱的账户名，Password 表示授权码（跟邮箱密码不相同），ServerName 表示发
    送邮件的 SMTP 服务器名，ServerPort 表示 SMTP 服务器的端口号-->
    <add key ="MailFromAddress" value="3272344648@qq.com"/>
    <add key ="UseSsl" value="true"/>
    <add key ="Username" value="3272344648"/>
    <add key ="Password" value="srzwlgkfypxddaga"/>
    <add key ="ServerName" value="smtp.qq.com"/>
    <add key ="ServerPort" value="587"/>
  </appSettings>
</configuration>
```

15.1.5 基于 VSC 2017 开发 MyPetShop 应用程序的总体思路

MyPetShop 应用程序使用 LINQ 技术实现数据访问，基于 ASP.NET 三层架构进行构建，包含 MyPetShop.Web 表示层项目、MyPetShop.BLL 业务逻辑层项目、MyPetShop.DAL 数据访问层项目。具体开发时的总体思路如下。

（1）新建 MyPetShop 解决方案。

（2）在 MyPetShop 解决方案中添加 MyPetShop.Web 表示层项目。

（3）在 MyPetShop 解决方案中添加 MyPetShop.BLL 业务逻辑层项目。

（4）在 MyPetShop 解决方案中添加 MyPetShop.DAL 数据访问层项目。

（5）添加各层项目之间的引用。其中，MyPetShop.Web 表示层项目引用 MyPetShop.BLL 业务逻辑层项目，MyPetShop.BLL 业务逻辑层项目引用 MyPetShop.DAL 数据访问层项目。

（6）到清华大学出版社网站下载本书源程序包，解压其中的 MyPetShop 源程序包，复制 Images（内含 MyPetShop 应用程序 Logo 等图片）、Prod_Images（内含宠物商品图片）、Scripts（内含 jQuery 3.2.1.min 版本）、Styles（内含 Bootstrap 样式文件及自定义的 Style.css 和 Weather.css 文件）、Sql（内含 MyPetShop 数据库脚本文件）等文件夹到 MyPetShop.Web 表示层项目所在的文件夹。

（7）利用 NuGet 程序包管理器在 MyPetShop.Web 表示层项目中安装 AjaxControlToolkit。

（8）在 MyPetShop.Web 表示层项目中新建 Admin、App_Code、App_Data 和 UserControl 等文件夹。

（9）打开 Sql 文件夹中的 MyPetShop.sql，在 App_Data 文件夹下建立 MyPetShop.mdf 数据库。

（10）在 MyPetShop.DAL 数据访问层项目中建立 LINQ to SQL 类 MyPetShop.dbml。

（11）参考本书 MyPetShop 源程序包中的 Web.config 文件修改 MyPetShop.Web 表示层项目中的 Web.config 文件。

（12）参考本书 MyPetShop 源程序包中的 Global.asax 文件新建 MyPetShop.Web 表示层项目中的 Global.asax 文件。

（13）参考本书 MyPetShop 源程序包在 MyPetShop.BLL 业务逻辑层项目添加 CartItemService.cs、CategoryService.cs、CustomerService.cs、OrderService.cs、ProductService.cs 和 SupplierService.cs 等类文件。

（14）参考本书 MyPetShop 源程序包，在 MyPetShop.Web 表示层项目中新建 MasterPage.master 母版页，再以此为基础分别建立根文件夹及 Admin 子文件夹下的各个页面。

（15）通过“生成网站”命令编译 MyPetShop.Web 表示层项目以及与之关联的 MyPetShop.BLL 业务逻辑层和 MyPetShop.DAL 数据访问层项目。值得说明的是，本步骤在步骤（14）建立每个页面后进行浏览测试时需要反复进行。

（16）从浏览 Default.aspx 开始，对 MyPetShop 应用程序进行整体测试。

15.2 MyPetShop.mdf 数据库设计

MyPetShop.mdf 数据库存储了购物车、商品分类、用户、订单、商品、供应商等信息。本节将介绍 MyPetShop.mdf 数据库中包含的表及表与表之间的联系。

15.2.1 数据表设计

1. 购物车详细信息表

购物车详细信息表（CartItem）包括购物车详细项编号、用户编号、商品编号、商品名称、商品单价和购买数量，详细信息如表 15-1 所示。

表 15-1 购物车详细信息表

字 段	说 明	类 型	备 注
CartItemId	购物车详细项编号	int	主键，自动递增
CustomerId	用户编号	int	外键，不允许为空
ProId	商品编号	int	外键，不允许为空
ProName	商品名称	nvarchar(80)	不允许为空
ListPrice	商品单价	decimal(10, 2)	不允许为空
Qty	购买数量	int	不允许为空

2. 商品分类信息表

商品分类信息表（Category）包括商品分类编号、分类名称和分类描述，详细信息如表 15-2 所示。

表 15-2 商品分类信息表

字 段	说 明	类 型	备 注
CategoryId	商品分类编号	int	主键，自动递增
Name	商品分类名称	nvarchar(80)	允许为空
Descn	商品分类描述	nvarchar(255)	允许为空

3. 用户信息表

用户信息表（Customer）包括用户编号、用户名称、密码和电子邮件，详细信息如表 15-3 所示。

表 15-3　用户信息表

字　段	说　明	类　型	备　注
CustomerId	用户编号	int	主键，自动递增
Name	用户名称	nvarchar(80)	不允许为空
Password	密码	nvarchar(80)	不允许为空
Email	电子邮件	nvarchar(80)	不允许为空

4. 订单信息表

订单信息表（Order）包括订单编号、用户编号、用户名称、订单时间、用户地址、用户所在城市、用户所在省（自治区、直辖市）、用户所在城市邮编、用户电话和订单状态，详细信息如表 15-4 所示。

表 15-4　订单信息表

字　段	说　明	类　型	备　注
OrderId	订单编号	int	主键，自动递增
CustomerId	用户编号	int	外键，不允许为空
UserName	用户名称	nvarchar(80)	不允许为空
OrderDate	订单时间	datetime	不允许为空
Addr1	用户地址 1	nvarchar(80)	允许为空
Addr2	用户地址 2	nvarchar(80)	允许为空
City	用户所在城市	nvarchar(80)	允许为空
State	用户所在省（自治区、直辖市）	nvarchar(80)	允许为空
Zip	用户所在城市邮编	nvarchar(6)	允许为空
Phone	用户电话	nvarchar(40)	允许为空
Status	订单状态	nvarchar(10)	允许为空

5. 订单详细信息表

订单详细信息表（OrderItem）包括订单详细信息编号、订单编号、商品名称、商品单价、购买数量和总价，详细信息如表 15-5 所示。

表 15-5　订单详细信息表

字　段	说　明	类　型	备　注
ItemId	订单详细信息编号	int	主键，自动递增
OrderId	订单编号	int	外键，不允许为空
ProName	商品名称	nvarchar(80)	允许为空
ListPrice	商品单价	decimal(10, 2)	允许为空
Qty	购买数量	int	不允许为空
TotalPrice	总价	decimal(10, 2)	允许为空

6. 商品信息表

商品信息表（Product）包括商品编号、所属商品分类编号、商品单价、商品成本、供应商编号、商品名称、商品介绍、商品图片和商品库存量，详细信息如表 15-6 所示。

表 15-6　商品信息表

字　段	说　明	类　型	备　注
ProductId	商品编号	int	主键，自动递增
CategoryId	所属商品分类编号	int	外键，不允许为空

续表

字　段	说　明	类　型	备　注
ListPrice	商品单价	decimal(10, 2)	允许为空
UnitCost	商品成本	decimal(10, 2)	允许为空
SuppId	供应商编号	int	外键
Name	商品名称	nvarchar(80)	允许为空
Descn	商品介绍	nvarchar(255)	允许为空
Image	商品图片	nvarchar(80)	存储图片路径
Qty	商品库存量	int	不允许为空

7. 供应商信息表

供应商信息表（Supplier）包括供应商编号、供应商名称、供应商地址、供应商所在城市、供应商所在省（自治区、直辖市）、供应商所在城市邮编和供应商电话，详细信息如表 15-7 所示。

表 15-7　供应商信息表

字　段	说　明	类　型	备　注
SuppId	供应商编号	int	主键，自动递增
Name	供应商名称	nvarchar(80)	允许为空
Addr1	供应商地址 1	nvarchar(80)	允许为空
Addr2	供应商地址 2	nvarchar(80)	允许为空
City	供应商所在城市	nvarchar(80)	允许为空
State	供应商所在省（自治区、直辖市）	nvarchar(80)	允许为空
Zip	供应商所在城市邮编	nvarchar(6)	允许为空
Phone	供应商电话	nvarchar(40)	允许为空

15.2.2　数据表联系设计

为实现系统所需的功能提供数据支持，考虑数据间的参照完整性要求，MyPetShop.mdf 数据库中各数据表的联系如图 15-7 所示。

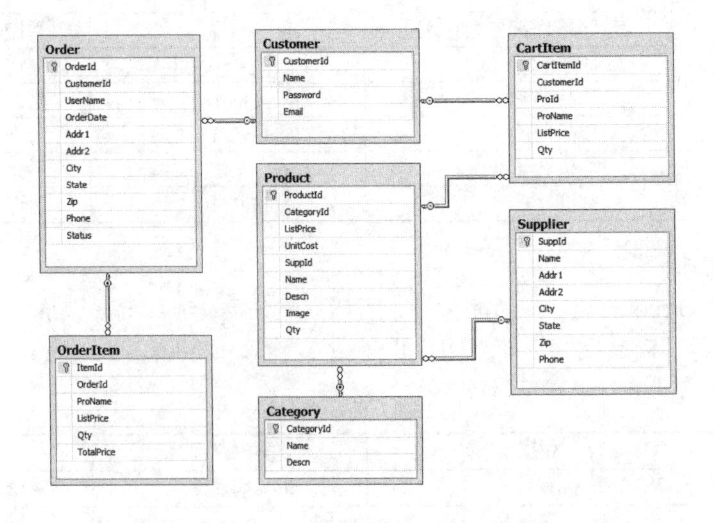

图 15-7　数据表之间的关联

在图 15-7 中，CartItem 表中的 CustomerId 和 ProId 都是外键，分别与 Customer 表和 Product 表关联。Order 表中的 CustomerId 是外键，与 Customer 表关联。OrderItem 表中的 OrderId 是外键，与 Order 表关联。Product 表中的 CategoryId 和 SuppId 都是外键，分别与 Category 表和 Supplier 表关联。另外，OrderItem 表中的 ProName 和 ListPrice 虽然不是外键，但其数据都来自 Product 表。

15.3 用户控件设计

15.3.1 “热销商品自动定时刷新”用户控件

“热销商品自动定时刷新”用户控件由 AutoShow.ascx 实现，主要包括一个 GridView 控件和多个“AJAX 扩展”服务器控件（UpdatePanel、UpdateProgress 和 Timer 控件），用于自动定时刷新热销商品信息。运行效果如图 15-8 所示。

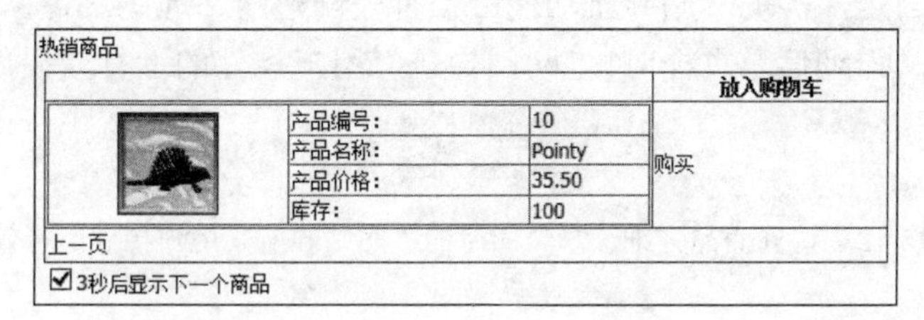

图 15-8 “热销商品自动定时刷新”用户控件运行效果

15.3.2 “商品分类列表”用户控件

“商品分类列表”用户控件由 Category.ascx 实现，主要包括一个 GridView 控件，用于显示商品分类及该分类中包含的商品数量，其中商品分类名显示为超链接，通过单击商品分类名可进入该分类的商品列表页面。运行效果如图 15-9 所示。

15.3.3 “最新商品列表”用户控件

“最新商品列表”用户控件由 NewProduct.ascx 实现，主要包括一个 GridView 控件，用于显示最新商品信息，包括商品名称和商品价格信息，单击商品名称将进入商品详细信息页面。运行效果如图 15-10 所示。

分类名称	商品数量
Fish	(2)
Bugs	(2)
Backyard	(2)
Birds	(2)
Endangered	(2)

图 15-9 “商品分类列表”用户控件运行效果

商品名称	商品价格
Pointy	¥35.50
Panda	¥47.70
Flowerloving	¥25.20
Domestic	¥45.50
Zebra	¥40.40
Cat	¥38.50
Butterfly	¥24.70

图 15-10 “最新商品列表”用户控件运行效果

15.3.4 “商品分类及商品导航”用户控件

“商品分类及商品导航”用户控件由 PetTree.ascx 实现，主要包含一个 TreeView 控件，用于实现商品分类及所属分类中所有商品的导航功能。运行效果如图 15-11 所示。

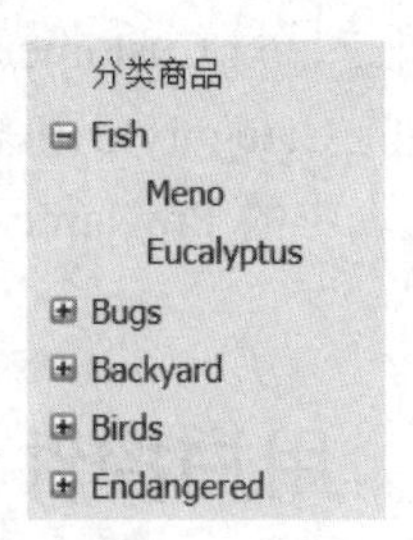

图 15-11 “商品分类及商品导航”用户控件运行效果

15.3.5 “网站导航”用户控件

“网站导航”用户控件由 SiteMap.ascx 实现，主要包括一个 SiteMapPath 控件，实现网站导航功能。要注意的是，实现网站导航功能必须首先创建网站地图文件 Web.sitemap。

当用户访问商品详细信息页面时，“网站导航”用户控件的运行效果如图 15-12 所示。

您的位置：首页 > 商品详细

图 15-12 访问商品详细信息页面时的“网站导航”用户控件运行效果

15.3.6 “用户状态”用户控件

“用户状态”用户控件由 UserStatus.ascx 实现，实现根据不同的登录用户显示不同的用户登录状态信息和可操作的功能。当用户未登录时显示“您还未登录！”状态信息。当一般用户登录时显示“您好, 用户名”状态信息，同时显示密码修改、购物记录和退出登录三个可操作的链接按钮。当管理员用户登录时显示“您好, 用户名”状态信息，同时显示系统管理和退出登录两个可操作的链接按钮。

“用户状态”用户控件执行效果如图 15-13～图 15-15 所示。

您还未登录！

图 15-13 用户未登录时的“用户状态”用户控件执行效果

您好, jack 密码修改 购物记录 退出登录

图 15-14 一般用户登录时的“用户状态”用户控件执行效果

您好, admin 系统管理 退出登录

图 15-15 管理员用户登录时的“用户状态”用户控件执行效果

15.3.7 “天气预报”用户控件

“天气预报”用户控件由 Weather.ascx 实现，主要通过调用 Web 服务，显示全国所有省（自治区、直辖市）的主要城市最近三天的天气情况。

实现天气预报功能有两个关键步骤：一是通过“添加服务引用”命令添加天气预报 Web 服务，二是调用天气预报 Web 服务的相关方法来显示天气预报信息，如 GetCityWeather(string cityCode)方法用于获取相应城市的天气预报信息。

“天气预报”用户控件运行效果如图 15-16 所示。

选择省/洲 直辖市 选择城市 选择城市 直辖市 / 北京
今日实况 今日天气实况：气温：2℃；风向/风力：西南风 1级；湿度：21%；紫外线强度：最弱。
空气质量：中。
天气预报(今天) 2月22日 晴转多云 -4℃/9℃ 西南风转北风小于3级
天气预报(明天) 2月23日 晴转阴 -3℃/10℃ 东北风转东风小于3级
天气预报(后天) 2月24日 多云 -5℃/4℃ 南风小于3级 更多信息

图 15-16 “天气预报”用户控件运行效果

注意：由于所添加的天气预报 Web 服务来源于 Internet，因此在添加服务引用和进行效果测试时必须连通 Internet。

15.4 前台显示页面设计

15.4.1 母版页

MyPetShop 应用程序通过使用母版页技术，将网站 Logo、导航条、网站导航、版权声明以及商品搜索功能等整合在一起，大大提高了开发效率，降低了维护强度。同时还应用了 ASP.NET Ajax 技术和由 Bootstrap 框架提供的 Bootstrap.css 样式表。

在设计母版页时有两个关键步骤：

（1）将用户控件添加到母版页中。其中使用了“用户状态”用户控件和“网站导航”用户控件。

（2）实现商品搜索功能。本系统中的商品搜索功能使用 ASP.NET Ajax 技术，运用 AjaxControlToolkit 程序包中的 AutoCompleteExtender 控件实现典型的商品名称模糊查找功能，并将所有与搜索关键字模糊匹配的商品以列表的形式显示。

母版页界面设计如图 15-17 所示。

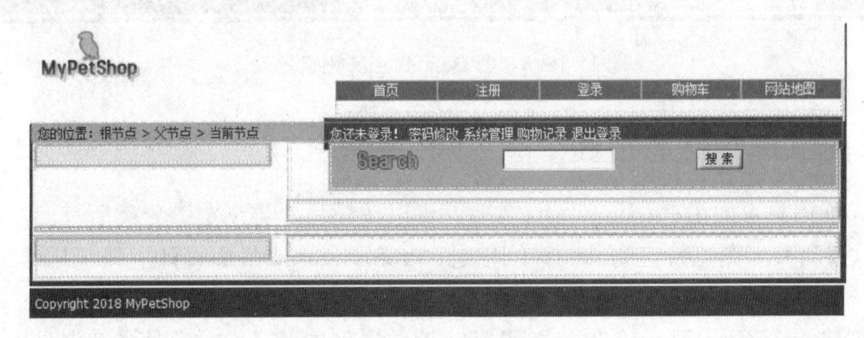

图 15-17 母版页界面设计

15.4.2 首页

MyPetShop 应用程序的首页由 Default.aspx 实现。在首页中除了显示母版页中的内容外，还显示最新商品信息、热销商品信息、商品分类信息和天气预报信息等。

在首页前台页面设计中，主要涉及三部分内容。

（1）使用 ASP.NET Ajax 技术。利用 UpdatePanel 控件实现页面局部刷新效果。

（2）添加自定义用户控件。主要使用了四个用户控件："热销商品自动定时刷新"用户控件、"最新商品列表"用户控件、"商品分类列表"用户控件和"天气预报"用户控件。单击最新商品列表或商品分类列表中的链接，可以将页面重定向到商品详细信息页面。单击"天气预报"用户控件中的"更多信息"链接，可以将页面重定向到天气预报详细信息页面。

（3）首页包含的四个内容区域分别对应"最新商品列表"用户控件、"天气预报"用户控件、"商品分类列表"用户控件和"热销商品自动定时刷新"用户控件。

浏览时，因为天气预报信息通过 Web 服务方式从 Internet 获取，因此要求连通 Internet。浏览效果如图 15-18 所示。

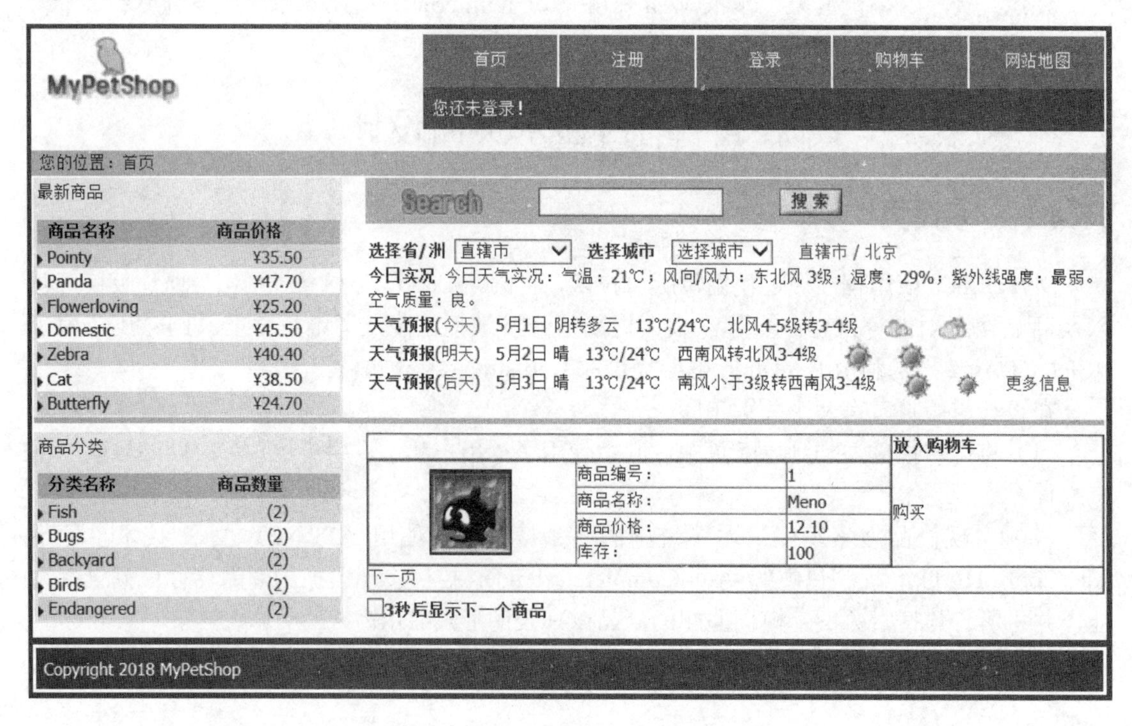

图 15-18　首页 Default.aspx 浏览效果

15.4.3　商品详细信息页面

商品详细信息页面由 ProShow.aspx 实现，可以按商品分类浏览该分类所有商品的详细信息，也可以按商品名浏览特定商品的详细信息。ProShow.aspx 界面设计主要包括两部分内容。

（1）添加"商品分类及商品导航"用户控件。

（2）创建一个 GridView 控件。GridView 控件以列表形式显示商品详细信息，并提供分页显示功能和用于购买商品的"购买"链接。GridView 控件每页显示四个商品的详细信息，用户通过单击"购买"链接，可将商品编号作为参数传递到购物车页面，并将该商品加入到购物车中。

商品详细信息页面浏览效果如图 15-19 所示。

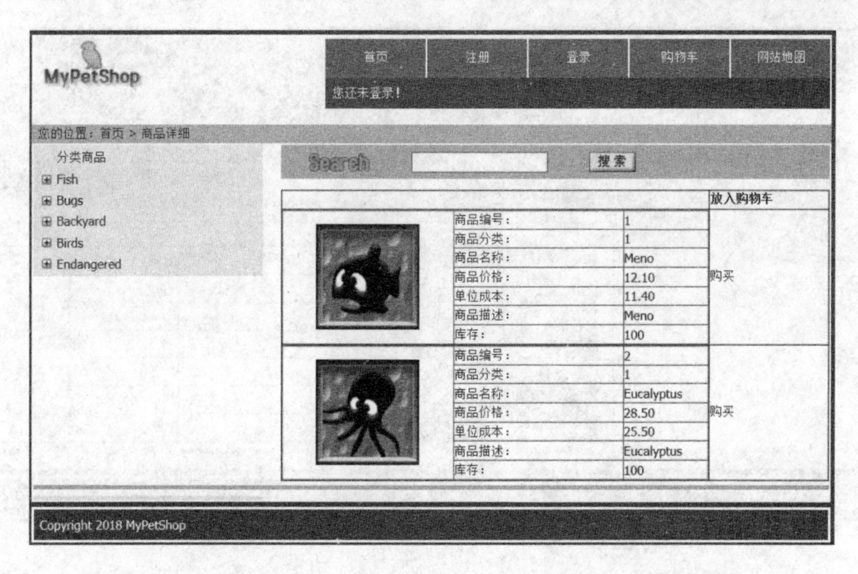

图 15-19　Fish 类所有商品详细信息页面浏览效果

15.4.4　商品搜索页面

商品搜索页面由 Search.aspx 实现，主要实现模糊查找商品并显示商品详细信息的功能。其中，模糊查找商品功能根据用户指定的查询关键字（由 MasterPage.master 传入的参数）在 Product 表中实现商品名的模糊查找，所有匹配的商品名都将以列表的形式显示。

Search.aspx 界面设计与 ProShow.aspx 非常相似，除了引用母版页外只须添加一个“商品分类及商品导航”用户控件和一个 GridView 控件。GridView 控件以列表形式显示商品详细信息，并提供分页显示功能和购买商品的链接。GridView 控件每页显示 4 个商品的详细信息，用户通过单击“购买”链接可将商品编号作为参数传递到购物车页面，并将该商品加入到购物车中。

商品搜索页面浏览效果如图 15-20 和图 15-21 所示。

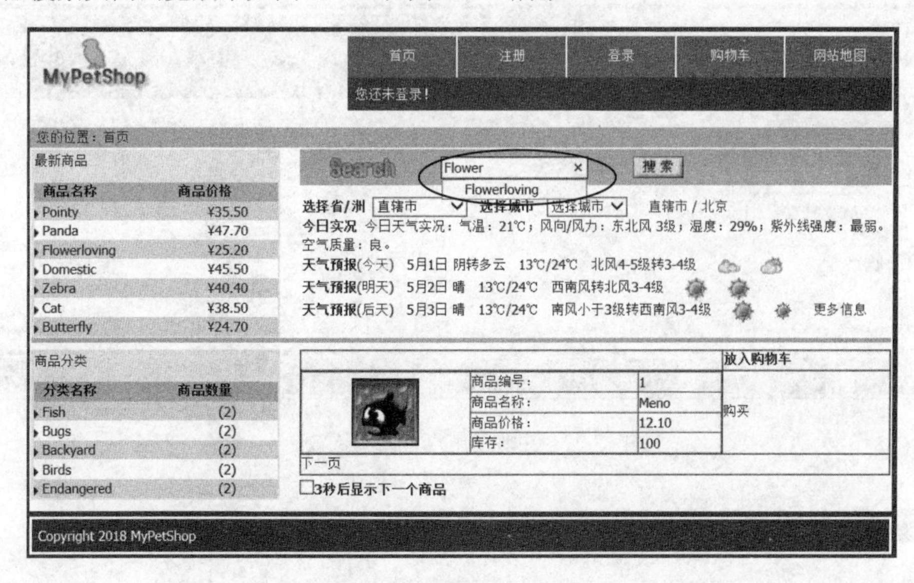

图 15-20　商品搜索页面浏览效果（输入商品名称为 Flower）

图 15-21　模糊搜索商品结果

15.5　用户注册和登录模块设计

用户注册和登录模块是所有电子商务系统中必备的功能模块，主要为用户提供如下功能：注册新用户、登录系统、修改用户密码、找回用户密码和退出系统等。

15.5.1　注册新用户

注册新用户功能由 NewUser.aspx 页面实现，主要涉及的控件有文本框、按钮、验证控件。其中验证控件主要使用 RequiredFieldValidator、CompareValidator 和 RegularExpression-Validator。

NewUser.aspx 浏览效果如图 15-22 所示。

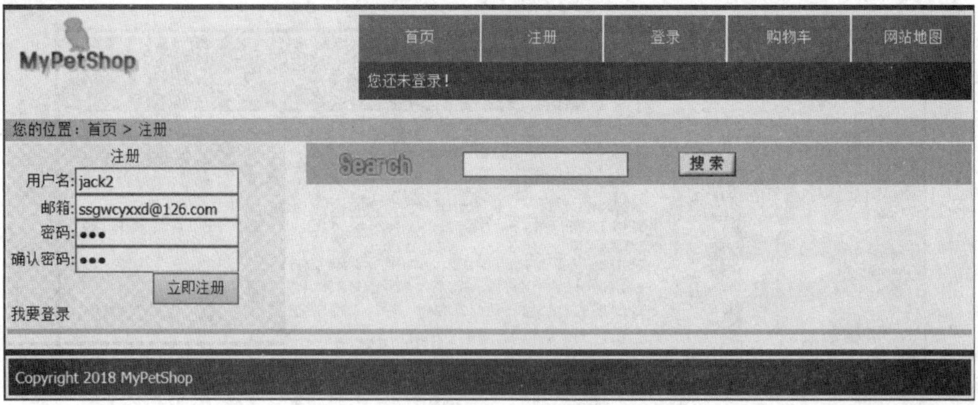

图 15-22　注册新用户页面浏览效果

15.5.2　用户登录

用户登录由 Login.aspx 页面实现，主要涉及的控件有文本框、按钮、验证控件。其中验证控件主要使用 RequiredFieldValidator。

Login.aspx 浏览效果如图 15-23 所示。

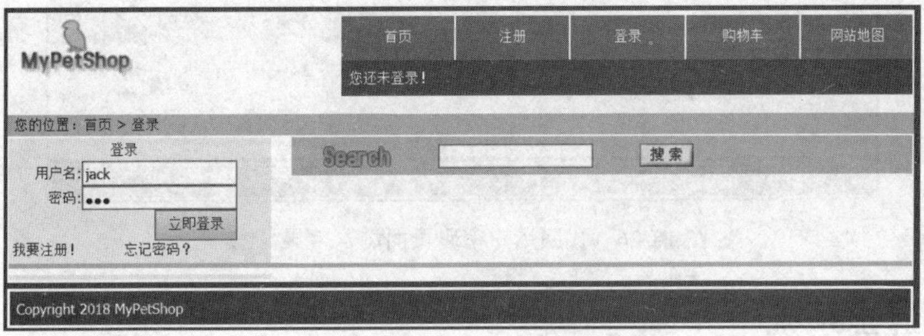

图 15-23　用户登录页面浏览效果

15.5.3　修改用户密码

修改用户密码功能由 ChangePwd.aspx 页面实现，主要涉及的控件有文本框、按钮、验证控件。其中验证控件主要使用 RequiredFieldValidator 和 CompareValidator。

ChangePwd.aspx 页面浏览效果如图 15-24 所示。

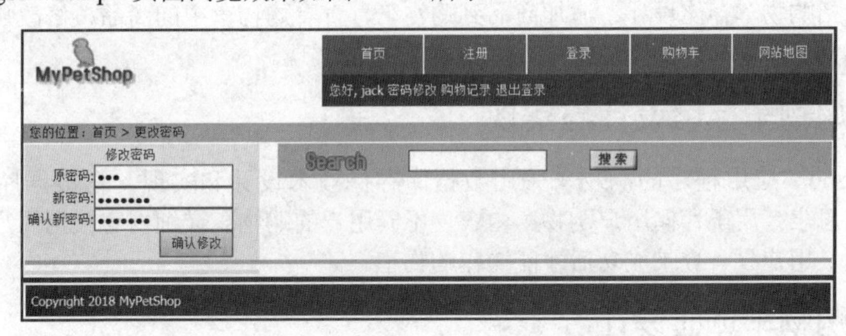

图 15-24　修改用户密码页面浏览效果

15.5.4　找回用户密码

找回用户密码功能由 GetPwd.aspx 页面实现，主要涉及的控件有文本框、按钮、验证控件。其中验证控件主要使用 RequiredFieldValidator 和 RegularExpressionValidator。

GetPwd.aspx 页面浏览效果如图 15-25 和图 15-26 所示。

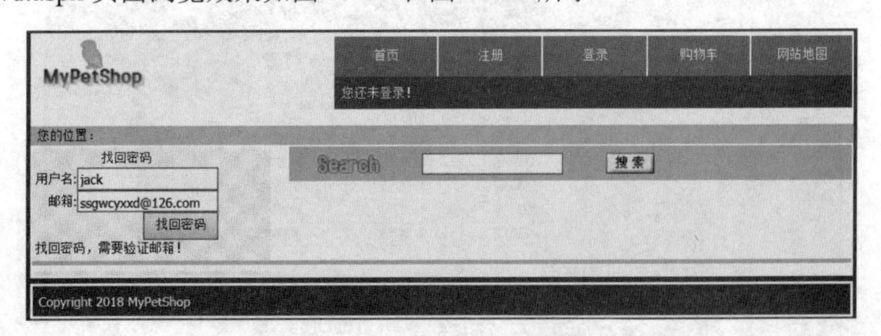

图 15-25　找回用户密码页面浏览效果（1）

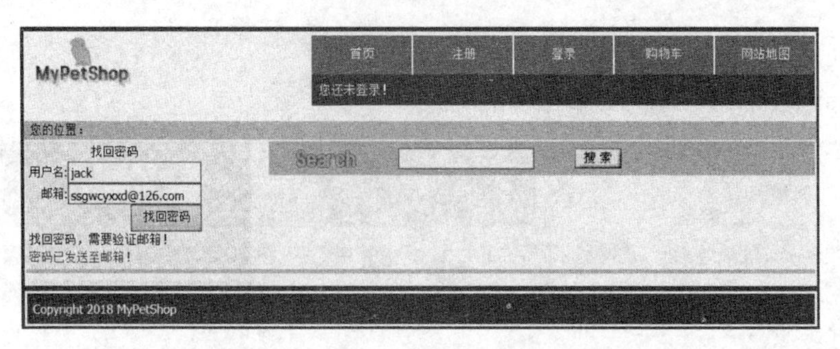

图 15-26　找回用户密码页面浏览效果（2）

15.5.5　退出系统

退出系统功能由“用户状态”用户控件实现。当用户登录成功后，页面显示“退出登录”链接按钮。单击“退出登录”链接按钮将从系统中注销用户。

15.6　购物车模块设计

购物车模块是所有电子商务系统中必备的功能模块，主要实现设计、查看和管理购物车的功能，包括购物车存储设计、添加商品到购物车、查看购物车中的商品、修改购物车中的商品四大部分。购物车功能模块由 ShopCart.aspx 页面实现。

15.6.1　购物车存储设计与实现

MyPetShop 应用程序的购物车采用数据库存储技术设计和实现。在数据库中设计了 CartItem 信息表，用于存储用户购物车内容。不同用户的购物车详细内容根据用户编号进行区分，因此，用户只有登录成功后才能操作购物车。

15.6.2　购物车页面设计

ShopCart.aspx 页面实现了购物车的全部功能，包括删除购物车中商品、修改购买数量和清空购物车等。在购物车页面的设计界面中，包含一个用于显示购物车内全部商品的 GridView 控件、四个实现购物车相关操作的 Button 控件和四个用于显示不同提示信息的 Label 控件。界面设计效果如图 15-27 所示。

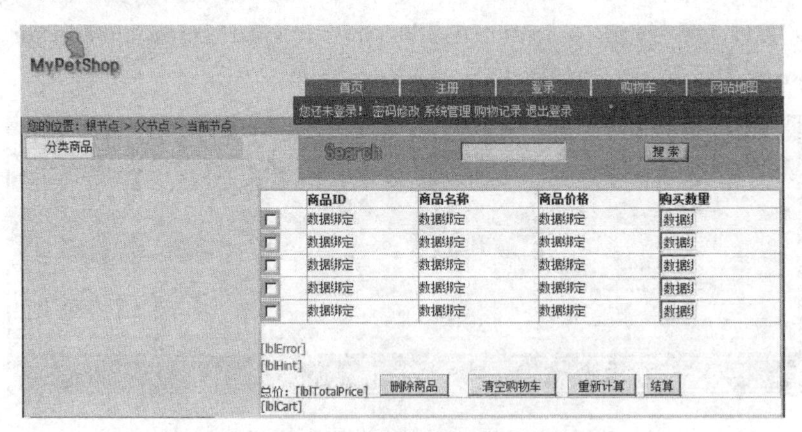

图 15-27　购物车页面的设计界面

15.6.3 购物车功能的设计与实现

购物车功能实现针对购物车的相关操作，主要包括添加购物车商品、删除购物车商品、修改购物车中商品的数量、清空购物车和重定向到结算页等功能。

1. 添加购物车商品

在浏览商品详细信息页面时，单击“购买”链接按钮，用户将被重定向到 ShopCart.aspx 页面，同时该商品的商品编号作为参数也以查询字符串方式传递到了该页面，并在 ShopCart.aspx 页面的 Page.Load 事件处理代码中完成添加购物车商品和显示购物车商品的功能。浏览效果如图 15-28 所示。

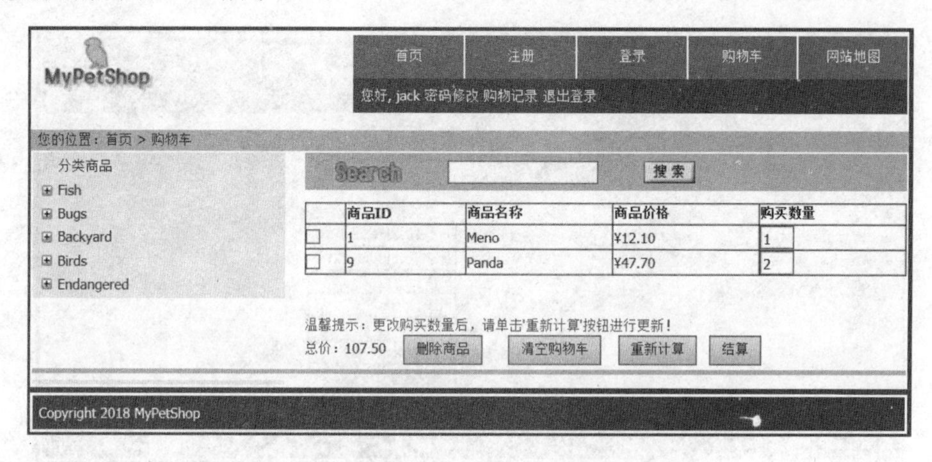

图 15-28　购物车中添加商品后的浏览效果

2. 删除购物车商品

在图 15-28 中，当用户不想购买某个商品时，可以先选中相应商品前面的复选框，然后单击“删除商品”按钮，即可从购物车中删除该商品。

3. 修改购物车中商品的数量

当用户将一件商品添加到了购物车后，如果还想多买几件相同的商品，则可通过修改购物车中商品的数量来实现。此时，用户只须修改图 15-28 中相应商品“购买数量”列中文本框的值，然后单击“重新计算”按钮，即可重新计算购买商品的总价。

4. 清空购物车中商品

在用户把商品添加到购物车后，若不想购买添加的所有商品，用户可以单击“清空购物车”按钮，删除购物车中的全部商品记录。在清空购物车后用户将被重定向到首页 Default.aspx。

5. 结算购物车中所有商品

用户选定需要购买的商品后，可单击“结算”按钮，将页面重定向到订单结算页面 SubmitCart.aspx 进行商品结算。当然，实际工程中结算还需要与电子支付等关联。

15.7 订单处理模块设计

订单处理主要实现订单管理功能，包括创建订单和查看订单功能，分别由 SubmitCart.aspx

和 OrderList.aspx 页面实现。

订单处理页面只允许登录用户访问，且每个登录用户只能查看自己的订单详细信息。如果用户未登录或者未注册，当访问订单处理页面时都将被重定向到用户登录页面 Login.aspx，待用户注册、登录后才可继续访问订单处理页面。

15.7.1 创建订单

当登录用户单击购物车页面的“结算”按钮时，页面将被重定向到创建订单页面 SubmitCart.aspx。创建订单页面主要包括文本输入控件和数据验证控件，实现收集用户送货地址和订单发票寄送地址等信息。浏览效果如图 15-29 所示。

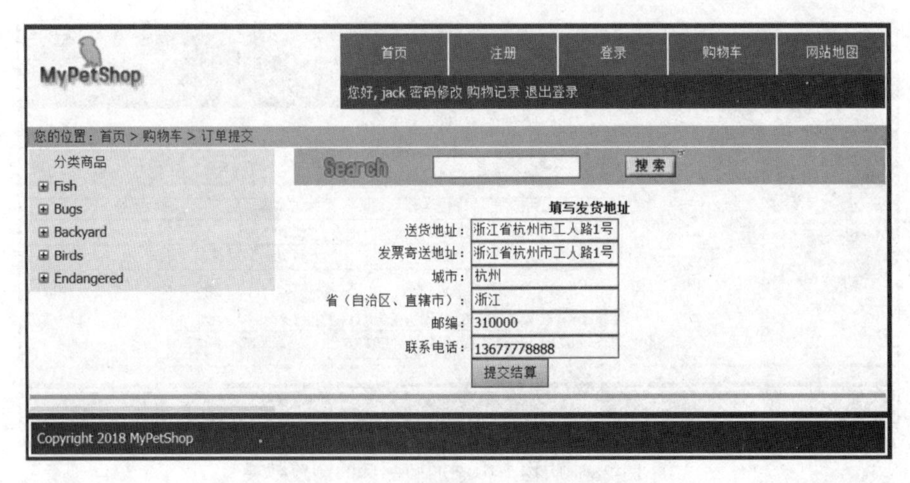

图 15-29　创建订单页面浏览效果

确认地址信息无误后，用户单击“提交结算”按钮即可创建订单，并会出现创建订单成功的提示信息。

15.7.2 查看订单

查看订单功能允许用户查看自己的所有订单信息，由 OrderList.aspx 页面实现。当用户成功购买商品后就会产生相应的订单，用户可通过单击“用户状态”用户控件中的“购物记录”链接，将页面重定向到查看订单页面，查看自己的所有购物记录。查看订单页面主要包括一个 GridView 控件，用于显示该用户的所有订单信息。浏览效果如图 15-30 所示。

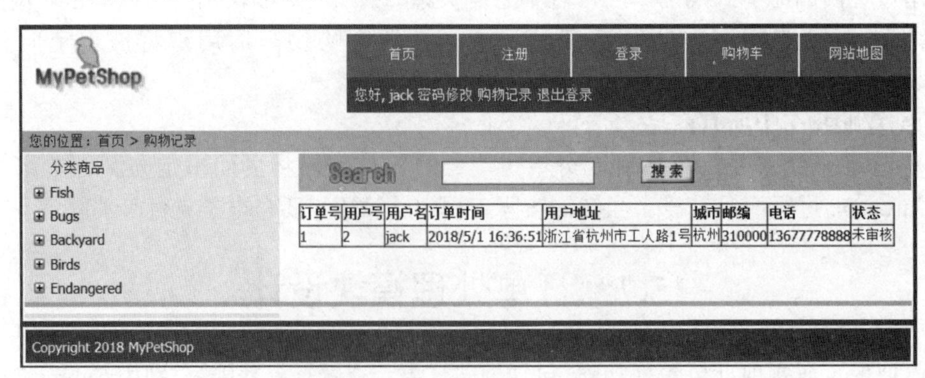

图 15-30　查看用户所有订单信息浏览效果

15.8　后台管理模块设计

后台管理模块是所有电子商务系统中必备的功能模块，主要实现数据管理功能，包括商品分类管理、供应商信息管理、商品管理和订单管理四大部分，实现页面都保存在 MyPetShop 应用程序的 Admin 文件夹下。

后台管理模块只有管理员登录后才能进行操作，本系统默认的管理员账号为 admin，密码为 123。

注意：MyPetShop 应用程序未考虑管理员的用户注册、修改、删除等功能，实际工程中需要完善这些功能。

15.8.1　商品分类管理

商品分类管理由 CategoryMaster.aspx 页面实现，主要涉及 ObjectDataSource 控件和 DetailsView 控件，实现商品分类信息管理功能。DetailsView 控件以分页方式显示商品分类信息，单击“编辑”“删除”“新建”链接，分别可以实现修改、删除和添加商品分类信息功能。商品分类管理页面浏览效果如图 15-31 所示。

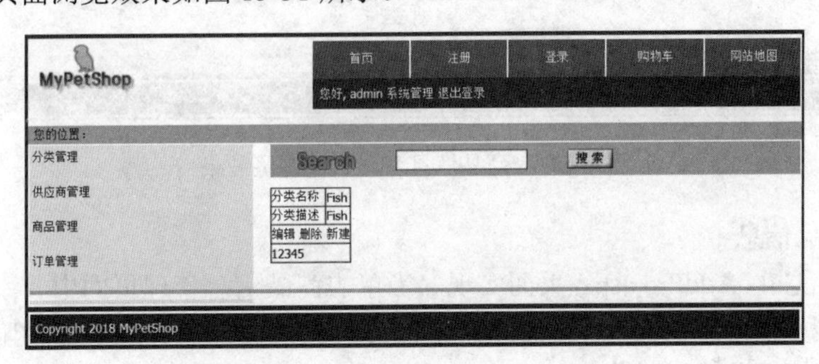

图 15-31　商品分类管理页面浏览效果

15.8.2　供应商信息管理

供应商信息管理由 SupplierMaster.aspx 页面实现，主要涉及 ObjectDataSource 控件和 DetailsView 控件，实现供应商信息管理功能。DetailsView 控件以分页方式显示供应商信息，单击“编辑”“删除”“新建”链接分别可以实现修改、删除和添加供应商信息功能。供应商信息管理页面浏览效果如图 15-32 所示。

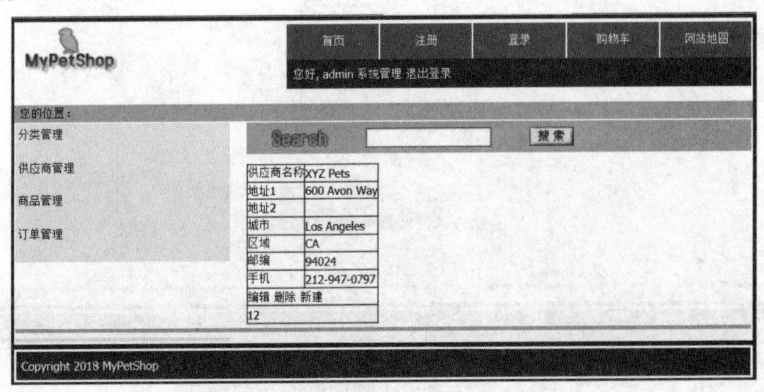

图 15-32　供应商信息管理页面浏览效果

15.8.3 商品信息管理

商品信息管理由 ProductMaster.aspx 页面实现，主要涉及 ObjectDataSource 控件和 GridView 控件，实现商品信息管理功能。其中，GridView 控件以分页方式显示商品信息。浏览效果如图 15-33 所示。

MyPetShop　首页　注册　登录　购物车　网站地图
您好, admin 系统管理 退出登录
您的位置：
分类管理
供应商管理
商品管理
订单管理
Search　搜索
添加商品

	商品ID	商品名称	商品价格	库存
☐	1	Meno	¥12.10	99
☐	2	Eucalyptus	¥28.50	100
☐	3	Ant	¥23.40	100
☐	4	Butterfly	¥24.70	100
☐	5	Cat	¥38.50	100
☐	6	Zebra	¥40.40	100
☐	7	Domestic	¥45.50	100
☐	8	Flowerloving	¥25.20	100
☐	9	Panda	¥47.70	98
☐	10	Pointy	¥35.50	100

删除商品
Copyright 2018 MyPetShop

图 15-33　商品信息管理页面浏览效果

1. 添加商品信息

添加商品信息由 AddPro.aspx 页面实现。当单击商品信息管理页面中“添加商品”链接按钮后，页面被重定向到 AddPro.aspx。在 AddPro.aspx 页面中，使用了多种服务器控件和数据验证控件用于商品信息的输入。用户输入正确的商品信息后，单击“添加商品”按钮，实现商品信息的添加。浏览效果如图 15-34 所示。

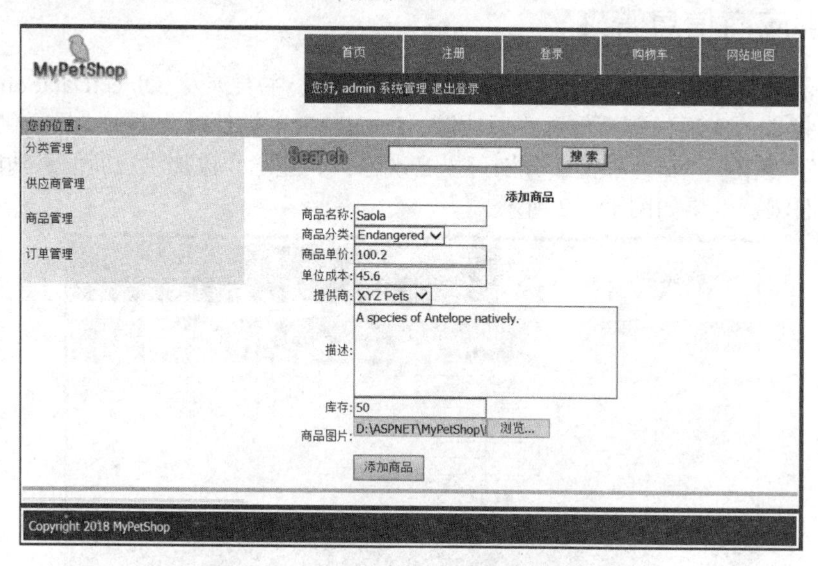

图 15-34　添加商品信息页面浏览效果

2. 修改商品信息

修改商品信息由 ProductSub.aspx 页面实现。当单击商品信息管理页面中的商品名（呈现为超链接）后，页面被重定向到 ProductSub.aspx，同时商品编号作为 QueryString 参数传递到 ProductSub.aspx。ProductSub.aspx 页面使用了多种服务器控件和数据验证控件，根据传入的商品编号显示相应的商品信息。当用户修改商品信息后，单击“修改商品”按钮将把修改后的商品信息保存到 MyPetShop.mdf。ProductSub.aspx 浏览效果如图 15-35 所示。

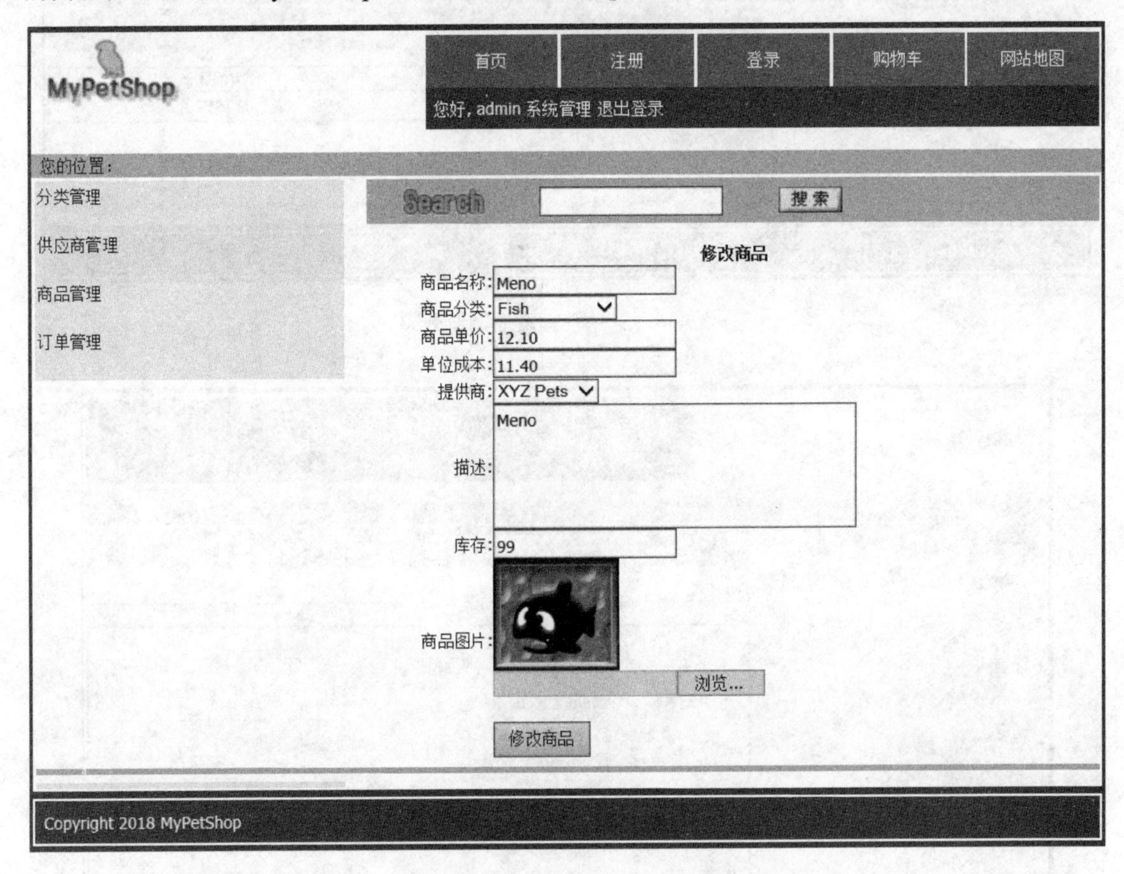

图 15-35　修改商品信息页面浏览效果

3. 删除商品信息

在图 15-33 中，选中相应商品前面的复选框，单击“删除商品”按钮，即可实现删除商品信息功能。

15.8.4　订单管理

订单管理由 OrderMaster.aspx 页面实现，主要利用 GridView 控件实现订单管理功能。浏览效果如图 15-36 所示。

1. 查看订单详细信息

查看订单详细信息由 OrderSub.aspx 实现。每个订单都包含一种或一种以上的商品，当管理员用户想查看订单详细信息时，可单击图 15-36 中的“订单详细”链接，页面将被重定向到 OrderSub.aspx，同时将订单编号作为 QueryString 参数传递到 OrderSub.aspx 中。

OrderSub.aspx 页面根据获取的订单编号显示相应订单的详细信息，包括组成订单的详细购买信息和订单的地址信息等。浏览效果如图 15-37 所示。

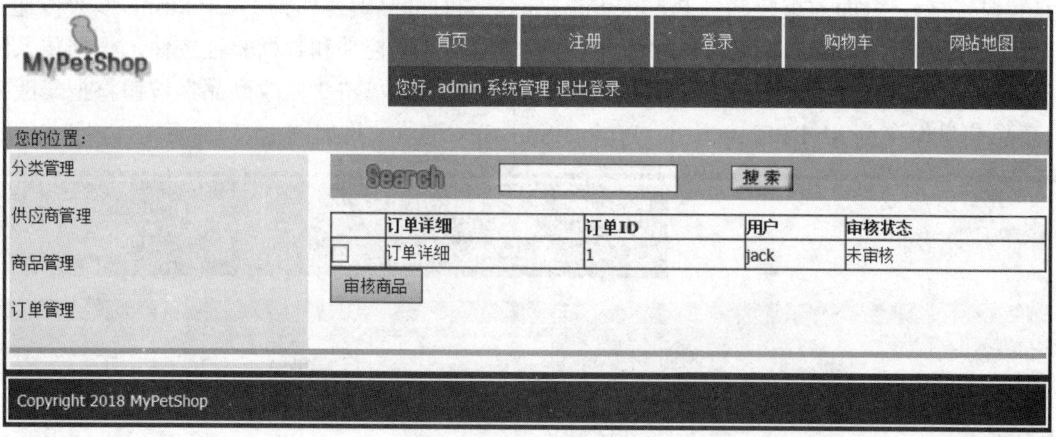

图 15-36　订单管理页面浏览效果

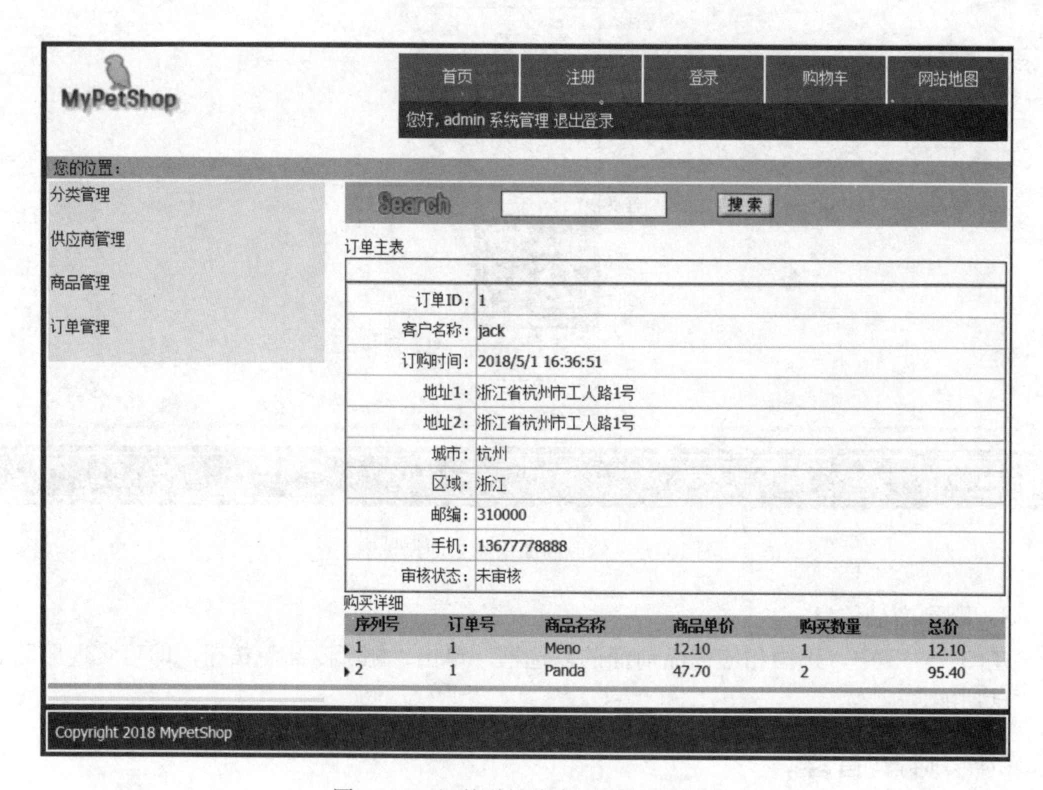

图 15-37　订单详细信息页面浏览效果

2. 审核订单

当用户单击创建订单页面中的“提交结算”按钮后，此时订单状态为“未审核”。只有通过管理员审核，用户的购物行为才算是真正成功。

在订单管理页面，选择订单列表中相应订单信息前面的复选框，单击“审核商品”按钮，即可审核通过相应的订单，此时该订单状态变为“已审核”。浏览效果如图 15-38 所示。

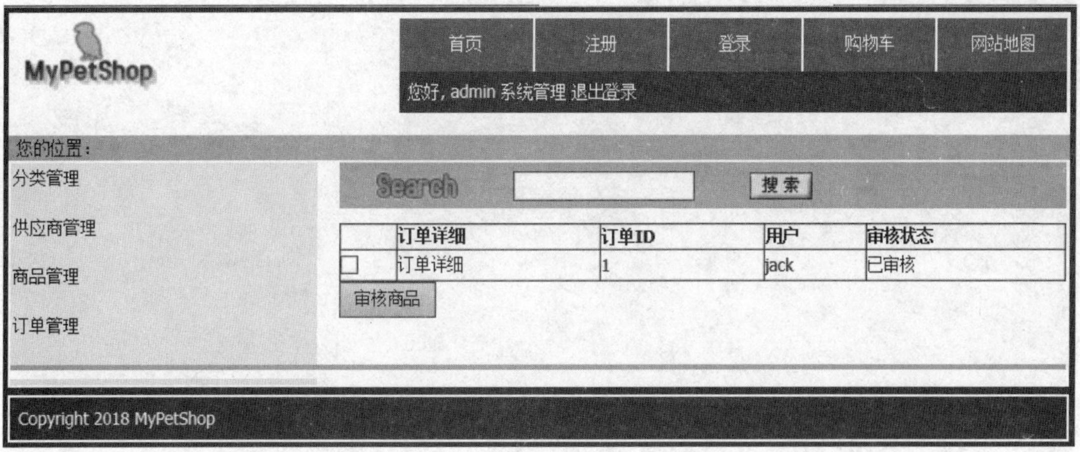

图 15-38　订单审核后浏览效果

15.9　小　　结

本章介绍了 MyPetShop 应用程序的开发过程，主要包括系统总体设计和开发思路、数据库设计、用户控件设计、前台页面设计、用户注册和登录模块设计、购物车模块设计、订单处理模块设计和后台管理模块设计等。该应用程序使用 VSC 2017 开发平台，综合基于 ASP.NET 三层架构的 Web 应用程序开发全过程，给出了一个很好的学习模板。希望读者通过学习 MyPetShop 应用程序，了解其设计思想，进而熟悉和掌握基于 ASP.NET 三层架构进行 Web 应用程序开发的方法。

15.10　习　　题

上机操作题

（1）分析并调试 MyPetShop 应用程序。

（2）选择自己感兴趣的一个 Web 应用程序（可考虑作为本课程的课程设计题目）进行设计开发，要求充分使用基于 VSC 2017 开发平台的 ASP.NET 技术。